Faire connaître les mondes en découverte

Collection « Espace et Territoires »

Dirigée par Guy Baudelle, Jacques Fache et Yves Jean

Cette collection s'intéresse aux dynamiques des espaces et des sociétés par l'analyse des processus, des comportements et des régulations.

Rémi Luglia, Rémi Beau et Aline Treillard (dir.),
De la réserve intégrale à la nature ordinaire. Les figures changeantes de la protection de la nature, 2023, 320 p.

Amandine Montagut et Yves Montouroy (dir.),
Action publique foncière et protection des milieux naturels. Une instrumentation territorialisée ?, 2023, 164 p.

Antoine Fleury, Jean-Baptiste Frétigny et Dimitra Kanellopoulou (dir.),
Les espaces publics à l'épreuve des mobilités, 2022, 174 p.

Martha de Alba, Magdalini Dargentas et Christèle Fraïssé,
Représentations sociales des espaces de vie, 2022, 190 p.

Vincent Clément, Mathis Stock et Anne Volvey (dir.),
Mouvements de géographie. Une science sociale aux tournants, 2021, 370 p.

Territoires fabriqués/territoires instrumentalisés. Entre considération et négation de la complexité territoriale, 2021, 308 p.

Pascal Chauchefoin,
Nouvelles régions et métropoles. La grande transformation ?, 2020, 214 p.

Vincent Baggioni, Céline Burger, Joseph Cacciari et Marie Mangold (dir.),
Repenser la transition énergétique. Un dé pour les sciences humaines et sociales, 2019, 272 p.

Gerhard Krauss et Diane-Gabrielle Tremblay (dir.),
Tiers-lieux. Travailler et entreprendre sur les territoires : espaces de coworking, fablabs, hacklabs…, 2019, 214 p.

Arnaud Gasnier,
Le commerce dans la ville, entre crise et résilience. Comment réparer, adapter, aménager les territoires marchands ?, 2019, 298 p.

Xavier Bernier (dir.) et coordonné par Jérôme Lombard, Nora Mareï, Kevin Sutton et Pierre Zembri,
Mobilités et marginalités, 2019, 274 p.

Emmanuelle Peyvel (dir.),
L'éducation au voyage. Pratiques touristiques et circulations des savoirs, 2019, 268 p.

Yang Liu,
Jinshan. Une ville nouvelle dans la métropole de Shanghai, 2018, 214 p.

Samuel Jouault,
Mayas d'hier et d'aujourd'hui. Le rôle des sociétés locales dans le développement touristique, 2018, 296 p.

Guy Baudelle et Gilbert Gaultier (dir.),
Les nouvelles fabriques de la ville. Objets, référentiels et méthodes, 2018, 188 p.

Estelle Evrard,
La Grande Région Saar-Lor-Lux. Vers une suprarégionalisation transfrontalière ?, 2018, 262 p.

Jean-François Staszak (dir.),
Frontières en tous genres. Cloisonnement spatial et constructions identitaires, 2017, 212 p.

Sous la direction de
Jean-Luc Piermay, Odile Goerg,
Philippe Hamman et Patricia Zander

Faire connaître les mondes en découverte

Explorer, représenter, diffuser les savoirs sur les mondes réels et imaginaires

Collection « Espace et territoires »

Presses universitaires de Rennes

Cet ouvrage fait suite au colloque *Faire connaître les mondes en découverte*, organisé les 14 et 15 octobre 2019 par la Bibliothèque nationale et universitaire (BNU) de Strasbourg, dans le cadre de l'exposition « Hors du monde : la carte et l'imaginaire », avec le soutien des laboratoires SAGE (UMR 7363, université de Strasbourg et CNRS) et CESSMA (UMR 245, université de Paris, INALCO et IRD). L'ouvrage a bénéficié de subventions de la BNU (Strasbourg) et de l'université de Strasbourg.

SAIC Édition – Université Rennes 2
2 avenue Gaston-Berger – Bâtiment Germaine-Tillion
35043 Rennes cedex

www.pur-editions.fr

Mise en page : Bénédicte Flouriot pour le compte des PUR

Dépôt légal : 2nd semestre 2023
ISBN 978-2-7535-9279-7
ISSN 1281-6116

Introduction

Christophe Colomb n'a pas été le premier à poser le pied en Amérique, c'est bien connu ! Sans compter les Amérindiens eux-mêmes, venus voici plus de 12000 ans par le détroit de Béring, les Vikings et peut-être les pêcheurs basques l'avaient précédé. Mais c'est lui que l'histoire occidentale a reconnu comme découvreur, car c'est son exploration qui a été médiatisée et portée à connaissance. Encore l'honneur de donner son nom au nouveau continent ne lui revint-il pas, mais à Amerigo Vespucci qui avait cru le premier en la présence d'une terre nouvelle. Il bénéficia ainsi de l'exactitude de sa proposition, mais aussi du hasard qui fit qu'un moine cartographe ne disposant que d'une information limitée avait entendu parler de lui. On peut ainsi dire que Christophe Colomb était le *découvreur* de l'Amérique, c'est-à-dire celui qui mit à jour « une chose qui était (jusque-là) dissimulée ou inconnue[1] », et qu'Amerigo Vespucci en a été l'*inventeur*, dans la mesure où il a fait émerger au sein de la société quelque chose qui n'avait pas été imaginé avant lui. Le poète Pétrarque passe quant à lui pour le Christophe Colomb de la montagne. Un siècle et demi avant le grand navigateur, il consigna par écrit son ascension du mont Ventoux. Il n'était certes pas le premier à gravir le géant de Provence. Il ne s'en cacha d'ailleurs pas, puisqu'il rapporta avoir rencontré un vieux pâtre qui, ayant fait la longue marche dans sa jeunesse, avait tenté de l'en dissuader (Pétrarque, 1335). Plus que l'ascension elle-même, le fait qu'il la consigna par écrit et que sa lettre fut connue de la postérité en fit un *découvreur*. De même, si l'on porte le regard dans le champ de la recherche savante telle qu'on la pratique aujourd'hui, toute reconnaissance de découverte passe par la publication dans une revue scientifique reconnue et par l'évaluation de cette publication.

La découverte est un acte social. Comment pourrait-il y avoir *découverte* s'il n'y avait pas porter-à-connaissance ? Par quels processus passe-t-on de l'un à l'autre ? Qui décide de l'intérêt de l'innovation au point de la transformer en connaissance et de vouloir en assurer la diffusion ? Par quels procédés ou vecteurs assure-t-on le tri et la circulation des informations ? Finalement, quelles mutations de sens le terme même de « découverte » a-t-il subies au fil des décennies et selon les contextes ? *Faire connaître les mondes en découverte* propose des pistes afin de répondre à ces multiples questions, autant de facettes de la médiatisation et de la propagation des découvertes.

1. *Trésor de la langue française informatisé.*

Dire que la découverte est un acte social nécessite deux remarques. D'abord, cela ne précise en rien l'étendue de la société réceptrice, ce qui pose la question de l'échelle. L'irruption des Européens dans les Amériques n'a pas eu le même retentissement que la progression millénaire d'île en île des Austronésiens à travers le Pacifique. Entre les deux, il n'y a ni même nature, ni semblable mesure dans les objectifs des expéditions, dans les médias mobilisés pour en rendre compte, dans les effets politiques, économiques et sociaux qui en ont résulté. Mais il y a dans les deux cas découverte et diffusion de l'information, comme le montrent les très vieilles traditions d'échanges dans l'immense océan Pacifique. De multiples raisons peuvent en effet expliquer la mise en connaissance limitée d'une découverte, sans que l'on soit obligé d'incriminer le désintérêt de la société pour celle-ci ; elles peuvent aller du défaut d'outil à la volonté de préserver une information stratégique, un privilège, une qualité de vie. Ensuite, dire que la découverte est un acte social n'éclaire en rien l'importance sociale de la nouveauté. D'un côté, la découverte fortuite de Pompéi (1552), celle des manuscrits de la mer Morte (1947) ou encore celle des grottes de Lascaux (1947) ont trouvé un écho considérable et rapide dans une société, voire dans l'ensemble d'une civilisation (ici l'Occident). À l'inverse, les technologies satellitaires identifient aujourd'hui de nombreuses îles (de petite taille) jusque-là non repérées (Cluzeau, 2015), mais la portée de cette connaissance est faible au regard de celle des grands fonds océaniques. La valeur d'une découverte se mesure à l'aune de la société humaine telle qu'elle est. Entre la découverte et le porter-à-connaissance, entre le découvreur et la société, entre le média et ses récepteurs, se construit un processus intriquant de multiples dimensions, un processus complexe traversé d'innombrables tensions et porté plus ou moins loin par des outils extrêmement inégaux que les humains n'ont cessé de perfectionner, mais qui restent accessibles aujourd'hui de manière très inégale, selon les lieux, les groupes et les individus.

La découverte, un système complexe

La découverte apparaît ainsi comme la clef de voûte d'un cheminement souvent long, fractionné, voire jamais abouti, car toute nouvelle connaissance n'implique pas nécessairement sa diffusion. Si la découverte est indissociable de ce qui la fait connaître, elle s'inscrit dans un processus complexe, qui commence très en amont, qui se poursuit durablement et qui produit des effets très longtemps après.

Pour une vision classique de la découverte scientifique, le moment le plus emblématique est cet *éclair de génie* qui donne au découvreur l'intuition qu'il est en face d'une réalité inconnue jusque-là, éclair de génie dont il devra patiemment reconstituer les fils et qu'il lui faudra longuement vérifier par la suite. Mais cet instant fugace suppose déjà en amont une longue maturation, nécessitant études, documentation, méditation (de Broglie, 1987 [1956]). Encore faudrait-il ajouter chez le découvreur lui-même une insatisfaction lancinante ressentie depuis longtemps face aux observations et explications disponibles antérieurement. En aval, la médiatisation de l'événement informera un public plus ou moins large, suscitera chez certains de ces récepteurs de nouveaux rêves puis de nouvelles interrogations et de nouvelles inquiétudes, pour aboutir – peut-être – à de nouvelles inventions, chaîne potentiellement ininterrompue de la découverte. Toutefois, à la suite de nombreux chercheurs, il faut amender cette manière idéelle de voir, trop bien huilée. Ainsi, une découverte peut résulter d'un hasard complet, comme celle de la gomme par Edward Nairne, qui utilisa par mégarde de l'hévéa à la place de la mie de pain habituelle et fut stupéfait du résultat. Mieux, tout processus de découverte a de fortes chances d'inclure le hasard, à quelque moment que ce soit de son déroulement. La popularité actuelle du concept de sérendipité en rend compte (Bourcier et Van Andel, 2011). À l'autre bout de la chaîne, la reconnaissance sociale et scientifique est souvent un combat, nécessitant parfois de longues controverses qui mettent à distance « la vérité » de la logique ou de l'expérimental. « Tout se négocie » et passe par la mobilisation d'alliés et de réseaux, résume Bruno Latour en décryptant la célèbre controverse Pasteur-Pouchet (Latour, 1984, p. 183). On est loin de la prétendue objectivité du chercheur… Mais quelles que soient les anecdotes et les péripéties qui ont accompagné le processus, découverte et porter-à-connaissance forment un binôme indissociable. La production de la connaissance s'inscrit toujours dans un rapport dialectique entre l'individu (ou le collectif de chercheurs) et la société.

Si l'on fait abstraction pour l'instant du contexte qui l'environne, la découverte est d'abord porteuse d'une démarche de la pensée. Certes, dans l'apprentissage du monde qui est celui de l'humanité, tout ne relève pas d'une démarche scientifique. Mais, dans ce processus au long cours, même non savant, il y a malgré tout un cheminement qui n'est pas sans rapport avec la démarche scientifique, une capitalisation d'expériences diverses, une réflexion, une aspiration au dépassement, une insatisfaction, puis un grand moment innovant, dont l'auteur ne percevra pas nécessairement la nouveauté et qui ne se révélera tel – parfois au prix de multiples difficultés – que sous le regard de la société. Si l'on ne retient ici que la seule démarche de la pensée, en excluant pour l'instant les incitations politiques, économiques et sociales qui la déterminent, sont en étroite relation la culture et l'imagination, l'une nourrissant l'autre et la bridant en même temps. Si la culture, en tant que capital acquis par le découvreur potentiel, est le stimulateur de la découverte, l'imagination en est son carburant. Après avoir enquêté auprès d'informateurs variés sur l'origine du Nil, Hérodote a la sagesse de ne pas conclure hâtivement, mais il échafaude des hypothèses (Larcher, 1850). Confronté au mythe de l'Eldorado, Alexander von Humboldt lit toute la littérature pour le connaître, il voyage, observe, interroge, recoupe. Il ne prend pas le mythe pour la vérité, mais il ne le balaie pas non plus d'un revers de la main. Il cherche à le comprendre pour le réfuter et sa démonstration tient finalement en 250 pages (Humboldt et Bonpland, 1816-1831). Démarche de pensée, la découverte ne commence à devenir réalité que quand il y a une représentation qui, malgré ses incomplétudes, est une première formalisation, une première concrétisation de ce qui est observé. « La représentation fait partie de la découverte » (Reichler, 2002), elle est prise de conscience, elle est « médiance » (Berque, 1990). Ainsi, même s'ils étaient dénués de toute préoccupation scientifique et s'ils étaient pénétrés – comme tout humain – de préoccupations et d'intérêts d'une tout autre nature, les aventuriers inventeurs du mythe sud-américain de l'Eldorado étaient porteurs d'une culture. Ils avaient – à leur manière – accumulé des informations et vivaient avec leurs aspirations et une inquiétude lancinante qui les poussaient à aller plus loin. Le mythe est né de cette synthèse improbable et de son porter-à-connaissance. Eux aussi ont été des découvreurs et des éveilleurs de vocations.

La découverte ne se résume pas à la seule démarche de pensée. Financements, compétences techniques, soutiens de toutes sortes, contexte social et politique, accès aux médias et développement de ces mêmes médias, réceptivité d'un public et de décideurs, idéologie favorable forment un tout difficilement dissociable, car tous ces éléments participent du processus. La dimension politique est souvent fondamentale. Ainsi, les grandes découvertes chinoises du début du XVe siècle, qui furent pilotées par l'amiral Zheng He et poussèrent au moins jusqu'aux extrémités de l'océan Indien, furent étroitement liées à un contexte mêlant techniques, vision du monde et de la place de la Chine dans celui-ci, géopolitique et prestige. Et de même que des décisions impériales lui donnèrent vie et la stimulèrent, de même l'interdiction finale des expéditions maritimes interrompit définitivement cet essor (entre autres, Pelletier, 2011). On pourrait dire qu'une ambiance globale, le plus souvent insufflée par le pouvoir politique, sa protection, son mécénat, ses décisions, sa continuité, favorise la mise en articulation de ce complexe. Pour prendre des exemples dans les contributions qui suivent, les globes terrestres de Coronelli, appréciés de Louis XIV, sont significatifs de l'appétit de découvertes du souverain et de son temps (Vailly[2]). De même, le projet colonisateur des pays européens, contexte géopolitique de l'Europe entre XVIe, voire XVe et XXe siècles, stimula de manière décisive la connaissance des immenses espaces d'outre-mer (Mendes, Arnaud et Preuil), marqua l'espace (Noske). Il eut pour effet d'en prendre possession (Audard) et, quoiqu'on en juge, participa d'une grande ouverture au monde. Mais l'ambiance globale ne se limite pas au politique. La dynamique des affaires joue également un rôle important, puisque ce sont des négociants britanniques qui lancèrent les explorateurs de la fin du XIXe siècle sur la piste des Grands Lacs africains et de la résolution de la question interminablement pendante des sources du Nil (Stanley, 1879, p. 12), événements qui entraînèrent dans leur sillage la colonisation britannique : interaction bien connue entre les sociétés savantes, la puissance de l'argent et le pouvoir politique. Les individus baignent dans un contexte global et ne peuvent être étrangers à leur temps et aux aspirations de celui-ci (Audard). Il y a bien un système complexe.

Encore faut-il que ce système complexe fasse sens. Il n'est pas évident, en effet, que les velléités princières soient servies par des financements satisfaisants qui rencontrent des innovateurs de talent sachant communiquer dans le cadre d'un

2. Les auteurs dont les noms sont indiqués entre parenthèses sans mention de date renvoient aux contributions à cet ouvrage.

état d'esprit général impatient de nouveauté… Qu'un élément flanche ou résiste et tout est compromis. Ainsi, la découverte est souvent surprenante, déroutante par rapport aux voies tracées au préalable avec trop de naïveté. Qu'en faire quand elle s'intègre mal dans les schémas préétablis, sinon reconnaître un échec, remiser le projet, peut-être négliger ce qui a été trouvé, avec éventuellement la perspective qu'elle prenne plus tard sa place entière dans un système sémique novateur différent (Peirano) ? Le temps plus long doit être ici convoqué et si l'on étire encore les temporalités, il est celui d'une civilisation qui s'est forgée au long cours d'une multitude d'expériences et d'une somme innombrable de tentatives pour donner une explication au monde. L'exemple du Brésil aux balbutiements de la Renaissance montre comment s'est inventée la modernité occidentale et comment, au prix de rêves et de lubies, d'erreurs manifestes, d'interprétations hasardeuses, de tâtonnements et d'intérêts variés et contradictoires (Mendes), cette modernité occidentale a peu à peu inventé une méthode redoutablement efficace pour comprendre et conquérir le monde. La confrontation a été vive avec d'autres visions du monde, toujours très inégale, souvent mortelle pour les plus faibles, parfois fructueuse, mais pour l'observateur, cette attention portée à l'altérité permet de mieux comprendre les principes fondamentaux de chaque culture et les représentations dont elle est porteuse (Noske). C'est ainsi avec un certain amusement qu'un des auteurs observe les séries télévisées anglo-saxonnes dont les héros, dans l'invincibilité de leur réflexion mais aussi leurs outrances, personnifient l'excellence de la pensée occidentale et en même temps constituent une critique virulente de sa démesure (Morin-Ulmann).

La découverte, un écheveau de tensions fécondes

Les lignes qui précèdent ont déjà mis en lumière plusieurs des tensions consubstantielles au processus de la découverte : la pensée et l'action, la découverte et le porter-à-connaissance, l'idéologie (ou la doctrine, la théorie) et le pragmatisme. Chacune de ces tensions assortit des pôles sinon contraires, du moins nécessaires à articuler en permanence, associations non programmables et qui ne peuvent que donner lieu à des cotes mal taillées. Non pas figures rhétoriques, ces couples infernaux génèrent des balancements continuels, sans lesquels le processus n'existerait pas, des balancements souvent difficiles à vivre et à la fois impossibles et indispensables à gérer. Ensemble, ils forment un véritable kaléidoscope de tensions. Selon les angles qu'ils ont choisis, les auteurs et autrices de ce livre illustrent les uns ou les autres de ces dilemmes. On retiendra ainsi le souci constant chez l'entrepreneur Gustave Lambert, désireux d'atteindre le premier le pôle Nord, d'articuler la science et l'industrie pour arriver à ses fins (Simon-Ekeland) ou le désir de Coronelli de concilier les finalités mondaines et scientifiques de ses globes (Vailly). À chaque fois, les tâtonnements construisent des articulations novatrices, véritables innovations dont l'assemblage concrétise un projet. Deux de ces tensions traversent plus particulièrement l'ensemble du livre : entre l'individu et la société dont il est issu, entre la réalité et la fiction.

La plus fréquente de celles-ci, véritable paradoxe (Barel, 1989), est celle qui lie et oppose l'individu et la société. Le processus de découverte est à la fois une affaire individuelle et une affaire collective, en fait une alchimie entre les deux. En la personne de l'autorité politique, la société commandite parfois l'individu. Ainsi font le cardinal d'Estrées, pour le compte de Louis XIV, avec Coronelli à qui a été demandée la fabrication de globes géographiques (Vailly), et le président Jefferson avec les explorateurs Lewis et Clark, chargés de pénétrer l'immense Ouest américain encore inconnu de ce peuple d'immigrants (Peirano). D'autres initiatives sont personnelles. Certaines voudraient le rester. Mais l'individu a beau aspirer à l'autonomie et tenter de la préserver, le développement de son projet finit parfois par rendre indispensable le recours à l'institution, qu'elle soit privée (Simon-Ekeland) ou publique (Arnaud) et finalement les deux (Simon-Ekeland). Entre l'individu et la société, il y a une sorte de jeu de dupes dans lequel les rôles sont négociés en permanence. Parfois, le collectif, à moins que ce ne soit l'institution, écrase la personne. Pour autant, celle-ci ne devient pas un simple agent auquel on dénierait le titre d'acteur et toute capacité d'initiative. Ainsi, face à la frontière, même conflictuelle, qui est l'une des constructions politiques les plus contraignantes qui soient avec son cortège de contrôles et de murs, la personne subjuguée est pourtant créatrice d'un monde qui est le sien (Sélimanovski). Parfois, l'individu croit prendre ses décisions en toute liberté, voire manipuler les institutions. Mais, à l'image de Gauguin, encore apprenti voyageur, le milieu dans lequel il baigne, et jusqu'à ses propres informateurs, lui inculquent des représentations qui sont celles de son temps. Ainsi, l'artiste reste-t-il piégé par la société qu'il veut fuir et à laquelle il appartient indissolublement (Audard). De même Alexandra David-Neel (1868-1969) première femme occidentale à entrer dans Lhassa en 1924, ville interdite aux étrangers, et qui a ouvert à ses contemporains un monde qui leur était inconnu, était porteuse d'une lourde charge de représentations sur le Tibet (David-Neel, 1927). Contingente, toute découverte dont s'empare la société et qu'incarnent un individu ou un collectif porte en elle ses représentations du monde et ses enjeux idéologiques et politiques. La récente pandémie de Covid-19 a bien montré combien, à la faveur de l'émotion des opinions publiques, pouvaient s'activer des jeux de pouvoir de manière bouillonnante et accélérée, entre concurrences étatiques, industrielles et scientifiques, entre recherche scientifique de solutions médicales et accointances avec les laboratoires, sans compter les inévitables exacerbations d'ego et… justement les émotions de l'opinion publique.

Pour complexifier ce paradoxe de l'autonomie de l'individu dans la dépendance sociétale, il faut encore évoquer l'idée de filiation culturelle. Si l'on n'est pas indépendant de son époque, on ne l'est pas non plus de ses ancêtres. Les représentations devenues célèbres de ceux qui nous ont précédés continuent de peser sur les représentations de ceux qui ont hérité de leur culture. À Angkor Wat, lieu de juxtaposition de touristes occidentaux et asiatiques, les représentations des uns et des autres ont été influencées par celles que leur ont léguées leurs prédécesseurs. Chaque visiteur peut certes découvrir le site à sa manière, mais il est profondément influencé, presque mis sur les rails, par d'anciennes relations, par d'anciennes images, au même titre que par les habitudes de comportement dans sa propre société (Preuil). De même, le personnage emblématique de Sherlock Holmes n'en finit pas d'inspirer la pensée artistique des Anglo-Saxons (Morin-Ulmann).

Une deuxième tension traverse l'ensemble du processus de la découverte décrit dans ce livre, celle qui lie réalité et fiction. Cela est logique, puisque l'imagination est un puissant stimulant, et même un stimulant indispensable, qui porte en avant la quête de l'aventurier. Pour Bachelard (Bachelard, 1934), la rationalité scientifique trouve des auxiliaires inattendus dans le rêve et l'imagination, qui viennent fertiliser la pensée et mettent le scientifique dans l'état psychologique requis par la recherche (Künstler, 2012). Plus largement, la découverte a toujours été associée à l'imaginaire. Sur les cartes anciennes, la figuration de scènes caractéristiques ou d'animaux et de personnages fantastiques permettait non seulement de *combler les blancs de la carte* (Laboulais-Lesage, 2004), mais aussi d'illustrer, d'informer, d'intéresser, de faire rêver, de faire vendre. La démarche était proche de celle utilisée dans leurs textes par les jésuites du Brésil, qui racontaient les merveilles de ces contrées dans l'espoir de susciter des vocations (Mendes). On retrouve cette sorte d'encyclopédie illustrée sur les globes de Coronelli (Vailly). Les œuvres de fiction vont plus loin. Elles prolongent la réalité en proposant des contextes plausibles interagissant constamment avec celle-ci (Champigny). Il en est de même avec le roman de Kurd Lasswitz analysé ci-après (Willmann). À l'époque où il écrit, en 1897, le pôle Nord est bien un des rares lieux de la planète qui n'ont pas encore été visités par les humains, d'où son choix ; ce lieu nimbé de mystères est d'ailleurs conforme dans le roman à ce que l'époque pensait, un îlot auquel on accédait par quatre bras de mer disposés en forme de croix, séparés par quatre morceaux de terre (Simon-Ekeland). Mais tout en s'ancrant sur des faits réels – ou « plausibles » –, la fiction permet de développer un discours propre à faire réfléchir le lecteur (Willmann). L'imaginaire permet de parler du réel, de manière détournée, que ce soit par prudence ou par jeu. Il permet aussi de se projeter dans l'avenir, d'envisager la diversité des possibles. De récepteur d'une « découverte » fictive, le lecteur devient acteur, qu'il soit invité à compléter les vides du récit (Champigny) ou qu'il s'invite lui-même à interpréter la narration, par exemple à travers une carte sur son blog personnel (Furst et Martin), à moins qu'il ne soit incité à réfléchir à l'avenir de l'humanité (Willmann). Afin de poursuivre ce « fondu-enchaîné » entre fiction et réalité, cette indistinction croissante qui génère de nouvelles créations de la pensée, on peut évoquer plusieurs des thèmes abordés dans des textes qui, pourtant, ne traitent pas de fiction : le mythe du Passage du Nord-Ouest qui a justifié une expédition états-unienne vers le Grand Ouest (Peirano) ou les illusions de Gauguin sur les peuples qu'il va rencontrer (Audard). Mais la fiction est aussi susceptible de créer une réalité ; ainsi, le tournage des films relatifs aux œuvres de fiction stimule-t-il puissamment la fréquentation touristique des régions concernées (Furst et Martin). Entre réalité et fiction, les frontières s'estompent, les interférences se multiplient, la construction finale est commune.

Qu'il s'agisse du dilemme entre l'individu et la société, de celui de la réalité et de la fiction ou de ces multiples tensions qui traversent chaque texte particulier, la nouveauté se niche dans des projets d'articulation nécessairement baroques, faits d'intuitions et d'erreurs, de réussites et d'échecs, d'informations et d'*infox*, de visions contradictoires. Ce sont ces contradictions qui permettent la découverte, qu'elle soit personnelle ou majeure pour la société.

Des outils au service de la découverte

S'il est difficile de concevoir une découverte sans médiatisation, même si celle-ci n'a lieu qu'au sein du cercle restreint d'un pouvoir au nom d'un secret d'État, il n'y a pourtant pas une relation simple entre une découverte et son porter-à-connaissance. Comme on l'a vu (Peirano), une nouveauté peut ne pas être comprise sur le moment ou ne pas être appréciée dans tous ses effets potentiels. À quoi cela servirait-il alors de la diffuser, puisqu'elle n'aurait aucune utilité, voire serait contre-productive ? À l'inverse, la diffusion d'une idée peut s'avérer sans commune mesure avec l'événement qui l'a générée. Non seulement les *infox* ne sont pas une nouveauté, mais l'habileté du communicant l'emporte aisément sur la qualité du message. Dans la construction du mythe de l'Eldorado, l'homme politique, aventurier et romancier anglais Walter Raleigh a joué un rôle majeur, dans la mesure où il a su raconter avec brio le récit de son prisonnier espagnol Berreo, sans évidemment vérifier ses dires (Raleigh, 1596). Peut-être a-t-il cru à ce récit merveilleux d'une ville aux palais d'or, mais les motivations politiques de l'écrivain étaient loin d'être absentes. Dans un des textes qui suivent, un aspirant-explorateur a surtout été un de ces brillants communicants, réussissant à passer pour la postérité comme un des découvreurs du pôle Nord, qu'il n'a jamais approché (Simon-Ekeland). Les médias ont toujours été une irremplaçable caisse de résonance, partiellement fallacieuse.

L'évocation des médias pose évidemment la question de la technique, mais plus encore celle de leurs potentialités et des finalités qu'on leur affecte. Les cartographes de la Renaissance n'ont pas inventé la carte, mais de nouvelles manières de la faire et de l'utiliser. Ils s'inspiraient de leurs prédécesseurs arabes, qui avaient rendu compte d'un monde connu sur lequel ils étaient les seuls à avoir une vision globale. Le planisphère et le traité encyclopédique, que réalisa al-Idrīssī à la cour du roi de Sicile, en avaient été le chef-d'œuvre. Ouvrage de culture et de prestige. Durant le Moyen Âge, la finalité de la carte en T-O (le « O » pour l'océan entourant la Terre plate, le « T » pour les mers et les fleuves – Méditerranée, Don et Nil – qui subdivisaient les trois continents connus) était de donner une explication théologique du monde. De même, n'ayant pas à sa disposition la description des paysages qu'inventa la Renaissance, Pétrarque (1335) donne à son ascension une signification mystique. Les portulans étaient à l'inverse des outils pragmatiques destinés aux marins mais, réalisés sur vélin, produit rare et prisé, ils ne pouvaient être reproduits aisément. Diversité des logiques. Dans ce contexte, les cartographes de la Renaissance innovent, tant par l'utilisation de nouvelles techniques de reproduction de documents, que par le souci de diffuser des informations, mais aussi (et parfois surtout) de vendre. Sans compter l'objectif de plaire à leurs puissants clients (Vailly). Avec eux, la spécialisation professionnelle progresse. Ils n'étaient en rien des voyageurs, ils travaillaient en chambre et, pour compléter et corriger la compilation qu'ils pratiquaient largement (Vailly et, pour le XIXe siècle, Arnaud), partaient au mieux en quête d'informations auprès des équipages revenant de contrées lointaines. La diversité des logiques éclate au grand jour dans les contacts entre Occidentaux et autres peuples. Le dessin tracé au charbon sur le roc par les Maoris, une sorte de carte mentale, révèle ses finalités généalogique et mémorielle; donc, une dimension patrimoniale, qui contraste avec l'outil de conquête – intellectuelle ou militaire – qu'est la carte occidentale (Noske). L'usage du média n'est après tout que le reflet des idéologies qui sont celles de la société.

La perspective diachronique du livre souligne la dimension évolutive du porter-à-connaissance. Au plus schématique, trois grands moments jalonnent ici cette réflexion, la Renaissance, l'ère industrielle et l'ère informatique. Ce furent des périodes de profonds bouleversements pour ce que l'on pourrait appeler « le complexe de la découverte », au sein duquel il est difficile d'évaluer la part relative du perfectionnement des techniques, de la production de nouvelles méthodes, de la mutation des pouvoirs, de la diversification des médias, de la diffusion auprès de nouveaux publics, du poids des idéologies et des stéréotypes. À chacune de ces époques, les médias ont connu une croissance prodigieuse. À la Renaissance, dominent le livre imprimé et la carte, qui gagne un siècle et demi plus tard en maturité scientifique après la fondation en France de l'Académie royale des sciences par Colbert en 1666. À l'ère industrielle, s'ajoutent la presse, la photographie à la suite de la gravure, le film, les expositions universelles qui magnifient les avancées récentes. À l'ère informatique, la télévision, Internet et les réseaux sociaux, entre autres, démultiplient encore la panoplie des médias. À cette diversification des moyens de communication, se greffe une complexification de la chaîne du porter-à-connaissance, car la quantité, la diversité et la sophistication des informations nouvelles et des procédures nécessitent de plus en plus la participation d'intermédiaires. Ainsi, les jésuites portent-ils aux Portugais la connaissance des choses du Brésil (Mendes), François Le Large explique-t-il à Louis XIV les informations de Coronelli (Vailly), les archéologues artistes d'Angkor font-ils rêver leurs admirateurs (Preuil), ses amis réunionnais orientent-ils les représentations de Gauguin (Audard), les sociétés savantes jouent-elles un rôle d'amplification des projets qu'elles soutiennent (Peirano, Simon-Ekeland), les militaires relaient-ils l'initiative d'un particulier dans l'élaboration d'une carte (Arnaud) et les séries télévisées participent-elles à la diffusion d'un modèle de société (Morin Ulmann). Il faudrait ajouter qu'à toutes les époques, la fiction crée une sorte de réalité augmentée, qui relaie les découvertes vers des lointains encore plus extraordinaires et qui, aujourd'hui, alors que le monde terrestre apparaît comme fini, répond au besoin de découvrir de nouveaux univers et sans doute aussi de nouveaux enchantements (Champigny, Furst et Martin), alors que plane précisément le désenchantement du monde (Willmann).

Voilà donc des outils efficaces au service de la découverte et une chaîne de plus en plus complexe tendant à rendre celle-ci plus accessible. Mais qui reçoit cette découverte et quelle en est la qualité ? Le nombre des récepteurs n'a cessé d'augmenter avec le temps. Des navigateurs, officiers, marchands, érudits et puissants de la Renaissance (Mendes), le public n'a cessé de s'élargir jusqu'à concerner potentiellement l'ensemble de la population. Les médias modernes, et en particulier les réseaux sociaux, réussissent même la prouesse de donner à n'importe quel récepteur la possibilité de devenir lui-même émetteur, auteur d'un site ou d'un blog, partageant ses émotions et ses *découvertes* à qui veut cliquer (Preuil). Récepteur et émetteur, nouveau couple infernal dont les deux pôles tendent à l'indistinction… C'est ici que le mot de « découverte » fait l'objet d'un regard critique. On a parlé de cette expression de la démesure moderne, historiquement d'abord occidentale, qui prétend soumettre la nature et le monde à l'espèce humaine et en premier lieu au savant et au *gentleman* (Morin Ulmann), sans doute l'un et l'autre savant ou sachant fou. Le mot de « découverte » recouvre aussi une dimension de rencontre avec l'Autre. Souvent souhaitée, celle-ci n'est pourtant pas assurée, tant elle peut ne camoufler qu'une recherche de soi (Deboos) qui, comme chacun le sait, est inépuisable. Gauguin apporte une illustration de cette quête sans fin, lui qui balance entre des informateurs variés et pense plus à fuir (et à se fuir lui-même) qu'à découvrir (Audard). Un autre type de rencontre, menée par procuration, a lieu, grâce à la littérature (Sélimanovski). Ici, la lecture de romans mettant en scène la frontière entre en résonance avec l'histoire personnelle de la chercheuse et lui permet d'approcher autrement ce monde des marges qu'elle porte en elle. Une manière parmi d'autres d'accéder à l'universel. Multiplicité des facettes, multiplicité des pratiques, ambiguïté multiforme de la « découverte ». N'est-ce pas un des dilemmes de l'Occident et du monde moderne que de devoir combiner l'ouverture au monde et les exigences de la société de consommation, qui est de vendre à tout prix, même du rêve ? Et de *se vendre* soi-même. Encore un paradoxe.

Délibérément pluridisciplinaire, le livre regroupe des contributions d'historiens, de géographes, de littéraires et d'anthropologues d'horizons divers, qui abordent à leur manière la question de la découverte et de son porter-à-connaissance. Même si certains auteurs envisagent la question de la découverte selon le prisme de plusieurs sociétés, y compris non occidentales, la vision européenne ou nord-américaine est pourtant la plus fréquemment convoquée.

Dans la première partie, « Soifs d'ailleurs », l'aspiration au vaste monde, à l'infini, est bridée par les limites inhérentes à l'humain. À la recherche de sources d'inspiration renouvelées mais aussi poussé par un désir de fuite, Gauguin fantasme sur un ailleurs plus porté par des représentations imaginées que par les réalités coloniales, géopolitiques et sociales (Audard). De même, les multiples touristes visitant Angkor, aujourd'hui occidentaux et chinois, reprennent inconsciemment à leur compte des représentations issues de leurs héritages culturels respectifs, qui orientent leurs regards et leurs expériences (Preuil). Sur un tout autre registre, la frontière, observée à travers des œuvres littéraires, est une forte stimulation à son dépassement. Elle aussi suscite la soif d'ailleurs, un ailleurs proche et souvent malaisément accessible. Parce que chaque individu confronté à la frontière la considère à travers ses propres limites et ses propres compétences, s'anime ou s'invente une diversité de mondes (Sélimanovski). La partie s'achève encore sur un autre domaine, celui de la fiction de *fantasy*. La finitude du monde, désormais exploré et largement connu, n'a pas étanché la soif d'ailleurs, bien au contraire. La *fantasy* ouvre en cela des perspectives illimitées (Furst et Martin).

Dans la deuxième partie, « Découvrir pour connaître », la soif d'ailleurs se fait de manière structurée, dans une logique qui peut être de culture, de compréhension de l'Autre ou de stimulation de l'imagination. Ces objectifs, trois parmi beaucoup d'autres, n'excluent nullement d'autres ambitions, notamment politiques. Mais ils sont pris ici comme le reflet de l'esprit humain aspirant à aller toujours plus loin. Ainsi, les globes de Coronelli, qui sont aussi des objets de prestige, témoignent de la part de la cour de Louis XIV d'un incontestable souci de connaissance (Vailly). Dans le contexte très différent des prémices de la colonisation en Nouvelle-Zélande, de rares documents cartographiques manifestent un exceptionnel souci d'échange et d'intercompréhension entre les autochtones Maori et les marins britanniques groupés autour du capitaine Cook (Noske). Enfin, l'analyse de la manière dont fonctionnent les histoires de bande dessinée auprès de leurs lecteurs montre que, loin de s'isoler dans des mondes exclusivement imaginaires, la bande dessinée, essentiellement franco-belge, interagit avec la connaissance du réel et lui offre de nouvelles ouvertures (Champigny).

Dans la troisième partie, « Découvrir pour conquérir », la soif de connaître a cédé la première place aux visées politiques. Confronté à la forte concurrence des puissances qui le composent, l'Occident s'informe et découvre avec persévérance et toujours en tâtonnant. Déjà, les balbutiements de la connaissance au Brésil, aux tout débuts de l'époque coloniale, révèlent la préoccupation stratégique des acteurs, qu'ils soient explorateurs ou religieux (Mendes). Plus tard, mais toujours dans l'objectif de maîtriser un immense territoire, ici nord-américain, l'expédition de Lewis et de Clark ne démérite pas sur le plan scientifique. Pourtant, ne parvenant pas à trouver le fameux Passage du Nord-Ouest – d'ailleurs inexistant – dont elle était censée apporter la confirmation, elle reste ignorée de son commanditaire politique et longtemps méconnue du grand public (Peirano). À peu près à la même époque, Gustave Lambert ne réussit pas à financer de lui-même et grâce à ses réseaux l'expédition qu'il projette au pôle Nord. Il se résout à faire appel à l'État, désormais acteur incontournable (Simon-Ekeland). On retrouve un processus voisin dans le cadre de la fabrication d'une remarquable carte de l'Afrique par de Lannoy de Bissy. Ici, la contribution compare l'édition initiale, œuvre exclusive d'un individu, avec la deuxième édition, profondément remaniée par les impératifs coloniaux dans sa conception et dans sa facture (Arnaud).

« La découverte : quelques perspectives » fait l'objet de la quatrième partie qui n'abordera modestement que quelques pistes parmi d'innombrables autres. En montrant, à travers deux romans, ce que représente la découverte à la fin du XIXe siècle et aujourd'hui, la première contribution invite à réfléchir aux bouleversements considérables du « complexe de la découverte » en passant en un siècle du mythe du progrès à un large désenchantement. Elle pose ainsi la question de l'avenir de cette démarche de la pensée (Willmann). Que découvre-t-on d'ailleurs ? La découverte est certes aussi expérience individuelle, mais la frénésie actuelle de voyages touristiques dans le vaste monde, sous prétexte de découvrir l'Autre, tourne souvent, et au mieux, à l'insondable découverte de soi-même (Deboos). Enfin, dans un registre philosophique, le dernier texte décrit, à travers le personnage de Sherlock Holmes et ses nombreux avatars, la combinaison saisissante d'une extraordinaire capacité intellectuelle de raisonnement, formidable instrument mobilisable pour la découverte, et de l'exacerbation démesurée de l'ego du héros (Morin Ulmann). Il reste maintenant à inventer ce que sera demain la « découverte »...

Bibliographie

Bachelard Gaston, 1934, *Le nouvel esprit scientifique*, Paris, Alcan.

Barel Yves, 1989, *Le paradoxe et le système. Essai sur le fantastique social*, Grenoble, Presses universitaires de Grenoble.

Berque Augustin, 1990, *Médiance, de milieux en paysages*, Montpellier, GIP-Reclus, coll. « Géographiques ».

Bourcier Danielle et Van Andel Pek, 2011, *La sérendipité. Le hasard heureux*, Paris, Hermann.

Broglie Louis de, 1987 (1956), « Intérêt et enseignements de l'histoire des sciences », in *Un itinéraire scientifique*, Paris, La Découverte.

Cluzeau Taïna, 2015, « Reste-t-il des îles à découvrir ? », *CNRS Le journal*, [https://lejournal.cnrs.fr/articles/reste-t-il-des-iles-a-decouvrir], consulté le 3 juin 2020.

David-Neel Alexandra, 1927, *Voyage d'une Parisienne à Lhassa, à pied et en mendiant de la Chine à l'Inde à travers le Tibet*, Paris, Plon.

Humboldt Alexander von et Bonpland Aimé, 1816-1831, *Voyage aux régions équinoxiales du Nouveau Continent fait en 1799, 1800, 1801, 1802, 1803 et 1804*, 13 vol., Paris, Librairie grecque-latine-allemande.

Künstler Raphaël, 2012, « Les valeurs épistémiques de l'imagination chez Bachelard », *Implications philosophiques*, [https://www.implications-philosophiques.org/bachelard-les-valeurs-epistemiques-de-limagination-1/], consulté le 20 juin 2020.

Laboulais-Lesage Isabelle (dir.), 2004, *Combler les blancs de la carte. Modalités et enjeux de la construction des savoirs géographiques (xviie-xxe siècle)*, Strasbourg, Presses universitaires de Strasbourg.

Larcher Pierre-Henri, 1850, « *Histoire* » *d'Hérodote*, 2 vol., traduite du grec par M. Larcher ; avec des notes de Bochard, Wesseling, Scaliger, Casaubon, Barthélémy, Bellanger, Larcher, etc., Paris, Charpentier.

Latour Bruno, 1984, *Les microbes. Guerre et paix*, suivi de *Irréductions*, Paris, A. M. Métailié.

Pelletier Philippe, 2011, *L'Extrême-Orient. L'invention d'une histoire et d'une géographie*, Paris, Gallimard, coll. « Folio histoire ».

PÉTRARQUE Francesco, 1335, *Mon ascension sur le mont Ventoux. Lettre à Dionigio da Borgo San Sepolcro, moine augustin*, Malaucène, Lettres familières, IV, I, [https://www.fadebiaye.com/read/layouts/petrarque.pdf], consulté le 30 mai 2020.

RALEIGH Walter (sir), 1596, *The Discoverie of the large, rich, and beautiful Empyre of Guiana: with a Relation of the great and golden Citie of Manoa (which the Spanyards call El Dorado) and the Provinces of Emeria, Arromaia, Amapaia, and other Countries, with their Rivers, Adioyning*, Londres, Robert Robinson.

REICHLER Claude, 2002, *La découverte des Alpes et la question du paysage*, Genève, Georg Ed.

STANLEY Henri Morton, 1879, *À travers le continent mystérieux. Découverte des sources méridionales du Nil, Circumnavigation du lac Victoria et du lac Tanganika, descente du fleuve Livingstone ou Congo jusqu'à l'Atlantique*, vol. 1, ouvrage traduit par Mme H. Loreau, Paris, Librairie Hachette et Cie.

PREMIÈRE PARTIE

Soifs d'ailleurs

1

« Alors… Irrévocablement je vais à Madagascar » Des *maux* de Gauguin aux *mots* de la colonisation (avril-septembre 1890)

Alexandre Audard

Un imaginaire géographique en question

« Vous souvenez-vous de nos conversations d'autrefois à Arles où il était question de fonder l'atelier des Tropiques ? », demandait Paul Gauguin à son ami Vincent Van Gogh durant l'été 1890. Ce projet artistique, aux antipodes, « retrempé là par une vie plus naturelle, plus primitive et surtout moins pourrie » (Paris, 13 juin 1890, *in* Jansen, Luijten et Bakker, 2009, p. 259), le peintre, lui, ne pouvait l'oublier. Il partit l'année suivante à Tahiti avant de s'installer définitivement dans le Pacifique à Hiva Oa dans l'archipel des Marquises.

Objet d'un véritable mythe et archétype de l'artiste voyageur[1], Gauguin évoque aujourd'hui par son simple nom le désir d'ailleurs. Bien sûr, Loti, Rimbaud, London et bien d'autres sont autant de noms qui participent de ce même mouvement. Cependant, souvent associée à la figure du peintre insurgé en quête d'authenticité dans une Europe toujours plus industrielle et urbaine, sa vie insulaire est véritablement devenue le référentiel d'un imaginaire occidental de l'Océanie (Fayaud, 2011). Ses représentations polynésiennes en font, à la croisée de différents courants artistiques, l'un des précurseurs de l'art moderne et figurent parmi les pièces maîtresses des grandes collections muséales[2].

Il n'en fut pourtant pas toujours ainsi. Pourquoi Gauguin décide-t-il au tournant de la décennie 1890 de partir au loin ? Peintre peu reconnu, sans argent et séparé de ses enfants et de sa femme Mette, restée à Copenhague, Gauguin est seul et sans inspiration. Après l'avoir inlassablement cherchée en Bretagne à Pont-Aven puis dans le Sud à Arles aux côtés de Van Gogh, l'artiste de 42 ans s'ennuie et souhaite *découvrir* de nouveaux horizons. Dès lors, quitter l'Europe

1. Beaucoup a déjà été écrit sur Gauguin. Outre les nombreux catalogues d'exposition, pour des éléments biographiques récents, il est possible de se référer à Haziot (2017) ou bien, pour un aperçu plus sommaire, à Walther (2017). Soulignons l'indispensable travail critique de Staszak (2003 et 2008b) auquel le propos qui suit doit beaucoup.
2. L'exposition « Gauguin l'alchimiste » présentée à Paris au Grand Palais du 11 octobre 2017 au 22 janvier 2018 a encore réuni un peu plus de 450 000 visiteurs.

pour réinventer la peinture devient obsessionnel. Il faut dire que ses origines péruviennes, ses navigations dans la marine marchande et ses séjours au Panama ou en Martinique lui permettent d'envisager assez facilement un séjour tahitien, évoqué dès 1886. Néanmoins, si ce dernier fut le seul à se concrétiser et est abondamment documenté et connu, Gauguin envisagea d'autres destinations parmi lesquelles le Tonkin. Durant quelques mois de l'année 1890, il pense également à Madagascar comme il en fait part à son ami et artiste Émile Bernard :

> « Les affaires artistiques ne vont guère. Et je suis à un âge déjà avancé, comme on dit ou au bout du rouleau et je juge inutile de continuer la lutte sans atouts dans mon jeu. Et travailler pour vivre par le commerce, même le pouvant je ne veux pas [...]. Alors... Irrévocablement je vais à Madagascar. J'achète dans la campagne une maison en terre que j'agrandirai moi-même, planterai et vivrai simplement. Modèle et tout ce qu'il faut pour étudier. Je fonde alors l'Atelier des tropiques. Viendra m'y trouver qui voudra » (Paris, avril 1890, *in* Malingue, 1992, p. 186-187).

Indubitablement, les contours du monde de Gauguin (Tonkin, Martinique, Tahiti, Madagascar, etc.) sont ceux de l'Empire. Si son « horizon [...] se réduit aux colonies françaises », comme le souligne le géographe Jean-François Staszak (2003, p. 91), peut-on alors attribuer au projet malgache de Gauguin un « imaginaire géographique » personnel ?

L'étude de différentes éditions de sa correspondance, malheureusement partielle, tenue entre les mois d'avril et septembre 1890, nous renseigne tant sur la genèse de ce projet indianocéanique méconnu, mais caractéristique, que sur les processus ayant porté l'Île à sa connaissance. Ainsi, les lettres envoyées à ses proches amis peintres Odilon Redon, Émile Schuffenecker, les frères Van Gogh et Émile Bernard, avec qui il aurait souhaité partir, mettent en avant une conception de Madagascar fantasmée et, surtout, révèlent les enjeux politiques de ce qu'il pense être un monde en « découverte ».

Un *Atelier des Tropiques* à l'échelle de la France

Gauguin ne découvre pas Madagascar sur une carte, médium classique du porter-à-connaissance du monde, mais à travers de multiples médias et manifestations collectives de grande ampleur.

L'Exposition universelle de Paris (5 mai-31 octobre 1889)

Alors que les deux dernières décennies du XIXe siècle sont celles de l'affirmation occidentale d'une véritable mystique de l'aventure (Venayre, 2002 et 2012), les *blancs* de la carte ne peuvent qu'inciter au départ (Laboulais-Lesage, 2004). Malgré ses voyages antérieurs et son passé de marin, Gauguin découvre lui aussi le monde au prisme des expéditions ou conquêtes coloniales, et ce notamment lors de la très fameuse Exposition universelle de 1889 à Paris. Cette spectaculaire exposition marque les esprits avec sa galerie des machines et la construction de la tour Eiffel (Ory, 1989). Mais surtout, elle est la première à dédier un espace spécifique aux colonies. Accueillant des millions de visiteurs, l'empire y est exhibé (Ory, 2010) et l'enjeu politique est de taille : il s'agit d'encourager les Français à partir mettre en valeur les colonies. Des promoteurs distribuent en ce sens brochures et conseils pour s'y installer. Sans voyager au loin, les Français y découvrent la « plus grande France » et peuvent même participer à des fêtes dites traditionnelles. Gauguin, comme beaucoup d'artistes, s'y rend et se passionne pour l'événement. Ainsi, les musiques entendues à l'Exposition, que Louis Benedictus qualifie de *bizarres* et retranscrit dans un célèbre recueil pour piano la même année, ne manquent pas d'être une grande source d'inspiration, notamment javanaise, pour Debussy (Lombard, 1992 ; Chazal, 2002). C'est donc là, sur l'esplanade des Invalides entre le village sénégalais, le palais tunisien et le théâtre annamite, que le peintre a un premier contact physique avec Madagascar. Étonnamment, le petit pavillon qui la représente retient son attention alors que les territoires français d'Asie ou d'Afrique du Nord sont largement mis en avant. Il confie ses impressions à son ami Bernard :

> « Avec la somme que j'aurai, je peux acheter une case du pays comme celles que vous avez vues à l'Exposition universelle. En bois et terre, couverte de chaume à proximité de la ville, mais cependant à la campagne. Cela ne coûte presque rien, je l'agrandis en coupant du bois et j'en fais une demeure à notre commodité, vache, poules et fruits, voilà les principaux agents de notre nourriture et nous finirons par vivre pour rien. Libres... » (Le Pouldu, juin 1890, *in* Malingue, 1992, p. 191-192).

Beaucoup considèrent pourtant que « le Pavillon de Madagascar n'est pas des plus remarquables ; disons-le, on n'a pas accordé à la grande île africaine la même sollicitude qu'au Tonkin, à l'Algérie ou à la Tunisie » (Clerget *et al.*, c. 1890, p. 424) [figure 1]. La description qui lui est associée la met d'ailleurs peu en valeur puisqu'elle serait « ce pays, où la nature est si belle et l'homme si barbare » (*ibid.*, p. 426).

Ce n'est pas la première fois que Gauguin entend parler de Madagascar. Un ami lui proposait d'y gérer un commerce en 1887 et la première guerre franco-malgache (1883-1885) fut largement relayée dans la presse. Néanmoins, sa connaissance de l'île lui reste à cette époque certainement très superficielle et c'est véritablement ce grand moment colonial qui l'amène à envisager sérieusement de s'y installer. Des logiques impériales globales dessinent donc la géographie de Gauguin et stimulent une trajectoire personnelle, qui bien qu'insaisissable demeure tributaire de son temps.

Figure 1. – Le pavillon de Madagascar. Paris, 1889.

Photographie Hippolyte Blancard, source : Bibliothèque nationale de France.

Un important réseau d'informateurs

À l'instar de Gauguin, rares sont les aventuriers à partir sans préalables. Plus que jamais décidé, il écrit à Émile Schuffenecker pour qu'il demande à Bernard de lui « acheter un traité de langue malgache [et que] cela doit exister à Paris » (Pont-Aven, juin 1890, *in* Malingue, 1992, p. 190). Nous doutons toutefois que Gauguin ait pu commencer à apprendre le malgache. Mis à part le dictionnaire malgache-français des missionnaires jésuites Abinal et Malzac paru en 1888 à Tananarive et quelques documents concernant le vocabulaire et la grammaire, peu de synthèses sont à cette époque disponibles en français. En 1893, « quelques-uns seulement de ces ouvrages se trouvent dans les bibliothèques publiques de Paris. La bibliothèque de l'École des langues orientales notamment est très pauvre en livres sur le malgache. En France, cette langue n'est enseignée nulle part » (Foucart, 1894, p. 33). En anglais, des ouvrages plus anciens édités par les missionnaires protestants existent également, mais il faudra attendre encore une décennie avant que ces connaissances linguistiques soient portées à un plus large public.

Pour autant, à Van Gogh il explique avoir « de divers côtés [...] des renseignements très précis » (Paris, 13 juin 1890, *in* Jansen, Luijten et Bakker, 2009, p. 259). De très nombreuses sociétés françaises de colonisation sont mobilisables alors que les colonies ne cessent de se plaindre du manque de main-d'œuvre tout en présentant toujours plus d'improbables potentialités. Celles-ci brossent un portrait assez peu exhaustif des réalités de l'Île mais permettent à Gauguin d'écrire à Bernard que par rapport à Tahiti, « Madagascar offre plus de ressources comme types, religion, mysticisme, symbolisme. Vous avez là des Indiens de Calcutta, des tribus noires, des Arabes, et des Hovas, types de la Polynésie [...]. Je ne travaille plus ! Et je m'embête d'attendre Madagascar. Là est l'avenir de la peinture » (Le Pouldu, fin juillet 1890, *in* Malingue, 1992, p. 198-199). Gauguin accumule donc facilement des informations sur la population, la géographie ou encore les ressources de Madagascar. D'ailleurs, si Gauguin y voit comme tant d'autres une île « continent », les origines austronésiennes d'une partie de la population doivent faire écho à son désir latent de se rapprocher de Tahiti.

De plus, le passé maritime de l'artiste et son séjour breton au Pouldu lui permettent par exemple d'en discuter avec un lieutenant de vaisseau y ayant séjourné. Au-delà d'informations générales et de possibles connaissances livresques, Gauguin dispose donc de récits de première main. Après avoir contracté le paludisme et souffert de la dysenterie en Martinique trois ans auparavant, l'artiste semble avant tout soucieux des conditions climatiques régionales et se renseigne aussi sur Mayotte, île au nord-ouest de Madagascar, qui lui semble plus salubre. Notons d'ailleurs la précision des descriptions qu'il en donne à Bernard :

> « Maintenant causons comme si le voyage était certain. J'ai pris des renseignements aussi sur Madagascar encore dernièrement avec un lieutenant de vaisseau qui y avait séjourné longtemps. Il en ressort ceci, c'est que la côte est malsaine, quoique la fièvre jaune y soit inconnue. Mais sur les plateaux élevés, la vie est saine – à Mayotte relevé officiel – de 1877 à 1889, il y a eu à Mayotte 15 décès dont 8 occasionnés par la dysenterie et 7 par les fièvres. Population 10 000 habitants, dont 3 000 Européens, mais voyez que la mortalité est peu de chose. Quant aux femmes elles sont comme à Taïti, douces, etc. du reste beaucoup viennent d'une race de Polynésie. À Madagascar la viande ne coûte presque rien et le gibier est très abondant. La vie est en effet plus chère qu'on le croit si on est commerçant et qu'on veuille un certain luxe stupide. Pareille chose à Taiti ; il y a aussi des Anglais et Français, etc. » (Le Pouldu, juin 1890, *in* Malingue, 1992, p. 195-196).

Les médiateurs de Gauguin sont nombreux et les informations sur ces mondes français ne sont pas difficiles à obtenir. Si beaucoup d'autres possibilités s'offrent à Gauguin et qu'il maintient toujours ses projets pour le Tonkin et Tahiti, c'est donc à Madagascar qu'il pense inlassablement durant les mois d'avril à septembre 1890. Il réussit même presque à convaincre Vincent Van Gogh, alors à Auvers-sur-Oise, de partir avec lui, comme celui-ci en fait part à son frère Théo quelques semaines avant sa mort :

> « Naturellement ce projet de Madagascar me paraît peu possible à exécuter, j'aimerais encore mieux le voir partir pour le Tonkin. Si cependant il allait à Madagascar je serais capable de l'y suivre. Car il faudrait y aller à deux ou trois. Mais nous ne sommes pas encore là. Certes l'avenir est bien dans les tropiques

pour la peinture, soit à Java soit à la Martinique, le Brésil ou l'Australie et non pas ici mais tu sens qu'à moi il ne m'est pas prouvé que toi, Gauguin ou moi soyons ces gens d'avenir là » (Auvers-sur-Oise, 17 juin 1890, *in* Jansen, Luijten et Bakker, 2009, p. 266).

Madagascar, un choix impérial

À première vue, l'importance moindre de Madagascar dans le dispositif impérial français ne la situe pas au cœur de la propagande coloniale. Pourtant, si Madagascar est le seul territoire non colonisé[3] envisagé par Gauguin, c'est avant tout parce qu'il reste à coloniser.

Mme Redon, La Réunion et la « colonie colonisatrice »

Bien que Gauguin cherche à s'informer autant que possible sur cette région du monde, la plupart de ses renseignements semblent provenir de Camille Falte, épouse de l'influent peintre Odilon Redon, comme il l'indique à Bernard : « J'ai pris différents renseignements (tous sans contradiction) entre autres ceux de Mme Redon qui est de Bourbon et qui connaît très bien Madagascar » (Paris, avril 1890, *in* Malingue, 1992, p. 187). Originaire de La Réunion, Camille Falte est issue d'une ancienne et importante famille de l'île par sa mère (Madeline, 2007, p. 18-23). Par ailleurs, sa demi-sœur Juliette Dodu est notamment connue pour son rôle – plus ou moins fantasmé – d'espionne durant la guerre de 1870 et pour avoir été la première femme à recevoir la médaille militaire et la Légion d'honneur à titre militaire. Tout en lui dépeignant une vision idyllique de l'île alors qu'elle garde des souvenirs nostalgiques de son enfance dans l'océan Indien, Mme Redon présente à Gauguin Madagascar comme une terre d'opportunités financières :

> « Avec 5 000 Frs, m'a-t-elle dit, vous pouvez vivre 30 ans si vous voulez. La vie est pour rien pour celui qui veut vivre comme les habitants. La chasse seule vous donne facilement la nourriture, etc. En conséquence, je vais, si une affaire est faite, fonder ce dont je vous parle et vivre libre et faire de l'art. Je ne veux vous donner aucun conseil mais de plein cœur je m'adresse à l'homme qui souffre, à l'artiste qui ne peut travailler son art ici en Europe. Si après des efforts vous ne trouvez satisfaction, que vous soyez dégagé du service militaire venez me retrouver. Vous trouverez sans argent l'existence assurée dans un monde meilleur. Je crois qu'en se remuant un peu, on peut arriver à trouver le voyage gratuit. Comme on dit : la plus belle fille ne peut donner que ce qu'elle a. Je suis dans le même cas. Et si vous êtes malheureux, je ne peux vous donner d'autre consolation que celle-ci » (Paris, avril 1890, *in* Malingue, 1992, p. 187).

3. Si l'île est placée sous protectorat de manière informelle depuis 1885, la France est aussi établie à Sainte-Marie, Nosy Be et Diego-Suarez.

L'argument numéraire intéresse évidemment Gauguin au plus haut point, celui-ci ne disposant pas d'assez d'argent pour partir dans le Pacifique. Néanmoins, cette vision de l'île est avant tout le reflet des revendications réunionnaises sur Madagascar. Alors que La Réunion est touchée par des épidémies et crises financières (notamment liées au sucre) durant la seconde moitié du XIXe siècle, beaucoup émigrent à Madagascar. Dans le même sens, le gouverneur de Diego-Suarez, Ernest Froger, manquant de main-d'œuvre, encourage parmi d'autres cette immigration (Audard, 2022). Un important lobby réunionnais, mené par le député François de Mahy, promeut et soutient ainsi des prétentions françaises sur la Grande Île, alors que l'opinion générale tend à s'en désintéresser. Les Réunionnais participeront d'ailleurs activement à l'expédition de 1895 (Jacob, 1996; Bavoux, 1997). Comme l'a nommée en 1922 Raphaël Barquisseau, La Réunion se voulait être une *colonie colonisatrice*. Dès lors, Gauguin porte en lui, et très certainement malgré lui, des aspirations coloniales françaises sur Madagascar. Notons d'ailleurs qu'en 1887, Gauguin, à qui on suggérait de diriger une *affaire*, proposait à sa femme de le retrouver et de s'installer avec lui à Madagascar « parce qu'on est à trois jours de l'île Bourbon, aujourd'hui très civilisée, avec des collèges, etc. C'est plus important que Copenhague » (Paris, début avril 1887, *in* Malingue, 1992, p. 102).

L'imposition d'un ailleurs exotique

Gauguin dispose donc de nombreuses informations sur l'Île et son réseau l'a convaincu de l'intérêt de s'y rendre, pour des raisons anthropologiques, artistiques ou financières. Pour autant, ce qui pousse secrètement Gauguin à s'intéresser à Madagascar, comme il l'écrit à Théo Van Gogh, est « la solitude, l'Orient qu'[il y a] entrevu » (Le Pouldu, 7 juillet 1890, *in* Cooper, 1983, p. 185). Étrangement, aucune de ses lettres n'évoque la réalité malgache, mais plutôt un lieu utopique alors même qu'il dispose d'informations *très précises*. Lorsque Gauguin se déplace dans l'espace, il espère aussi se déplacer dans le temps et retrouver un certain « âge d'or ». Il écrit ainsi à Vincent Van Gogh :

> « J'irai alors à Madagascar avec une peuplade douce sans argent qui vit du sol […]. D'une petite hutte en terre et bois j'en ferai une maison confortable avec mes dix doigts; j'y planterai moi-même toutes choses pour nourriture, poules, vaches, etc., et en peu de temps j'aurai là la vie matérielle assurée » (Paris, 13 juin 1890, *in* Jansen, Luijten et Bakker, 2009, p. 259).

Les nombreuses descriptions de l'île sont toutes si vagues qu'elles pourraient tout aussi bien s'appliquer à n'importe quel territoire extra-européen. Le peintre, comme tant d'autres, use de mythes proprement coloniaux et impose une fiction politique au réel. La baie de Diego-Suarez par exemple, située à l'extrême-nord de l'île et qui semble être pour Gauguin un lieu possible d'établissement, est le fruit d'un long désir de conquête et n'a rien d'un territoire vierge. Pour des considérations stratégiques, elle a été convoitée par les pouvoirs français, britannique et merina durant la majeure partie du XIXe siècle (Audard, 2021). Ces ambitions se sont inscrites dans la toponymie des lieux puisqu'il y existe une baie *des Français*, une baie *de Liverpool* et un massif du nom de *Windsor Castle* dans une baie portant le nom de deux capitaines portugais du début du XVIe siècle. Gauguin n'aurait pu manquer de le remarquer si des cartes lui étaient parvenues.

Par ailleurs, à cette représentation digne de *Paul et Virginie*, dénuée de Malgaches, s'ajoute le *topos* colonial de la femme lascive des côtes extra-européennes (Boëtsch *et al.*, 2019), alors que « la question de l'exotisme aboutit finalement à celle de l'érotisme » (Staszak, 2008a, p. 23-24). Gauguin ne manque ainsi pas de reprendre tous les codes de l'orientalisme (Said, 2005), notamment sexuels, comme lorsqu'il écrit à Bernard :

> « Si vous voulez entretenir une femme là-bas et gagner par le commerce, je ne veux rien vous dire. Croyez-vous que je sois incapable d'aimer et que mes 42 ans soient un obstacle à la jeunesse des impulsions ? Enfin glissons. Je maintiens ce que j'ai dit. Je partirai là-bas et je vivrai en homme retiré du monde soi-disant civilisé pour ne fréquenter que les soi-disant sauvages. Et mon pain de chaque jour, j'en mets la moitié exactement à votre disposition. La femme là-bas est pour ainsi dire obligatoire, ce qui me donnera modèle tous les jours. Et je vous promets que la femme malgache a un cœur tout aussi bien qu'une Française avec moins de calculs » (Le Pouldu, juin 1890, *in* Malingue, 1992, p. 191-192).

Gauguin est donc certes informé, mais il ne dépasse jamais les représentations collectives de Madagascar qui, semble-t-il, l'intéresse plus pour ce qu'il en imagine que pour ce qu'elle est.

Un voyage apolitique ?

Le peintre souhaite donc s'exiler ; pourtant, on ne part pas aux colonies si facilement (Bonin, 2020). Celui-ci n'est ni missionnaire, ni entrepreneur, ni soldat, ni même manœuvre. Pire, artiste et démuni, il représente un potentiel trouble pour l'ordre colonial. Il l'expliquait déjà en toute conscience à Van Gogh en janvier lorsqu'il envisageait de partir au Tonkin :

> « Je fais tout mon possible en ce moment pour partir au Tonkin aux frais du gouvernement, mais ce n'est pas facile, surtout parce que je suis un artiste et qu'à ceux-là on ne croit aucune capacité pour les affaires. Il y a dans les colonies quelque chose à faire pour nous autres de l'occident, et j'espère y apprendre du nouveau en art tout en étant débarrassé quelque temps des tracas d'argent » (Le Pouldu, 17 janvier 1890, *in* Jansen, Luijten et Bakker, 2009, p. 186).

La recherche de financements

Partir suppose d'importants moyens financiers que Gauguin n'a pas. Ses tableaux ne lui rapportent pas assez et il ne souhaite pas faire autre chose que de la peinture. Comme il l'explique à Bernard, ses intentions sont claires : « En outre, je ne partirai que si cette affaire d'argent se fait (mais c'est presque sûr).

Alors je ne vais pas là-bas chercher un emploi ni vous en offrir. Ce que je vais faire c'est l'atelier du Tropique » (Le Pouldu, juin 1890, *in* Malingue, 1992, p. 191).

Dès lors, Gauguin se tourne toujours vers l'État pour susciter des financements. C'est d'ailleurs grâce à un financement du ministère de l'Instruction publique et des Beaux-Arts qu'il part pour la première fois à Tahiti en 1891 et grâce à des lettres de recommandation qu'il y est bien accueilli. Certains de ses tableaux lui avaient également permis d'économiser une modeste somme pour envisager le départ. Ces artistes, soutenus par l'État, ont un rôle d'apparat aux colonies et diffusent par leurs œuvres la puissance et l'étendue de l'empire colonial français (Martin-Raget, 2018). Gauguin écrit donc au ministère de la Marine pour se déclarer colon et partir au plus vite, ce qu'il conseille aussi à Bernard dès le mois d'avril :

> « Donc du calme et pas de bêtises avant cela – à cette époque il me faudra encore près d'un mois pour faire mes malles, organiser tout ce qu'il nous faudra afin de ne pas être au dépourvu. Le voyage n'est pas de 200 Frs mais de 700 Frs en bateau. Vous pouvez donc dès maintenant chercher à obtenir le passage aux frais du gouvernement – moi-même je m'en occupe pour mon compte. Il faut écrire au ministre de la marine disant que vous voulez être colon et que vous êtes trop pauvre pour payer le voyage – je vais voir de différents côtés. Je connais un ancien camarade de collège qui est capitaine de frégate, commandant du paquebot des messageries, mais je ne sais s'il passe à Madagascar. Avec lui il y aurait sûrement moyen de s'arranger. D'un autre côté je ferai parvenir à Bourgeois, ministre des Beaux-Arts une lettre apostillée par un ami de lui et je lui expliquerai notre cas. Bref, de différents côtés je vais travailler, remuer ciel et terre pour arriver à nos fins. Si vous arrivez à avoir 200 Frs, plus si possible, conservez-les pour vous outiller, linges et autres choses propres aux pays chauds » (Paris, avril 1890, *in* Malingue, 1992, p. 188).

Ne souhaitant partir seul, il cherche de nouveau à convaincre Bernard :

> « D'argent il vous en faut très peu, rien que le voyage. Et encore !!! le voyage. En se remuant un peu vous pourrez l'obtenir gratis – voir le ministère de la Marine. Sinon une fois à Marseille il y a moyen de s'embarquer sans payer comme garçon (voir le maître d'hôtel). C'est très dur pour l'amour-propre je l'avoue. Mais en ce monde il faut des sacrifices pour arriver à son but. Réfléchissez !!!! J'ai tout dit maintenant » (Le Pouldu, juin 1890, *in* Malingue, 1992, p. 192).

Durant ces mois de 1890, ses tableaux ne lui rapportent pas assez d'argent et sans appui politique, le voyage est inenvisageable. Les autorités coloniales craignent ces « petits blancs » indigents qui ne correspondent pas à l'image que les Européens doivent donner d'eux. À Madagascar, beaucoup de Réunionnais sont déconsidérés pour ces mêmes raisons, à tel point qu'ils deviennent une hantise et propagent la peur du « décivilisé » – pour reprendre le titre d'un roman ultérieur de Charles Renel (1923). Une fois installé à Tahiti, c'est d'ailleurs à cause de son manque d'argent que Gauguin s'éloigne des autorités coloniales et que débute une relation tendue, alors qu'auparavant celui-ci fréquentait les cercles locaux influents.

De la propagande à la « découverte »

Rapidement toutefois, Gauguin se retrouve dans une impasse. Vincent Van Gogh lui-même s'en inquiète, comme il l'écrit à son frère Théo : « Une lettre de Gauguin assez mélancolique, il parle vaguement d'être bien décidé pour Madagascar mais si vaguement qu'on voit bien qu'il ne pense à cela que parce qu'il ne sait réellement pas à quoi d'autre penser. Et l'exécution du plan me paraît presqu'absurde » (Auvers-sur-Oise, 2 juillet 1890, *in* Jansen, Luijten et Bakker, 2009, p. 282). Pourquoi Gauguin ne part-il pas ? Le ministère ne semble pas l'avoir missionné, ses amis ne souhaitent pas le rejoindre et celui-ci n'a toujours pas d'argent. Surtout, le projet de Gauguin pour Madagascar est fait d'autant de désir que de répulsion. Son aveuglement ne pouvait continuer à occulter les informations lui parvenant. Depuis le départ, l'artiste se confronte à des nouvelles en contradiction avec celles de Mme Redon, comme il l'écrit au mari de celle-ci :

> « Je viens d'avoir une conversation avec mon voisin qui est établi à Madagascar (Diego-Suarez) et qui va repartir dans trois mois. Il en résulte de notre conversation que je suis très perplexe. Il me dit qu'à moins d'aller assez loin dans l'intérieur, la vie est chère, qu'il n'y a pas de fruits, etc. Que si je vais à Tamatave, sur le territoire malgache, je risque une fois ma case arrangée, cultivée, de la voir prise par les gens du pays. Tandis qu'à Diégo-Suarez j'obtiens du gouvernement une concession de terrain qui est à moi. À Sainte-Marie le climat est très malsain. Alors je ne sais quoi choisir. Veuillez donc causer très sérieusement avec Madame Redon et me donner les renseignements les plus précis avec un bon conseil. Vous savez exactement ce que j'y veux faire, par conséquent vous savez ce qu'il vaut mieux. D'ici trois mois j'ai le temps d'y réfléchir mais je voudrais y aller d'une façon sûre et non au hasard. Sans cela j'arriverai là-bas à dépenser beaucoup avant d'avoir pris une décision. Le jeune Bernard veut partir aussi avec moi mais il est sans argent. La question du voyage est donc une grosse affaire et si nous pouvions arriver à la supprimer ce serait d'une importance capitale » (Le Pouldu, septembre 1890, *in* Redon et Bacou, 1960, p. 192-193).

À vrai dire, Gauguin, soudain pris de conscience, ne semble jamais avoir aperçu la réalité de Madagascar. À Diego-Suarez, où est établi son voisin, « plus de la moitié des commerçants d'Antsirane tiennent des cafés ou des débits » (de Kergovatz, 1893, p. 327) dans une ville avant tout de garnison. À Tamatave, Sainte-Marie ou Nosy Be, qui sont d'autres lieux certainement envisagés par le peintre, les Européens sont installés et l'ordre colonial déjà bien établi. Loin de la *peuplade douce* imaginée, les officiers du royaume de Madagascar portent des uniformes européens et les missions catholiques et protestantes sont présentes depuis le début du siècle. La déception que connut Gauguin à Tahiti aurait donc très certainement été la même à Madagascar – l'anthropologue Jean-Didier Urbain (2008) ne manque pas de souligner que la déception est inhérente au voyage puisque l'*Autre* y est souvent imaginé comme monolithique. Quels ne furent pas les autres voyageurs de cette période à la connaître, à l'image de Loti en Égypte

(El Sabbagh, 2019) ? Bien évidemment, ce sentiment est partagé par les militaires ou fonctionnaires partis pour Madagascar, et plus particulièrement à Diego-Suarez, où les attentes originelles ne semblent pas correspondre à la monotonie des ports coloniaux, comment le montrent certains échanges épistolaires dont les émetteurs sont des militaires en garnison à Diego-Suarez (figures 2 et 3) :

Figure 2. – Diego-Suarez – Panorama – ville basse et rade (c. 1900).

« Pays que je recommande aux neurasthéniques » (commentaire manuscrit) ; destinataire : « Mademoiselle Lodoïska Saché, 35 rue des Bons Enfants, Marseille » (un cachet effacé indique la date de septembre 1909) [source : collection A. Audard].

Figure 3. – Diego-Suarez – vue d'Antsirane (c. 1900).

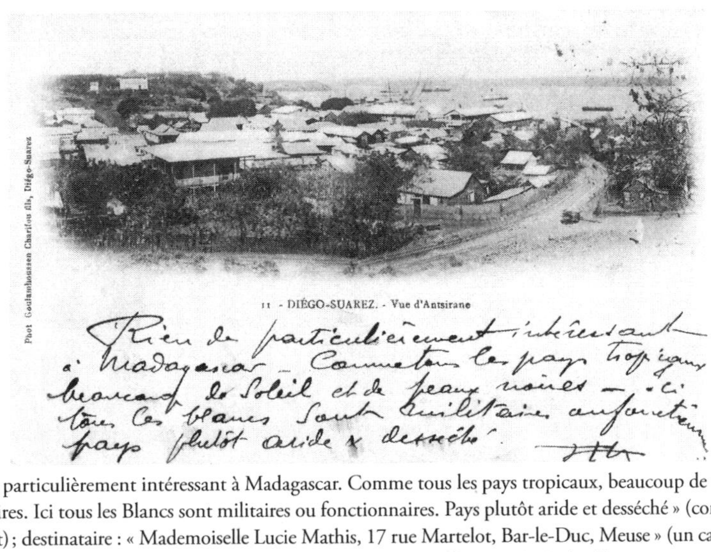

« Rien de particulièrement intéressant à Madagascar. Comme tous les pays tropicaux, beaucoup de soleil et de peaux noires. Ici tous les Blancs sont militaires ou fonctionnaires. Pays plutôt aride et desséché » (commentaire manuscrit) ; destinataire : « Mademoiselle Lucie Mathis, 17 rue Martelot, Bar-le-Duc, Meuse » (un cachet effacé indique que la carte est arrivée à Bar-le-Duc en 1903) [source : collection A. Audard].

Un colon français (in)assumé ?

En conclusion, l'île de Gauguin n'a donc été qu'une utopie, rendue accessible par le mythe colonial. L'artiste ne la connaîtra jamais. « Découverte » lors de l'Exposition universelle de 1889 alors que les sociétés européennes promeuvent l'« aventure », Madagascar est venue à lui et supplante un temps les projets du peintre pour le Tonkin et la Polynésie française. Des logiques impériales sous-tendent dès lors ce projet et Gauguin ne cesse de concevoir politiquement Madagascar. En effet, l'île l'attire car elle n'est pas encore formellement une colonie, contrairement à ses deux alternatives. Malgré lui inséré dans un contexte colonial, Gauguin ne dépasse jamais le discours expansionniste et les stéréotypes de l'ailleurs, et ce malgré des informations lui indiquant les réalités malgaches. De plus, tous les aspects du voyage semblent dépendre des financements du ministère qui ne souhaite pas d'un artiste blanc et pauvre aux colonies. Le Madagascar de Gauguin n'est assurément pas une île « continent » digne des futures théories sur la Lémurie, mais bien une île déjà en proie aux luttes d'influence coloniales.

Sa représentation de l'île, à première vue simpliste, est éminemment complexe. Mêlant fantasmes personnels, visées politiques réunionnaises et bien sûr propagande coloniale, elle s'oppose à l'instantanéité présupposée de la « découverte ». Le long processus d'accumulation des connaissances et la diversité des médias atteignant Gauguin, entre autres, témoignent d'une société portant, dans son ensemble, l'entreprise d'exploration et soutenant la fabrication de désirs d'ailleurs orientés.

Ce cas de *microstoria* dépeint donc tout autant l'extrême ambivalence de Gauguin que les représentations françaises de Madagascar à la fin du XIXe siècle. Les mots qui suivent, actant l'abandon du projet malgache et destinés à Odilon Redon en septembre 1890, soulignent ainsi la prégnance d'un imaginaire colonial collectif dans le choix de ses destinations :

> « Les raisons que vous me donnez de rester en Europe sont plus flatteuses que faites pour me convaincre. Ma résolution est bien prise et depuis que je suis en Bretagne je l'ai modifiée. Madagascar est encore trop près du monde civilisé ; je vais aller à Taïti et j'espère y finir mon existence. Je juge que mon art que vous aimez n'est qu'un germe et j'espère là-bas le cultiver pour moi-même à l'état primitif et sauvage » (Le Pouldu, septembre 1890, *in* Redon et Bacou, 1960, p. 193).

D'ailleurs, parti à Tahiti en quête d'authenticité, Gauguin mènera pourtant de manière assumée une vie de colon et habitera en ville.

La sortie d'un film décrié en 2017[4] et diverses polémiques entourant certaines expositions[5], soulignant surtout son rapport controversé à la sexualité et aux femmes, n'ont pas manqué de faire ressurgir auprès du grand public ce pan colonial de l'artiste. Même si les mariages pouvaient y être plus précoces, son épouse tahitienne Tehura n'était qu'une adolescente et les témoignages d'époque, comme ses propres écrits (Staszak, 2003, p. 105-199), dépeignent un Gauguin méprisant, sexiste, dominateur voire raciste. Au-delà du débat toujours brûlant sur la dissociation de l'œuvre et de son artiste, il est indéniable que Gauguin était en prise avec son monde, celui d'une France en pleine expansion coloniale et pétrie de préjugés. L'impact de Gauguin doit également nous faire réfléchir à l'influence qu'eurent, en Europe, ses fameuses œuvres peintes en Polynésie et sur la manière dont elles alimentèrent et continuent de nourrir de nouveaux processus de mise en découverte du et de monde(s).

Bibliographie

Audard Alexandre, 2021, « “Toutes les flottes du monde y stationneraient ensemble” : horizons indopacifiques et héritages impériaux de la baie d'Antsiranana (Extrême-Nord de Madagascar) », *Carnets de recherche de l'océan Indien*, n° 7, p. 74-86.

Audard Alexandre, 2022, « Un Klondike aux colonies : migrations d'aventure et affirmations cosmopolites à Diego-Suarez (Madagascar, 1898-1916) », *Histoire urbaine*, vol. 63, n° 2, p. 63-82.

Bavoux Claude, 1997, *Les Réunionnais de Madagascar de 1880 à 1925*, thèse en histoire, sous la direction de Françoise Raison-Jourde, 3 vol., Paris, université Paris 7-Denis Diderot.

Boëtsch Gilles, Bancel Nicolas, Blanchard Pascal, Chalaye Sylvie, Robles Fanny, Sharpley-Whiting T. Denean, Staszak Jean-François, Taraud Christelle, Thomas Dominic et Yahi Naïma (dir.), 2019, *Sexualités, identités et corps colonisés (xve siècle-xxie siècle)*, Paris, CNRS Éditions.

Bonin Hubert (dir.), 2020, *Partir dans les outre-mers. De l'empire colonial à nos jours (xixe-xxie siècles)*, Paris, Les Indes savantes.

Chazal Jean-Pierre, 2002, « “Grand Succès pour les Exotiques”. Retour sur les spectacles javanais de l'Exposition universelle de Paris en 1889 », *Archipel*, n° 63, p. 109-152.

Clerget Charles-Ernest, Clérice, Derot, Férat, Fichot, Gilbert, G. Fraipont, Lanos, Lix, A. Marie, C. Morel, H. Meyer, Normand, Parys, Scott, Teiriat,

4. Le film du réalisateur Édouard Deluc, *Gauguin : voyage de Tahiti* (2017), fut accusé de gommer les réalités coloniales de la vie à Tahiti de Gauguin et d'avoir choisi une actrice adulte pour mettre en scène son idylle avec Tehura, devenue son « épouse », alors que celle-ci n'avait que 13 ans. Voir la tribune de Pajon Léo, 21 septembre 2017, « Gauguin – Voyage de Tahiti : la pédophilie est moins grave sous les tropiques », *Jeune Afrique*, [https://www.jeuneafrique.com/476091/societe/gauguin-voyage-de-tahiti-la-pedophilie-est-moins-grave-sous-les-tropiques/], consulté le 7 avril 2021 ; largement reprise dans la presse, notamment par Morin Violaine, 25 septembre 2017, « “Gauguin”, un film qui gomme la réalité coloniale », *Le Monde*, [https://www.lemonde.fr/big-browser/article/2017/09/25/gauguin-un-film-qui-gomme-la-realite-coloniale_5191281_4832693.html], consulté le 7 avril 2021.

5. Nayeri Farah, novembre 2019, « Is It Time Gauguin Got Canceled? », *The New York Times*, [https://www.nytimes.com/2019/11/18/arts/design/gauguin-national-gallery-london.html], consulté le 7 avril 2021.

Tinatre, Toffani, Vierge, etc., c. 1890, *Les merveilles de l'Exposition de 1889*, Paris, À la librairie illustrée.

Cooper Douglas (dir.), 1983, *Paul Gauguin : 45 lettres à Vincent, Théo et Jo van Gogh*, La Haye/Lausanne, Staatsuitgeverij/La Bibliothèque des Arts.

El Sabbagh Héba, 2019, « Pierre Loti et Louise Colet. Le désir d'exotisme déçu », *in* Sabry Randa (dir.), *Voyages d'Égypte vers l'Europe et inversement. Parcours croisés (1830-1950)*, Paris, Classiques Garnier, p. 339-355.

Fayaud Viviane, 2011, *Le paradis autour de Paul Gauguin*, Paris, CNRS Éditions.

Foucart Georges, 1894, *Le commerce et la colonisation à Madagascar*, Paris, Augustin Challamel.

Haziot David, 2017, *Gauguin*, Paris, Fayard.

Jacob Guy, 1996, *La France et Madagascar de 1880 à 1894 : aux origines d'une conquête coloniale*, thèse en histoire, sous la direction de Jean Ganiage, 3 vol., Paris, université Paris 4-Paris Sorbonne.

Jansen Léo, Luijten Hans et Bakker Nienke (dir.), 2009, *Vincent Van Gogh. Les lettres. Édition critique complète illustrée*, vol. 5, Arles/Amsterdam/La Haye, Actes Sud/Van Gogh Museum/Huygens Institute.

Kergovatz de, 1893, « Une semaine à Diégo-Suarez (Madagascar) », *Le Tour du Monde : nouveau journal des voyages*, vol. LXV, Paris, Librairie Hachette & Cie, p. 321-336.

Laboulais-Lesage Isabelle (dir.), 2004, *Combler les blancs de la carte. Modalités et enjeux de la construction des savoirs géographiques (xviie-xxe siècles)*, Strasbourg, Presses universitaires de Strasbourg.

Lombard Denys, 1992, « Le Kampong javanais à l'Exposition universelle de Paris en 1889 », *Archipel*, vol. 43, n° 1, p. 115-130.

Madeline Laurence (dir.), 2007, *Odilon Redon : le ciel, la terre, la mer*, Paris/Saint-Denis, Réunion des musées nationaux/musée Léon Dierx.

Malingue Maurice (dir.), 1992 (1946), *Gauguin Paul. Lettres à sa femme et à ses amis*, Paris, Grasset.

Martin-Raget Céline (dir.), 2018, *Peintures des lointains. La collection du musée du quai Branly Jacques-Chirac*, Paris, musée du quai Branly Jacques-Chirac/Skira.

Ory Pascal, 1989, *1889. L'Expo universelle*, Bruxelles, Éditions Complexe.

Ory Pascal, 2010, « Les Expositions universelles, de 1851 à 2010 : les huit fonctions de la modernité », *in* Mei Duanmu et Tertrais Hugues (dir.), *Temps croisés*, vol. I, Paris, Maison des sciences de l'homme, p. 225-233.

Redon Arï et Bacou Roseline (dir.), 1960, *Lettres de Gauguin, Gide, Huysmans, Jammes, Mallarmé, Verhaeren… à Odilon Redon*, Paris, Librairie José Corti.

Renel Charles, 2014 (1923), *Le « décivilisé »*, Paris, L'Harmattan.

Said Edward W., 2005 (1978), *L'orientalisme. L'Orient créé par l'Occident*, traduit de l'anglais par Catherine Malamoud, Paris, Éditions du Seuil.

Staszak Jean-François, 2003, *Géographies de Gauguin*, Rosny-sous-Bois, Éditions Bréal.

Staszak Jean-François, 2008a, « Qu'est-ce que l'exotisme ? », *Le Globe. Revue genevoise de géographie*, vol. 148, n° 1, p. 7-30.

Staszak Jean-François, 2008b, « Que savait-on de Tahiti en 1890 ? Paul Gauguin et la géographie coloniale », *in* Singaravelou Pierre (dir.), *L'empire des géographes : géographie, exploration et colonisation (xixe-xxe siècle)*, Paris, Belin, p. 162-175.

Urbain Jean-Didier, 2008, *Le voyage était presque parfait. Essai sur les voyages ratés*, Paris, Payot & Rivages.

Venayre Sylvain, 2002, *La gloire de l'aventure. Genèse d'une mystique moderne, 1850-1940*, Paris, Aubier-Montaigne.

Venayre Sylvain, 2012, *Panorama du voyage (1780-1920). Mots, figures, pratiques*, Paris, Les Belles Lettres.

Walther Ingo F., 2017, *Gauguin*, Paris, Taschen.

2

Les mille et une découvertes d'Angkor
Des mémoires de Tcheou Ta Kouan aux réseaux sociaux

Sébastien Preuil

Très peu de sites à travers le monde renvoient autant à la découverte que les temples d'Angkor au Cambodge. À travers les siècles, l'ancienne capitale khmère n'a cessé d'être découverte et redécouverte par les voyageurs de passage, du chinois Tcheou Ta Kouan lorsqu'Angkor était une immense ville, à Henri Mouhot au XIXe siècle, qui « découvrit » des vestiges en partie abandonnés. Contrairement à ce que sous-entendent certaines préfaces de récits d'exploration, la cité abandonnée par sa population en 1431 ne fut jamais découverte par le naturaliste français, du simple fait que son emplacement était connu de tous, y compris des Européens, et qu'un roi khmer s'y était même installé avec sa cour au XVIe siècle. S'ils ne sont pas à l'origine de la découverte d'un réel inconnu, certains de ces voyageurs ont le mérite d'avoir retranscrit leur visite à Angkor dans des récits (Mouhot, 1863 ; de Montpensier, 1910 ; Loti, 1912), permettant aux lecteurs ne pouvant envisager un si long et périlleux voyage, de découvrir Angkor par procuration à travers les mots, puis au travers d'illustrations qui donnèrent enfin corps à ces descriptions. L'une de ces représentations d'Angkor qui évoquait le mieux la découverte, aux yeux des lecteurs, était celle de la ruine abandonnée depuis des siècles et enchevêtrée sous une végétation luxuriante. Une représentation de vestiges à peine découverts que l'École française d'Extrême-Orient (EFEO) décida de valoriser à des fins touristiques aux prémices du XXe siècle. Or, cette image de cité perdue n'a plus lieu d'être en 2023, comme en témoignent les touristes étrangers qui pensent découvrir Angkor tels les premiers explorateurs mais qui semblent décontenancés par une tout autre réalité : celle d'un site surfréquenté et aménagé. Comment, alors qu'Angkor est devenu l'un des sites archéologiques les plus visités du monde, cette réputation de ville abandonnée à peine découverte domine-t-elle toujours dans l'imaginaire ? Les récits d'exploration du passé ont-ils encore une influence sur la découverte du site par les touristes d'aujourd'hui, ou des moyens de communication et de diffusion plus modernes ont-ils pris le relais ? Les visiteurs chinois qui sont désormais les plus nombreux à Angkor, et qui jadis furent peu influencés par les récits d'Henri Mouhot, appréhendent-ils la découverte de la ruine de la même façon ?

La découverte, une notion longtemps géographiquement connotée et popularisée par les récits de voyage

La découverte est une notion qui n'est pas aisée à définir. C'est avant tout une rencontre, une confrontation avec un certain inconnu qui peut être universelle ou plus personnelle, spirituelle ou scientifique, médicale ou musicale. Pour les géographes que nous sommes, lorsque sont associés les mots monde et découverte, nous pensons aux Grandes découvertes et aux explorations qui, du Moyen Âge jusqu'au XIXe siècle, ont en Europe marqué les esprits, notamment *via* les récits de voyage. Cependant, dans un contexte de culpabilité postcoloniale et vis-à-vis des peuples autochtones, le terme de rencontre entre deux mondes semble désormais préféré à celui de découverte.

Un monde en soif de découvertes scientifiques et personnelles

Selon la définition du Larousse de 2020, la *découverte* est l'action de découvrir ce qui était caché, dissimulé ou ignoré. Dès la naissance d'un individu jusqu'à sa mort, toute nouvelle information assimilée par le cerveau devient un objet potentiel de découverte. Certaines de ces connaissances relèvent de l'inné et de l'universalité, surtout celles associées à la petite enfance car affectant tous les êtres humains quelles que soient les époques ou les sociétés dans lesquelles ils vivent : apprendre à marcher, se servir de ses mains, communiquer. En revanche, les actions de visionner une nouvelle série, de goûter un dessert inconnu, d'écouter une chanson pour la première fois peuvent être plutôt assimilées à des formes de découvertes que l'on pourrait qualifier de moins universelles, mais de plus singulières car propres à chaque personne, d'autant plus que tous les individus qui composent l'humanité ou plus spécifiquement une société n'auront pas accès à ces informations. Hormis les voies d'apprentissage/découverte liées à la petite enfance (Winnicott, 1970), il existe d'autres formes de découvertes universelles plus scientifiques car contribuant *via* l'identification d'objets/théories jusqu'ici inconnus, à accroître les connaissances d'une société, voire de l'ensemble de l'humanité : découverte d'un nouveau virus (découverte épidémiologique), d'un remède (découverte médicale), d'une nouvelle espèce d'insecte (découverte entomologique) ou d'ossements d'une nouvelle famille de dinosaures (découverte paléontologique). Durant des siècles, la découverte conserva une forte connotation géographique *via* la révélation de contrées inconnues jusqu'alors. Cependant, en ce début de XXIe siècle, dans un monde globalisé où la moindre parcelle de notre planète est numérisée par Google Earth, il devient rare de découvrir des espaces géographiques vierges de toute exploration humaine.

Découvertes ou rencontres ?

Lorsque sont croisés la géographie, l'histoire et le mot *découverte*, l'on est tenté de penser aux Grandes découvertes, qui désignaient l'ensemble des explorations maritimes entreprises par les puissances européennes entre le XVe et le XVIe siècles. Bien qu'Angkor soit à l'écart des grandes voies maritimes en direction de l'Amérique et que les cartes de l'Asie restent encore approximatives (figure 1), c'est bien au XVIe siècle que pour la première fois des Européens, en l'occurrence des Portugais, ont découvert la cité khmère (Dagens, 1989). Un siècle plus tôt, les navigateurs en provenance du vieux continent auraient été incapables de se rendre à Angkor. S'ils avaient au XVe siècle de très bonnes connaissances des pourtours de l'Europe et du bassin méditerranéen, ainsi que quelques informations sur l'Afrique et l'Asie (notamment la Chine *via* Marco Polo), le reste du monde restait quasi inconnu. Vers 1400, les cartes européennes s'arrêtaient au cap Chaunar sur la côte africaine et nul ne savait s'il était possible de revenir de la mer des ténèbres qui s'étendait au-delà. Malgré les mythes avertissant de la présence de monstres marins, le cap Chaunar fut franchi en 1421 et en 1434, le navigateur Gil Eanes dépassa le dangereux cap Bojador mettant fin aux vieilles légendes (Vagnon, 2013). Aidés par les progrès techniques qui facilitèrent la navigation (astrolabe, caravelle), les Européens vont alors voguer au-delà du monde connu et faire, parfois par accident, la découverte de terres dont ils ne soupçonnaient pas l'existence.

Figure 1. – Carte de l'Asie du Sud-Est, 1595.

Même si au XVIe siècle l'ensemble de l'Asie est connu des Européens, les retranscriptions cartographiques ne sont pas encore précises (source : Arnold Florent Van Langren, 1595, Bibliothèque nationale de France).

Dans un contexte de culpabilité postcoloniale et de revendications territoriales de peuples autochtones, le mot *découverte* fait aujourd'hui débat. Pourtant, il y a bien eu découverte compte tenu du fait que l'Amérique comme le Cambodge étaient inconnus des Européens, et qu'une partie du monde prenait alors conscience de l'existence d'autres territoires. De leur côté, les « indigènes » apprirent souvent à leurs dépens qu'il existait au-delà des océans d'autres terres où vivaient des peuples insoupçonnés. C'est en ce sens qu'il faut peut-être envisager le mot *découverte*; *via* une prise de conscience de terres lointaines jusqu'alors inconnues. Cependant, en 1992, de nombreux colloques et publications célébrant le 500e anniversaire de la découverte de l'Amérique ont fait émerger l'expression de « rencontre entre deux mondes » ou plus simplement de « rencontres » (Hermann, 1993), tout en considérant que la notion de « Grandes découvertes géographiques » n'est « qu'une construction intellectuelle du XIXe siècle, élaborée à partir d'une série de mythes fondateurs issus de stratégies éditoriales, politiques et religieuses du XVIe siècle, diffusés et consolidés par l'intermédiaire d'instruments, tels que l'iconographie et la littérature » (Milanesi, 2010). Ce terme de « rencontre entre deux mondes » peut toutefois, lui aussi, être remis en question car il s'agit bien de la « domination d'un monde par rapport à l'autre » : *via* le concept de *Terra nullius*[1], les grandes puissances coloniales européennes ont souvent associé les populations autochtones à des êtres arriérés, gênants et impies qu'il fallait soit tuer, exploiter ou christianiser.

Le récit de voyage ou la découverte par procuration

À une époque où Internet et la télévision n'existaient pas, le récit de voyage était le support de communication par excellence, faisant découvrir au plus grand nombre des contrées géographiques lointaines et inaccessibles. Un récit de voyage ou relation de voyage est un genre littéraire dans lequel l'auteur ou le narrateur rend compte d'un ou des voyages, des peuples rencontrés, des émotions ressenties, des choses vues et entendues (Requemora, 2002). C'est avant tout un récit de découverte à la fois pour l'auteur qui y relate son expérience et ses révélations personnelles, et pour le lecteur qui découvre à son tour et par procuration les pays, les sites ou les traditions décrits par le narrateur. Souvent témoignage d'une époque dans un espace donné, le récit de voyage peut être tout autant un texte fictif qu'un récit autobiographique et/ou documentaire à travers des carnets et ouvrages narrant des voyages et des explorations, eux bien réels. L'un des premiers récits d'exploration connus est celui de Marco Polo, rédigé en 1298 sous le titre *Le devisement du monde*. Il y décrit son voyage jusqu'à la cour de l'empereur mongol, le Grand Khan. Le commerçant vénitien n'était pas le premier Européen

1. *Terra nullius* est une locution latine signifiant « territoire sans maître ». C'est un espace qui peut être habité, mais qui ne relève pas d'un État. Selon ce principe, les terres ne sont possédées par personne. L'expression trouve son origine et son emploi dans la bulle du pape Urbain II, fulminée en 1095, qui autorisa les États catholiques européens à s'approprier les territoires occupés par des non-catholiques et qui, bien des siècles plus tard, légitimera la colonisation, notamment en Australie, en Amérique et en Afrique.

à se rendre en Extrême-Orient, mais il s'avéra être un précurseur pour avoir décrit des spécificités chinoises, tel le papier-monnaie. Il mentionna aussi les lamaseries du Tibet et l'existence du Japon (Cipango), jusqu'alors inconnu en Europe. Bien que Marco Polo ait été parfois soupçonné de n'être jamais allé jusqu'en Chine (Wood, 1995), il n'en demeure pas moins que son ouvrage a été considéré à la fois comme livre de reportage, guide de voyage, source pour les cartographes de l'époque mais aussi référence pour les explorateurs du XIVe siècle (Vial-Mir, 2016), inspirant même Christophe Colomb pour son voyage qui allait le conduire à la découverte d'un nouveau continent. À une époque où l'ensemble de la planète n'était pas encore connu, le récit de voyage renvoyait alors à la présentation d'un monde dans un processus d'expansion, en mettant en exergue deux fonctions : narrative et descriptive. L'auteur y raconte ses périples, son trajet en décrivant des territoires peu connus, ce qui a pour effet de capter l'attention du lecteur en l'emmenant mentalement ailleurs pour découvrir des univers différents du sien. Un monde qui le pousse à réfléchir, à comparer, à voir à travers la vision de l'Autre (Merdji, 2017). Loin d'être seulement un ouvrage à caractère géographique, le récit de voyage peut mettre en valeur autant d'éléments caractéristiques de disciplines diverses à l'instar de l'histoire, l'architecture, les langues, la botanique ou la zoologie, que le voyageur/explorateur est susceptible de décrire. Ainsi dans *Voyages dans les royaumes du Siam, du Cambodge et du Laos* (1863), Henri Mouhot, entomologiste de formation, décrivit dans son ouvrage autant la faune et la flore que les populations rencontrées ainsi que l'architecture des temples d'Angkor.

Figure 2. – Travaux agricoles au Cambodge, XIXe siècle.

Source : Henri Mouhot, 1868, Bibliothèque nationale de France.

Les premiers « *découvreurs* » d'Angkor

Henri Mouhot est souvent mentionné comme le *découvreur* des ruines angkoriennes. Le naturaliste français n'est cependant pas le premier étranger à se rendre à Angkor, qui a été visité des années et des siècles plus tôt par des missionnaires, explorateurs ou soldats. À la fin du XIIIe siècle, un Chinois y séjourna et décrivit la cité khmère au temps de la grande civilisation dans ses *Mémoires sur les coutumes du Cambodge*, et c'est un roi khmer qui plus tard fut le premier à découvrir l'ancienne capitale abandonnée depuis plus d'un siècle.

Tcheou Ta-Kouan : les tribulations d'un Chinois à Angkor

Proximité géographique oblige, les Chinois découvrirent Angkor bien des siècles avant les Européens. Au XIIIe siècle, les échanges entre les deux empires asiatiques étaient nombreux. Tcheou Ta-Kouan, appelé également Zhou Daguan, se trouve au Cambodge en qualité d'observateur. Il accompagne un ambassadeur venu réclamer auprès du roi Indravarman III le renouvellement du tribut à la dynastie des Yuan. Il arrive en août 1296 et n'en repartit qu'en juillet 1297. Il ramena de son séjour le premier ouvrage consacré à ce pays que les Chinois appelaient alors le *Tchen-la*. Constitué d'une introduction et de quarante chapitres, il traite de plusieurs aspects de la société khmère de l'époque : le souverain, les fonctionnaires, le petit peuple, les vêtements, la nourriture, les saisons, les religions, les esclaves, l'écriture, etc. Il y décrit la capitale de l'empire khmer d'alors, plus particulièrement « la ville murée » qui n'était autre qu'Angkor Thom, ainsi que ses environs immédiats. Il en présente dans un premier temps les constructions en dur, puis les habitations royales et les autres bâtiments en matériaux plus légers. Il mentionne également les coutumes et les rituels. À une époque où les récits de voyage sont teintés de merveilleux et d'inexactitudes, le sérieux dans les retranscriptions de Tcheou Ta Kouan est mis en avant notamment par les biographes de K'ien Long (Pelliot, 1902). L'imaginaire dans son récit y tient une infime place même si dans de rares passages, Tcheou Ta-Kouan laisse aller son imagination et sa sinophilie[2]. Son récit s'avère alors être un guide viable pour les visiteurs ultérieurs, désireux de découvrir à leur tour les hauts-lieux de la capitale et un choix très limité des curiosités de ses alentours (Dagens, 1989). Mais les utilisateurs de cet ancêtre du *Lonely Planet* furent essentiellement des Chinois, le récit de Tcheou Ta Kouan ayant été compilé et publié très tôt en Chine, dès le XIVe siècle par T'ao Tsong-Yi[3] (Pelliot, 1902). En Occident, il faut patienter jusqu'en 1819 pour que l'ouvrage soit partiellement traduit par le sinologue Jean-Pierre Abel Rémusat. À la différence des récits de voyage et d'exploration du XIXe siècle, décrivant des temples à l'abandon, la traduction de *Mémoires sur les coutumes au Cambodge* a eu le mérite de faire découvrir en Europe la cité khmère à son apogée, même si dans une période baignée par le mouvement du romantisme, le grand public a préféré souvent

2. Il assure notamment qu'Angkor Wat fut, selon une légende chinoise, construit par le fameux artisan chinois Lou Pan.
3. Les mémoires de Tchéou Ta Kouan sont publiées à nouveau dans une édition refondue par T'ao Ting en 1647 et encore plus tard, sous les Ming, compilées dans les ouvrages *Kou Ki Chouo Hai, Kou Kin Yi Che* et *Li Tai Siao Che* (PELLIOT, 1902).

les récits tantôt philosophiques (Emerson, 1836), tantôt poétiques (Lamartine, 1820), où la nature et la ruine inspirent lyrisme, sérénité, plénitude (Rousseau, 1782) ou transcendance, exotisme et inconnu (Chateaubriand, 1805). Pourtant, lors du séjour de Tcheou Ta Kouan à Angkor, la décadence n'était pas très loin. L'ouvrage porte sur une période critique où l'empire khmer est affaibli par des rivalités interdynastiques et religieuses et par la constitution du royaume thaï de Sukhothaï. Près d'un siècle et demi après le séjour du chroniqueur chinois, le roi et sa cour abandonnent Angkor en 1431 pour s'installer plus au sud, au-delà du Grand Lac[4]. Sans entretien sous un climat tropical humide peu propice à leur conservation, les bâtiments civils en matériaux végétaux de la capitale déchue disparurent rapidement. Arbres et plantes prirent alors peu à peu leur aise sur la pierre des temples.

L'Angkor post-abandon découvert par les éclaireurs d'un roi khmer

En Occident, Angkor a longtemps été considéré comme un site découvert par les Européens après des siècles d'abandon. S'il est vrai que l'ancienne capitale fut désertée et en partie abandonnée durant des siècles, les Khmers ne l'ont jamais oubliée et un roi s'y réinstalla au XVIe siècle après avoir découvert de manière fortuite les anciens temples. C'est en effet au cours d'une partie de chasse que le souverain khmer Ang Chan fut conduit aux vestiges d'un vaste ensemble urbain que ses prédécesseurs avaient quitté moins d'un siècle auparavant. Cet épisode fut relaté bien plus tard, en 1614, dans un texte sur Angkor fort bien renseigné et rédigé par l'historien et écrivain portugais Diego do Couto :

> « Juste vers les années 1550 ou 1551, comme le roi de Camboja allait à la chasse aux éléphants dans les forêts les plus épaisses qui existent dans ce royaume, ses gens, abattant la brousse, donnèrent sur des constructions si imposantes envahies à l'intérieur par une brousse exubérante qu'ils ne purent abattre afin d'y pénétrer. Et ceci ayant été rapporté au roi, il se rendit à cet endroit, et voyant l'étendue et la hauteur des murs extérieurs, voulant voir aussi à l'intérieur, il ordonna sur-le-champ de couper et de brûler toute [la brousse] [...]. Et après que le tout eut été soigneusement nettoyé, le roi pénétra à l'intérieur, et l'ayant parcouru en totalité, fut frappé d'admiration par l'étendue de ces constructions. Et pour cette raison, il décida sur le champ d'y transporter sa cour » (do Couto, cité *in* Prodromidès, 1997).

C'est ainsi que Diego do Couto relate la redécouverte d'Angkor par Ang Chan ou plutôt par ses éclaireurs. Pourtant, le Portugais n'est jamais allé à Angkor. Il tient ces informations d'un ecclésiastique, Antonio de Magdalena, qui visita l'ancienne capitale khmère en 1585 et qui lui-même tenait certains de ses

4. Plusieurs raisons peuvent expliquer l'abandon d'Angkor par sa population. Selon l'archéologue Bernard-Philippe GROSLIER (1979), outre la menace siamoise, des variations climatiques extrêmes auraient enrayé le fonctionnement de la cité hydraulique.

propos du roi Satha Ier, petit-fils de Ang Chan. Nullement imaginé[5], le texte de do Couto est considéré comme l'un des plus fiables de cette fin du XVIe siècle-début du XVIIe siècle, l'homme étant reconnu comme un polygraphe bien renseigné qui avait l'habitude de transcrire les récits de voyage effectués par d'autres. Toutefois, la description d'Angkor d'Antonio de Magdalena/Diego do Couto n'a jamais été publiée en 1614 comme elle aurait dû l'être[6] (Prodromidès, 1997), ce qui fut fort dommageable pour mieux appréhender en Europe la réalité de la cité khmère car, à cette époque, rares étaient les témoignages d'Européens aussi pondérés et ne versant pas dans l'utopique et l'anachronique.

Angkor à la fin du XIXe siècle et au début du XXe siècle : aux origines de la théâtralisation d'une ville abandonnée à peine découverte

Henri Mouhot n'est pas le découvreur d'Angkor. Il a cependant facilité à travers ses récits et gravures la diffusion en Europe de représentations du site archéologique qui, un temps, furent véridiques : celles de temples abandonnés à la forêt, vestiges d'une civilisation disparue. Ces images de géants de grès vaincus par la végétation ont tant marqué l'imaginaire des Européens du XIXe siècle que, lors de la mise en tourisme d'Angkor au début du XXe siècle, l'École française d'Extrême-Orient fit le choix de ne pas restaurer quelques temples, à l'image du Ta Prohm, et de les laisser à l'état de ruine.

Mouhot, le découvreur usurpateur ?

Longtemps le missionnaire et voyageur Charles Bouillevaux critiqua Henri Mouhot pour sa découverte supposée des vestiges angkoriens. À la mort de Mouhot, articles et livres se multiplient et le sacrent « découvreur » d'Angkor. Pour le religieux français, l'ancienne capitale n'a pas été retrouvée pour la simple raison qu'elle ne fut jamais oubliée, ni perdue. Des voyageurs portugais au XVIe siècle en avaient parlé et Bouillevaux lui-même publia quelques pages sur le sujet après avoir exploré ces ruines en 1850. Pourtant, Mouhot n'a jamais rien prétendu découvrir et cite à plusieurs reprises ses prédécesseurs. Influencé par les récits d'expéditions, notamment *Description du Royaume Thai* de Mgr Jean-Baptiste Pallegoix (1854) et *The Kingdom and People of Siam* de sir John Bowring (1857), il décide à son tour de partir en 1858 à la découverte du Siam, du Cambodge et du Laos (figure 2). Il décède au cours de sa deuxième expédition non loin de Luang Prabang en 1861.

Angkor n'est pas le sujet d'étude d'Henri Mouhot et les temples n'occupent qu'une place réduite dans ses récits. Naturaliste de formation, il passe plus de

5. À cette époque, la plupart des récits d'Angkor rapportés par les marins et autres aventuriers étaient farfelus.
6. Au moment de faire imprimer sa décade, Diego do Couto a omis d'y incorporer son chapitre sur Angkor. Le texte resta pendant plus de trois siècles dans un couvent avant d'être transféré aux Archives nationales de Lisbonne.

temps à découvrir des espèces animales inconnues jusqu'alors, à l'image d'un scarabée qui sera nommé *Mouhotia gloriosa*. Cependant, fasciné par Angkor, il examine en 1860 durant plus d'un mois les temples khmers en les décrivant dans les moindres détails. Il n'est pas un archéologue et en a bien conscience. S'il s'efforce de décrire ce qu'il a vu et senti, c'est dans l'espoir de « contribuer à enrichir d'un nouveau champ le terrain de la science » et « sans la moindre prétention en science architecturale non plus qu'en archéologie ». C'est son frère qui, en 1864, dans une préface de la traduction anglaise de ses carnets de voyage, le sacre « découvreur d'Angkor » (Mouhot, 1864). Les éditeurs français sont plus prudents, et le terme « découverte » n'est utilisé ni dans la préparation du feuilleton de 1863, ni dans le livre publié en 1868. Si Henri Mouhot n'est pas le découvreur d'Angkor, il a toutefois contribué à populariser la cité khmère en Europe par ses récits mais surtout grâce à l'image. Auparavant, il était difficile de se représenter visuellement les monuments d'Angkor, d'autant plus que les descriptions pouvaient différer d'un récit à un autre. Ces images, quelques années avant les premières photographies de John Thomson (1866), c'est Mouhot qui les apporte. Scientifique convaincu ne se sachant pas écrivain, le naturaliste est également un artiste, un peintre qui contribue, à travers ses dessins et ses plans, à populariser Angkor en Occident. Ils sont publiés en 1863 dans la revue *Le Tour du Monde*, ce qui ne manque pas d'alimenter les conversations et d'enflammer les imaginations dans les salons européens[7].

Mouhot avait la particularité d'être un artiste mais aussi un scientifique. Ses descriptions et ses représentations picturales reflétaient assez fidèlement la réalité du terrain, comme Tcheou Ta Kouan et Diego do Couto à leur époque. En revanche, après lui suivirent des publications de textes et de gravures plus artistiques et littéraires que savantes. Certains, étonnamment publiés dans des récits d'exploration à vocation scientifique, s'avérèrent partiellement imaginés, donnant une vision romancée, idéalisée et parfois erronée des temples et de leur environnement. Ainsi, Louis Delaporte composa ce qu'il appelle des vues reconstituées, scènes oniriques des temples reconstruits par son imagination (Guérivière, 2012). Elles illustrèrent son voyage au Cambodge dans *Le voyage d'exploration en Indo-Chine* (Doudart de Lagrée et Garnier, 1873) et devinrent rapidement des iconographies de référence. Elles influencèrent les lecteurs mais également d'autres artistes qui se succédèrent sur le site, à l'instar de Jean Despujols, connu pour les trois cents peintures et dessins exécutés pendant un séjour de deux ans en Indochine. Son tigre majestueux marchant sous les fromagers du Ta Prohm est la réplique de celui de Delaporte dans la cour du Bayon (figure 3). Cette utilisation de l'animal sauvage n'est pas anodine et a pour but de rendre le paysage peint ou dessiné encore plus pittoresque et sauvage.

7. Sous le Second Empire, les contemporains de Mouhot, surtout les classes lettrées et aisées, étaient particulièrement friands d'exotisme, de terres lointaines et de civilisations disparues symbolisées par la ruine.

Figure 3. – Représentation très personnelle du Bayon par Louis Delaporte.

Angkor dans la littérature du XXe siècle : un site romancé tantôt idéalisé, tantôt diabolisé (source : Delaporte, 1873, bibliothèque des Arts décoratifs).

Outre le récit d'exploration, c'est plutôt *via* la littérature, le récit autobiographique (*La ville au bois dormant*, 1910), le récit existentiel (*Un pèlerin d'Angkor*, 1912), le récit d'aventure (*La voie royale*, 1930), la poésie (*Le poète et le vase d'encens*, 1927), que le public européen se forge des représentations d'Angkor bien spécifiques : celles des temples enchâssés dans leur écrin végétal. Pour les écrivains, les mots sont alors scrupuleusement choisis pour amener le lecteur à la rêverie et la fantasmagorie. Ainsi, Pierre Loti dans *Un pèlerin d'Angkor* associe le temple khmer à « une basilique fantôme, immense et imprécise faisant corps avec la forêt et que des milliers de racines enveloppent, étreignent comme des pieuvres ». Quant au duc de Montpensier et sa ville au bois dormant, le titre rappelle plutôt les contes de notre enfance. Cependant, l'auteur prévient que l'ouvrage n'est « ni un conte de fée, ni un livre prétentieux, mais un simple cahier de route rédigé au jour le jour par de jeunes fous qui ont conduit l'automobile, cette avant-dernière conquête bien française de l'industrie, à un pèlerinage difficile devant les ruines de la plus ancienne, de la plus merveilleuse des civilisations asiatiques ». Le prétendant orléaniste au trône de France cherche ici à faire le rapprochement entre le pèlerinage, activité séculaire, et l'automobile, récente invention rappelant les romans de Jules Verne, où le véhicule permettait de rejoindre une destination mythique et encore chargée de mystère. Si, pour le duc de Montpensier, Angkor était effectivement une destination mythique, pour le dramaturge, poète et essayiste Paul Claudel, la découverte du site fut traumatisante. Quatre ans après son séjour au Cambodge, il écrit : « Angkor est bien un des endroits les plus maudits, les plus maléfiques que je connaisse. J'en étais revenu malade et la relation que j'avais faite de mon voyage a péri dans un incendie » (*Journal*, cahier V, 1925). Il parle d'« un sentiment de dégoût et d'oppression » en évoquant « les temples maudits, les temples du diable » (*Journal*, cahier IV, octobre 1921). Il transmet en Occident des images qui tranchent avec les représentations idéalisées d'autres récits. Pourtant, bien qu'utilisant des mots qui peuvent paraître inadéquats (diables, maudits), les sentiments de dégoût et d'oppression qu'il décrit n'ont rien d'imaginaire et reflètent même une autre réalité : celle de la découverte teintée de déception et du voyage qui n'est pas de tout repos. Claudel, lors de son séjour à Angkor, contracta le paludisme et fut très malade, ce qui affecta profondément sa découverte du site qui n'aurait peut-être pas été la même s'il avait été en bonne santé. Cela n'est pas sans rappeler la description de la forêt laotienne par Henri Mouhot quelques jours avant sa mort. Sous l'emprise de la fièvre, il décrira : « Je suis aux portes de l'enfer, comme appellent cette forêt les Laotiens et les Siamois. Tous les êtres mystérieux de cet empire de la mort semé des ossements de tant de pauvres voyageurs, dorment profondément sous cette voûte épaisse. Je n'ai rien qui pourrait effrayer les démons qui l'habitent, ni dents de tigre, ni cornes de cerf rabougries, aucun talisman enfin, que mon amour pour la science et ma croyance en Dieu. Si je dois mourir ici, quand l'heure sonnera, je serai prêt. » Le ton de ce récit tranche avec la description enthousiaste de Mouhot au sujet d'Angkor et de sa forêt deux ans plus tôt.

Les prémices du tourisme à Angkor et la théâtralisation de la ruine

Ce n'est qu'à la fin du XIXe siècle, lors de l'installation des premiers colons français en Indochine, qu'Angkor commença à acquérir le statut de destination touristique. D'Europe, alors que les excursions en Égypte ou en Grèce étaient déjà populaires, peu d'individus osaient prendre la route ou la mer pour découvrir les temples khmers élevés pourtant au rang de mythes dans les salons des grandes capitales. Même au début du XXe siècle, se rendre au Cambodge était une entreprise risquée, le voyage s'apparentant davantage à une expédition plutôt qu'à de la villégiature. Pour ces individus qui partaient durant plusieurs mois, l'on parlait davantage de voyageurs que de touristes, et Angkor n'était alors qu'une étape au cours d'un long et aventureux voyage. Ainsi, du vieux continent, seuls les plus téméraires et fortunés pouvaient prétendre à un tel déplacement. La plupart des visiteurs occidentaux qui finalement se risquaient à se rendre à Angkor étaient des colons en mission dans l'Indochine française. Mais, même de Saïgon ou de Phnom Penh, le voyage restait long et éprouvant. De la capitale cambodgienne par exemple, il était nécessaire d'utiliser une chaloupe à vapeur sur le lac Tonlé Sap jusqu'à l'embouchure de la rivière, au pied du Phnom Krom[8]. L'embarcation motorisée laissait alors sa place à un sampan jusqu'à la bourgade endormie de Siem Reap[9]. Enfin, une charrette inconfortable menait le visiteur exténué à Angkor Wat. Les roues s'ensablaient et le trajet pouvait

8. Colline surplombant le lac Tonlé Sap et se localisant à 8 kilomètres au sud de la ville de Siem Reap.
9. Un *sampan* est un bateau chinois léger à fond plat et à voile unique.

prendre une heure et demie comme il pouvait en durer six. Dans l'enceinte du temple, une paillote sur pilotis tenait lieu de zone d'hébergement, à condition d'y apporter literies, victuailles et batteries de cuisine (Dagens, 1989). Quant à la découverte des temples, elle était compliquée, seul Angkor Wat étant dégagé[10]. Si les descriptions et les dessins de Mouhot faisaient rêver de Paris ou Saïgon, la découverte des ruines enchevêtrées sous une végétation inextricable se transformait pour beaucoup en véritables épreuves. Au regard du succès du site auprès de ces nouveaux visiteurs non préparés, et pour pallier les difficultés énoncées, il se révéla nécessaire pour les autorités d'aménager le site, de faciliter les voies d'accès et d'améliorer les conditions d'hébergement. Car les voyageurs, surtout les plus aisés, souhaitaient découvrir Angkor sans trop d'efforts, avec les facilités et tout le confort possible, comme ils pouvaient le faire en visitant les pyramides d'Égypte ou le Parthénon d'Athènes, deux autres ruines de référence en ce début du XXe siècle. Les travaux publics s'efforcèrent dans un premier temps de tracer une route pour faciliter la circulation des automobiles entre le Phnom Krom et Angkor Wat. Un premier bungalow fut également aménagé pour mieux accueillir les visiteurs. Si, à l'image de Banteay Srei, quelques temples furent intégralement restaurés par l'École française d'Extrême-Orient (EFEO) en mobilisant la technique de l'anastylose, d'autres ont été laissés en apparence à l'état de ruine, rongés par d'immenses fromagers. Ce fut le cas pour le Ta Prohm décrit plus tard par Maurice Glaise, alors conservateur des monuments d'Angkor, comme « concession au goût général pour le pittoresque ». Il fallait satisfaire les visiteurs nourris par ces récits d'écrivains et d'explorateurs décrivant des vestiges noyés par la végétation. Cette théâtralisation d'une cité perdue à peine découverte était crédible pour les premiers touristes alors peu nombreux chaque jour à circuler sur le site. Seuls face à ces ruines rongées par le végétal, ils ne pouvaient que ressentir des émotions semblables à celles de Mouhot ou Bouillevaux quelques décennies plus tôt.

Cependant, l'effet de découverte au XXe siècle devait être moins puissant qu'au XIXe siècle car les touristes savaient à quoi s'attendre *via* les récits d'exploration, les gravures et les supports photographiques et filmiques, les descriptions des précédents visiteurs à leur retour de voyage et grâce aussi aux reconstitutions de temples khmers lors des expositions coloniales à l'instar de celle de Paris en 1931. Le scandale a également participé à la diffusion d'images d'Angkor, *via* l'affaire Malraux[11]. Après la Seconde Guerre mondiale et la période de reconstruction, Angkor redevint progressivement une destination touristique phare dans la région grâce à la démocratisation du voyage et des transports[12].

10. Seule la visite d'Angkor Wat était aisée à l'époque. Ce temple ayant toujours été entretenu par les moines et la population locale après l'abandon d'Angkor, il n'a jamais vraiment été endommagé par la végétation.

11. Jeunes et désargentés, Malraux et son épouse Clara entreprirent de voler à Banteay Srei des bas-reliefs. L'affaire fit grand bruit à l'époque et l'intelligentsia parisienne se mobilisa en faveur du futur ministre de la Culture : Gide, Mauriac, Breton, Aragon, l'éditeur Gaston Gallimard… Cinq ans plus tard, Malraux convertit cette affaire rocambolesque en roman. *La voie royale* n'est peut-être pas son chef-d'œuvre, cependant l'exotisme et le souffle aventureux du récit plairont à l'époque.

12. 35 000 visiteurs en 1970.

Et malgré une nouvelle période d'abandon lors du régime des Khmers rouges entre 1975 et 1979 et un conflit qui perdurera jusqu'en 1999, les visiteurs étrangers affluèrent de nouveau chaque année, toujours plus nombreux à partir des années 2000-2010.

Le tourisme à Angkor au XXIe siècle : une découverte avortée par la diffusion en masse d'images qui ne sont pas toutes réalistes

Si faire du tourisme au Cambodge est devenu de nos jours plus accessible et moins aventureux qu'autrefois, cette activité peut être toujours associée à une forme de découverte. Cependant, la diffusion en masse d'images d'Angkor dans les médias et les réseaux sociaux tend à limiter pour le visiteur l'effet de surprise qu'engendre la découverte, une fois arrivé sur le parc archéologique. Plus encore, certaines de ces images vues et revues, plus particulièrement celles illustrant les temples en ruine sans visiteurs, ne reflètent pas la réalité d'un site qui chaque année reçoit plus de cinq millions de touristes. Il peut dans ce cas précis y avoir un effet de découverte à connotation négative.

Le Ta Prohm : un temple aux accents d'exotisme et de découverte récemment plébiscité par les touristes chinois

Longtemps, seuls les Occidentaux, et plus particulièrement le public français, semblaient apprécier cette image du temple laissé à l'état de ruine. Ces dernières années cependant, les visiteurs asiatiques – notamment chinois – très nombreux à se rendre à Angkor, se disent intéressés par la visite du Ta Prohm. Pour le montrer, nous avons demandé à un échantillon de visiteurs étrangers quels étaient leurs trois temples favoris et les raisons de ces choix[13]. La majorité des touristes interrogés, asiatiques comme occidentaux, ont répondu que le Ta Prohm était leur temple favori. À la question « Pourquoi avez-vous préféré ce temple ? », ils répondaient que le mélange entre le végétal et la pierre donnait une ambiance particulière, mystérieuse, irréelle, magique, tel un décor de théâtre. Les mots *découvrir/découverte* ont été cités à plusieurs reprises, essentiellement par les touristes occidentaux faisant le lien avec les récits d'exploration. Quelques-uns, les francophones notamment, évoquaient les souvenirs d'Henri Mouhot ou de Pierre Loti. Pour les plus jeunes, les références étaient différentes. Ils nous parlaient davantage du film *Tomb Raider*. Sorti au cinéma en 2001, ce long métrage avait été tourné au Ta Prohm. Comme leurs aînés vis-à-vis des explorateurs du XIXe siècle, *Tomb Raider*, le film comme le jeu vidéo éponyme, renvoyait pour la

13. Enquête réalisée sur le site archéologique et dans la ville touristique de Siem Reap sur la période 2010-2011 par des entretiens de type quantitatif. Une centaine de touristes occidentaux (Français, Américains, Espagnols, Belges, Suédois, etc.) et autant de visiteurs asiatiques (Chinois, Japonais et Coréens) ont été interrogés. Les questions étaient sensiblement les mêmes pour tous : « Quel est votre temple préféré et pourquoi ? Que vous évoque un temple en ruine ? Avez-vous entendu parler d'Henri Mouhot ou de Pierre Loti ? »

jeune génération à la découverte et à l'exploration. Rappelons que Lara Croft, son héroïne, est une archéologue aventurière à la recherche d'artefacts mystérieux reposant le plus souvent au cœur de cités perdues. Cependant, il est probable que le réalisateur Simon West et ses scénaristes, en plus de s'être inspirés du jeu vidéo et d'autres films[14], ont été influencés par les images d'Angkor du XIXe siècle lors de recherches ayant précédé la production. Il y aurait alors une réelle filiation romantique dans les représentations de ces jeunes générations ayant visionné le film. Il est important de rappeler que notre enquête s'est déroulée en 2010-2011. Il n'est pas sûr que ce long métrage marque encore les esprits en 2021, contrairement aux récits de Mouhot et ses épigones plus intemporels. Lors de nos entretiens, un point nous intrigua cependant : les touristes japonais, coréens et surtout chinois, qui, par le passé, n'ont pas été influencés par les récits des explorateurs européens, étaient les plus nombreux à visiter le temple du Ta Prohm plutôt que celui d'Angkor Wat.

Jusqu'à récemment, la ruine n'avait jamais suscité la fascination en Chine. Encore aujourd'hui au pays de Xi Jinping, très peu de sites touristiques sont à l'état de ruine et susceptibles d'intéresser les Chinois[15]. L'un des rares contre-exemples est l'ancien palais d'été, autrefois résidence des empereurs de la dynastie Qing détruite par les Britanniques et les Français en 1860 lors de la guerre de l'opium. Ces ruines pékinoises ne suscitent pas la fascination mais conservent pour les Chinois un caractère mémoriel indéniable en liaison avec un événement tragique et traumatisant, un peu à l'image du dôme de Genbaku, vestige de l'explosion nucléaire d'Hiroshima devenu un lieu de mémoire et de recueillement pour les Japonais. Citons également la façade de l'église de la mère de Dieu à Macao, mais, pour ce cas précis, l'attraction pour la ruine est influencée par l'aspect portugais et donc exotique de l'ensemble. L'intérêt d'un Chinois pour le temple du Ta Prohm peut être mis en relation avec les visites de l'église de la mère de Dieu plutôt qu'avec celles de l'ancien palais d'été. Car se rendre à Angkor, c'est également chercher le dépaysement à seulement quelques heures d'avion de chez soi. Un temple disloqué par la végétation répond davantage à une demande d'exotisme et de découverte que le temple d'Angkor Wat, qui ne suscite plus vraiment la surprise. Les Chinois ont été plutôt influencés par les mémoires de Tcheou Ta Kouan que par les récits d'Henri Mouhot, mais c'est vraisemblablement le film *Tomb Raider* qui, dans un premier temps, aida à faire connaître en Chine les temples en ruine d'Angkor. Puis, au fur et à mesure que les visiteurs chinois se déplaçaient toujours plus nombreux à Angkor, notamment avec le développement des relations sino-cambodgiennes, les images des temples en ruine ont été relayées par les réseaux sociaux spécialisés dans les voyages – à l'instar de Mafengwo, Qyer ou WeChat. Il est courant que les touristes chinois, en particulier les plus jeunes générations ultra-connectées, usent des réseaux sociaux pour s'informer sur les destinations en

14. La saga des *Indiana Jones* par exemple.

15. Au regard de la démesure de la Grande Muraille de Chine, plusieurs pans de cette dernière sont à l'état de ruine faute d'entretien. Ils n'intéressent pas ou très peu les visiteurs chinois, qui préfèrent visiter les parties les mieux conservées, rappelant peut-être davantage la puissance constructive de leur civilisation.

vogue ou échanger avec d'autres internautes. Pour les milléniaux[16], les comptes officiels WeChat et les WeChat Moments correspondent à la première source d'information pour le voyage (respectivement 48 % et 47 %), devant les sites Internet qui représentent 42 % (Alliance 46.2, 2018). À leur tour, ils partageront leurs expériences et leurs trouvailles exclusives en publiant vidéos, photographies et récits de voyage sur ces mêmes plateformes de *microblogging* et autres applications, afin d'être vus par leur réseau personnel et même au-delà. Ce bouche-à-oreille numérique peut expliquer pourquoi les touristes chinois visitent désormais en grand nombre le temple du Ta Prohm, alors qu'il y a vingt ans, ils n'avaient pas ou peu d'intérêt pour la ruine.

Un effet de surprise avorté par une importante diffusion d'images

Dans un monde aujourd'hui de plus en plus globalisé, certaines idées et images tendent à se répandre plus aisément qu'autrefois et dans toutes les contrées du monde. La diffusion en masse de ces images, vues et revues de certains temples angkoriens parmi les plus célèbres, contribue à annuler ou du moins à atténuer l'effet de surprise qu'engendre la découverte une fois le visiteur confronté à la réalité du terrain. À la question « Pourquoi avez-vous moins apprécié le temple d'Angkor Wat ? », outre le fait que l'emblématique structure de pierre n'a pas la même aura mystérieuse que le Ta Prohm, les visiteurs asiatiques comme occidentaux ont été nombreux à répondre qu'ils n'avaient pas eu de vraie surprise en visitant Angkor Wat qui, aussi impressionnant qu'il fût, leur semblait familier. Cette impression de déjà-vu est liée au fait que le célèbre temple est surreprésenté, des brochures des agences de voyages aux reportages télévisés, en passant par Internet. D'ailleurs, en tapant le mot Angkor sur le moteur de rechercher Google, l'individu préparant son voyage tombera presque systématiquement sur des photographies d'Angkor Wat, toutes assez similaires : celle d'un plan général photographié de l'entrée sud et qui présente les tours du temple se reflétant dans ses douves (figure 4).

Bien avant d'entreprendre leur voyage au Cambodge, tous les visiteurs interrogés connaissaient la silhouette d'Angkor Wat, devenu l'une des icônes surreprésentées du tourisme mondial, à l'image du Machu Picchu ou du Taj Mahal. Cependant, à la différence de ces deux sites classés également au patrimoine mondial, Angkor Wat correspond à un temple parmi une multitude, répartis sur 400 km^2. Les visiteurs ont donc la possibilité de découvrir d'autres sites moins médiatisés comme le Pre Rup ou Kbal Spean dont la visite est davantage synonyme de découverte (figure 5). Le Ta Prohm est aussi très médiatisé mais se révèle être moins familier lorsque le visiteur entre dans l'enceinte du temple pour la première fois. Contrairement à Angkor Wat, dont les photographies en circulation sont toutes assez similaires, les images du Ta Prohm, ne serait-ce que

16. Les milléniaux (de l'anglais *millennials*), ou génération Y, regroupent l'ensemble des personnes nées entre le début des années 1980 et la fin des années 1990. La Chine compte plus de 350 millions de milléniaux. Cette génération devait représenter 65 % de la croissance de la consommation chinoise à l'horizon 2020 (Khelladi, 2019).

sur les moteurs de recherche Google et QQ, sont plus diversifiées, même si la thématique de la racine qui s'imbrique dans la pierre reste de mise.

Figure 4. – Angkor Wat tel qu'il est représenté médiatiquement dans le monde entier.

Source : photographie Preuil, 2010.

Figure 5. – Un site moins fréquenté : Kbal Spean.

Kbal Spean est un site angkorien peu médiatisé qui se dévoile aux visiteurs après une longue marche à travers la forêt. Peu touristique, il inspire pour les visiteurs davantage la découverte que le temple d'Angkor Wat, pourtant plus impressionnant sur le plan architectural (source : photographie Preuil, 2008).

Des images d'Épinal relayées par les médias qui ne reflètent plus la réalité

Pour l'ensemble des temples et plus spécifiquement le Ta Prohm qui, à lui seul, symbolise la découverte et l'isolement, se pose un autre problème lié à la diffusion de photographies et vidéos pourtant récentes mais qui ne correspondent pas à la réalité du terrain. Beaucoup de visiteurs interrogés sur le site archéologique ont confié leur déception en constatant, en visitant Angkor, que le site n'avait plus rien à voir avec la cité perdue qu'ils avaient imaginée (figure 6). Parmi les critiques le plus souvent émises, citons :

> « Il y a beaucoup trop de visiteurs et de véhicules ; nous ne sommes jamais seuls sur les sites ; on se croirait à une attraction d'un Disneyland ; les passerelles et les panneaux de mise en garde contribuent à démystifier l'ensemble ; il faut faire la queue pour se faire prendre en photo[17]. »

Figure 6. – Surfréquentation touristique au Ta Prohm.

À certains moments de la journée, les temples les plus célèbres sont saturés de visiteurs comme ici au Ta Prohm (source : photographie Preuil, 2007).

Plus que les visiteurs chinois, coréens et japonais, ce sont majoritairement les touristes occidentaux (environ 70 %) qui semblaient les plus incommodés par la foule et les infrastructures, à l'image des parkings et des parvis présents sur les sites. À plus de 90 %, les touristes en provenance de Chine ont déclaré ne pas avoir été importunés par le nombre important de visiteurs. Plusieurs raisons expliquent que leur découverte d'Angkor n'ait pas été affectée outre mesure par

17. Réponses obtenues auprès de visiteurs occidentaux, français pour la plupart, lors d'entretiens réalisés par l'auteur entre novembre 2010 et février 2011, haute saison touristique à Angkor.

cette affluence. D'une part, dans ce pays très urbanisé, où la majorité de la population vit dans des villes de plusieurs millions d'habitants, la foule a une connotation moins négative qu'en Europe et beaucoup ont déclaré avoir l'habitude de se retrouver sur des sites touristiques bondés, à l'image de la Grande Muraille. D'autre part, les visiteurs chinois, à l'instar des Japonais et des Coréens, préfèrent voyager en groupe et en circuit organisé, cela pour diverses raisons (vacances courtes, sentiment de sécurité, visites de plusieurs pays en un seul voyage, méconnaissance de l'anglais, etc.). À Angkor, il est rare de croiser des touristes asiatiques isolés, alors que les Occidentaux sont nombreux à voyager de façon plus autonome. Enfin, dans une moindre mesure, si les visiteurs chinois à Angkor ne sont pas dérangés outre mesure par la foule, c'est peut-être aussi parce que les récits d'exploration décrivant des temples abandonnés à l'atmosphère propice à la méditation et à la solitude ont été peu diffusés en Chine.

Pour les visiteurs occidentaux en revanche, les commentaires désapprobateurs au sujet de la présence de la foule dans l'enceinte des temples peuvent paraître étonnants. Ne savaient-ils pas qu'Angkor était devenu l'un des hauts lieux du tourisme de masse en Asie du Sud-Est ? Si les visiteurs européens ou américains ont pour la plupart le souvenir d'avoir déjà contemplé des gravures des temples khmers du XIXe siècle ou lu *Un pèlerin d'Angkor* de Pierre Loti, en les questionnant davantage nous avons constaté que les supports médiatiques contemporains destinés à une diffusion de masse propagent des images en contradiction avec la réalité du terrain : celles de temples sans aucun touriste. Autrefois diffusées *via* le support papier, le livre et la photographie, ces représentations de ruines perdues éloignées de la civilisation ont été véhiculées ensuite par d'autres supports médiatiques à l'instar du cinéma (*Tomb Raider*, *Deux Frères*), mais surtout de la télévision à travers des documentaires aux titres évocateurs renvoyant à l'imagerie du passé, où les réalisateurs font le choix de ne pas filmer les touristes [18]. Par exemple, dans le documentaire de 2020 *Angkor, les fantômes de la jungle* de Tom Ranson, sur toutes les prises de vues en plans larges et rapprochés d'Angkor Wat, il n'y a aucun visiteur. Ce temple est pourtant le plus visité du parc archéologique, comme en témoignent les flux continus de touristes à toute heure de la journée [19] (figure 8). Toutes ces images et vidéos, qui sont rapidement diffusées sur Internet, contribuent à pérenniser ces représentations de temples à peine découverts et peu touristiques. Lorsque l'on inscrit les mots Angkor ou Ta Prohm dans la barre des moteurs de recherche Google et Bing, seules des photographies récentes d'Angkor Wat et du Ta Prohm sans touriste sont mises en avant (figure 7) [20]. Sur Google, par exemple, ces clichés proviennent pour la plupart de sites Internet d'agences de voyages : Easy voyage, Tonkin voyage, Les Vacances au Cambodge, etc. En publiant sur leur site des photographies d'Angkor Wat ou du Ta Prohm

18. Sauf lorsqu'il s'agit de dénoncer le tourisme de masse.
19. Le documentaire ayant été tourné en 2020, Tom Ranson a probablement profité de la pandémie mondiale du Coronavirus et de la mise à l'arrêt du tourisme international pour filmer des plans aussi saisissants.
20. C'est également le cas pour le moteur de recherche chinois Baidu qui, toutefois, en matière de fréquentation touristique, est plus réaliste que les deux moteurs de recherche américains car on y trouve quelques images présentant les temples d'Angkor avec des touristes.

sans âme qui vive, il est plus aisé pour ces prestataires de vendre un circuit touristique au Cambodge à une clientèle familiarisée à ce type de clichés. Vis-à-vis de ces potentiels clients déjà influencés par ces représentations anciennes ou contemporaines d'Angkor qui ne représentent plus ou pas la réalité du terrain, présenter des photographies de temples qui fourmillent de touristes serait prendre le risque de susciter un moindre désir à se rendre à Angkor du fait d'un réel décalage entre l'imaginaire et le réel.

Il s'agit ici d'une stratégie commerciale efficace pour vendre un produit, mais une fois sur place, il est possible que le visiteur soit déçu par une réalité à laquelle il ne s'attendait pas en constatant que la ruine angkorienne abandonnée est un mythe, même une supercherie, ce qui en soi est une découverte mais à connotation négative. Car, effectivement, la ruine Angkorienne est devenue un mythe moderne fabriqué par les médias, les publicitaires et les acteurs du tourisme en travestissant une situation passée, celle des temples sans touristes et abandonnés à la nature, en vérité éternelle. Cela n'est pas sans rappeler les théories du sémiologue Roland Barthes dans son ouvrage *Mythologies* (1957), où l'objet véhicule des valeurs bourgeoises sans jamais le dire[21], comme si ces valeurs étaient des évidences unanimement partagées. Or, cette représentation de la ruine Angkorienne très occidentale ne fait pas l'unanimité, plus particulièrement auprès des Khmers pour lesquels les temples dégradés sont synonymes de non-respect des divinités et dont la vision rappelle la décadence de la civilisation de leurs ancêtres.

Figure 7. – Image iconique du Ta Prohm.

Le temple du Ta Prohm tel qu'il est représenté dans les médias et les réseaux sociaux (source : photographie Preuil, 2010).

21. Rappelons que la représentation du temple Angkorien en ruine fut dans un premier temps plébiscitée par les classes bourgeoises européennes au XIXe siècle et que, suite à cet intérêt, l'École française d'Extrême-Orient décida de ne pas ou peu restaurer certains monuments.

Conclusion

De Tcheou Ta Kouan en 1296 aux touristes chinois d'aujourd'hui, en passant par Henri Mouhot et les premiers visiteurs européens, Angkor n'a jamais cessé d'être découvert, puis redécouvert de mille et une façons. Selon l'époque, l'état de santé, la nationalité ou encore les références culturelles, la découverte d'un site ne sera pas appréhendée et vécue de la même manière. Au XXIe siècle, la découverte d'Angkor ne se définit plus dans le sens de tout premier venu, mais plutôt dans celui d'un rendez-vous avec un site qui est, sur le plan individuel, inconnu ou peu connu. Toutefois, les médias diffusant en masse des images des vestiges archéologiques, l'effet de découverte peut s'estomper pour les touristes se rendant sur place puisque tout y semble familier, à l'image du temple d'Angkor Wat surreprésenté et qui finalement ne suscite plus la surprise auprès des visiteurs. Mais, paradoxalement, parce que ces nouveaux outils de diffusion ne plébiscitent que des images d'Angkor sans visiteurs et sans infrastructures touristiques, il y aura toujours une forme de découverte, pas forcément positive et ne laissant pas toujours le meilleur souvenir : celui d'un site confronté au tourisme de masse.

Figure 8. – Une image réaliste du tourisme à Angkor Wat.

La réalité du tourisme de masse à Angkor Wat telle qu'elle n'est pas présentée sur le moteur de recherche Google (source : photographie Preuil, 2011).

Bibliographie

Abel-Remusat Jean-Pierre, 1819, *Description du royaume de Camboge* [sic] *par un voyageur chinois qui a visité cette contrée à la fin du* xiiie *siècle, précédée d'une notice chronologique sur le même pays*, Paris, Imprimerie de J. Smith.

Anonyme, 2017, « Le tourisme des Chinois : une opportunité à saisir », *Alliance 46.2*, n° 3.

Barthes Roland, 1957, *Mythologies*, Paris, Éditions du Seuil.

Bouillevaux Charles-Émile, 1883, « Ma visite aux ruines cambodgiennes en 1850 », *Mémoires de la Société académique indochinoise*, vol. 1, p. 1-17.

Bowring John, 1857, *The Kingdom and People of Siam, with a Narrative of the Mission to that Country in 1855*, vol. 1, Londres, J. W. Parker & Son.

Chateaubriand François-René de, 1805, *Atala*, Paris, Le Normant.

Claudel Paul, 1927, « Le poète et le vase d'encens », *L'oiseau noir dans le soleil levant*, Paris, Excelsior.

Dagens Bruno, 1989, *Angkor. La forêt de pierre*, Paris, Gallimard, coll. « Découvertes Gallimard Archéologie ».

Doudart de Lagrée Ernest et Garnier Francis, 1873, *Voyage d'exploration en Indo-Chine effectué pendant les années 1866, 1867 et 1868 par une commission française*, Paris, Hachette.

Emerson Ralph Waldo, 1836, *La nature*, Boston, Munroe.

Groslier Bernard-Philippe, 1979, « La cité hydraulique angkorienne. Exploitation ou surexploitation du sol? », *Bulletin de l'École française d'Extrême-Orient*, vol. 66, p. 161-202.

Guérivière Jean de la, 2012, « Les artistes "reporters" de l'aventure ultramarine », *in* Bonnichon Philippe, Gény Pierre et Nemo Jean (dir.), *Présences françaises outre-mer (*xvie*-*xxie *siècles)*, vol. 2 : *Science, religion et culture*, Paris, Karthala.

Hermann Christian, 1993, « La rencontre de deux mondes, 1492-1992. Réflexions sur quelques livres français », *Revue d'histoire moderne et contemporaine*, vol. 40, n° 4, p. 666-672.

Khelladi Insaf et Koromyslov Maxime, 2019, « Millennials français et chinois : des rapports au luxe bien différents », *The Conversation*, [http://theconversation.com/millennials-francais-et-chinois-des-rapports-au-luxe-bien-differents-120603].

Lamartine Alphonse de, 1820, *Méditations poétiques*, Paris, Dépôt de la Librairie grecque-latine-allemande.

Loti Pierre, 1912, *Un pèlerin d'Angkor*, Paris, Calmann-Lévy.

Malraux André, 1930, *La voie royale*, Paris, Éditions Grasset.

Merdji Naima, 2017, « Le récit de voyage : quête et découverte dans *Autoportrait avec grenade* et *dieu, Allah, moi et les autres* de Salim Bachi », *Multilinguales*, vol. 5, n° 1, p. 166-179.

Milanesi Marica, 2010, « Le regard de la postérité. L'âge des découvertes vu au xviie siècle et au xviiie siècle », *Médiévales*, vol. 58, n° 1, p. 11-26.

Montpensier François duc de, 1910, *La ville au bois dormant de Saigon à Angkor en automobile*, Paris, Librairie Plon.

Mouhot Henri, 1863, « Voyage dans les royaumes de Siam, de Cambodge, de Laos et autres parties centrales de l'Indo-Chine », *Le Tour du Monde*, vol. 8, p. 219-352.

Mouhot Henri, 1864, *Travels in the Central Parts of Indo-China (Siam), Cambodia, and Laos* (vol. 1 of 2) *During the Years 1858, 1859, and 1860*, Londres, John Murray.

Pallegoix Jean-Baptiste, 1854, *Description du Royaume Thai ou Siam*, Paris, Mission de Siam.

Pelliot Paul, 1902, « Mémoires sur les coutumes du Cambodge », *Bulletin de l'École française d'Extrême-Orient*, vol. 2, n° 1, p. 123-177.

Polo Marco, 1998 (1298), *Le devisement du monde*, texte intégral établi par Arthur Christopher Moule et Paul Pelliot, Paris, La Découverte.

Prodromides Maxime, 1997, *Angkor, chronique d'une renaissance*, Paris, Éditions Kailash, coll. « Civilisations et sociétés ».

Requemora Sylvie, 2002, « L'espace dans la littérature de voyages », *Études littéraires*, vol. 34, n° 1-2, p. 249-276.

Rousseau Jean-Jacques, 2001 (1782), *Les rêveries du promeneur solitaire*, Paris, Le Livre de poche.

Vagnon Emmanuelle, 2013, « La représentation cartographique de l'espace maritime », *in* Gautier-Dalche Patrick (dir.), *La Terre connaissance, représentations, mesure au Moyen-Âge*, Turnhout, Brepols, p. 443-503.

Vial-Mir Jacqueline, 2016, *Marco Polo : mythe ou réalité*, compte rendu de la conférence de la Société hyèroise d'histoire et d'archéologie.

Winnicott Donald W., 1970, *Processus de maturation chez l'enfant. Développement affectif et environnement*, Paris, Payot.

Wood Frances, 1995, *Did Marco Polo go to China?*, Londres, Secker & Warburg.

Zhou Daguan et Pelliot Paul, 1997 (1951), *Mémoires sur les coutumes du Cambodge de Tcheou Ta-Kouan*, vol. 3, Paris, Adrien Maisonneuve, coll. « Œuvres posthumes ».

3

La frontière : un monde à découvrir à la rencontre de la géographie et de la littérature

***Catherine* Sélimanovski**

Au regard des aspects pluriels de la mondialisation et de la montée en puissance des migrations et des mobilités, au regard des questions de souveraineté et d'identité territoriales, de la récurrence du terrorisme, des guerres, avec leurs cortèges de réfugiés fuyant les zones de combats, l'actualité médiatique et scientifique des frontières[1] ne se dément pas. Le monde est structuré par 250 000 kilomètres de frontières terrestres et 323 frontières interétatiques (Foucher, 2012). La frontière se définit comme une limite, une discontinuité marquée par le politique. Elle a une fonction de marquage, de repère, sur les trois registres du réel, du symbolique et de l'imaginaire (Foucher, 1991). Elle se matérialise dans le temps et dans l'espace, n'est pas figée, se transforme, s'efface, renaît sous d'autres formes (Arbaret *et al.*, 2004). Elle produit un espace tiers que l'on peut concevoir comme un *monde en soi* à découvrir ou à redécouvrir. Le recours à la littérature permet de préciser, développer ou renouveler par l'imaginaire, la fiction, l'affect et les sentiments, certains acquis de la connaissance scientifique sur ce monde, ses représentations, la complexité des effets spatiaux multiscalaires qu'il génère.

Ce projet peut paraître ambitieux car les phénomènes de frontière(s) s'inscrivent dans les deux strates de l'espace des sociétés qui sont en interactions : l'espace objectif et l'espace subjectif[2]. Dans le cadre présent, je me place dans la strate de l'espace subjectif et observe comment des personnages littéraires qui côtoient la frontière, occasionnellement ou au quotidien, ou pour lesquels elle est leur être, vivent ce monde en soi. Ce faisant, je mets entre parenthèses l'analyse des aspects politiques premiers de la frontière qui s'inscrivent, eux, dans l'espace objectif. On sait que la frontière est un révélateur du système social et spatial qu'elle délimite, que sans frontière, aucune souveraineté n'est possible, ni populaire ni nationale, que sans frontière, le contrat social devient impossible, que la souveraineté implique la puissance et qu'il n'y a point de frontière sans une puissance publique pour la garantir. Mais ce n'est pas mon premier objet d'étude. Mon regard porte à hauteur d'homme pour tenter de démêler les fils de la complexité de l'habiter à la frontière. Or le mode d'habiter est interdépendant

1. *Border studies*, en anglais.
2. Tels que je les définis (Sélimanovski, 2008, p. 100).

de l'état et des transformations de la frontière. La frontière peut être, successivement et en même temps, ouverte et fermée. Il n'y a pas de frontière sans battements. La frontière joue un rôle de filtre pour lequel la métaphore de la peau est très parlante[3]. Enfin, et contrairement aux idées reçues, la mondialisation n'abolit pas les frontières ; ce que la pandémie du coronavirus nous rappelle avec force. Au contraire, la mondialisation génère de nouveaux tropismes, de nouvelles formes de frontières et manières d'habiter l'espace des frontières.

Un tel sujet, à la rencontre de la géographie et de la littérature tient autant à un contexte scientifique qu'à un parcours personnel. Je m'inscris dans le courant de la géographicité[4], c'est-à-dire que je reconnais une relation ontologique et phénoménologique entre l'homme et l'espace. Il me semble aujourd'hui que la dimension sensible de la frontière, constamment ballottée par les toussotements du monde entre en résonance avec la société et que la littérature permet d'approcher la grande diversité des facettes de ce vécu. Il ne s'agit pas ici de faire une simple comparaison entre deux types d'écriture, mais de confronter l'analyse et le raisonnement scientifiques aux affects et sentiments n'ayant pas ou peu leur place dans l'écriture de la géographie universitaire pour comprendre des processus, des bifurcations, des changements systémiques. La rencontre entre littérature et géographie permet-elle d'aller plus loin ? Il est difficile de le dire. On peut néanmoins se demander si cette rencontre entre deux domaines de connaissances n'ouvre pas à quelque chose d'inédit, de l'ordre de l'invention d'une autre écriture du monde.

Ma présentation commence par un état de l'art sur ce que cherchent les géographes dans la littérature. En m'appuyant ensuite sur un ego-corpus de récits et de romans actuels, centrés complètement ou non sur le thème de la frontière, je présente trois volets relatifs aux frontières vécues d'hier et d'aujourd'hui, fictives, disparues ou actives. Le premier volet porte sur l'histoire, l'identité et la défense des frontières, le deuxième sur le passage des frontières, le troisième sur les frontières mondialisées.

Dépasser des frontières heuristiques

Dépasser des frontières disciplinaires

L'intérêt pour la littérature en géographie n'est pas nouveau. Il s'exprime dans la géographie des représentations dont Éric Dardel a été l'un des précurseurs en 1952 et s'est renforcé jusqu'à devenir l'un des champs de la géographie culturelle et de la géographie tout court[5]. Dans l'une des premières synthèses, Jean-Louis Tissier (1992) se demande que cherchent les géographes dans la littérature qui

3. Voir Debray Régis (2010, p. 37) : « Interface polémique entre l'organisme et le monde extérieur, la peau est aussi loin du rideau étanche qu'une frontière digne de ce nom l'est d'un mur. Le mur interdit le passage ; la frontière le régule. Dire d'une frontière qu'elle est une passoire c'est lui rendre son dû : elle est là pour filtrer. »

4. Voir définition de Retaillé Denis (2003, p. 398-399).

5. Voir les numéros spéciaux récents « Géographie et littérature (ou fiction) », *Annales de Géographie* (2016), *L'espace géographique* (2016), *BAGF* (2007).

fasse géographie et qu'apporte la littérature aux savoirs des géographes. Trois différents types de projets répondent à ce questionnement. D'un côté, les géographes explorent les relations entre la spatialité de l'écrivain et la spatialité ou la territorialité du géographe, comme Julien Gracq (1974) à la lecture de Marcel Proust, découvrant une géographie poétique routière et ferroviaire autour de Balbec en Normandie. De l'autre, ils étudient l'imaginaire géographique structurant toute une œuvre, comme Lionel Dupuy (2013) à la relecture de l'ensemble des livres de Jules Verne. Enfin, ils considèrent la littérature comme une source de connaissances, un matériau : pensons à l'étude géographique du goulag et des campagnes de l'ex-URSS que font Roger Brunet (1981) et Marie-Claude Maurel (1980), puisant en partie dans la littérature russe. Plus largement, la littérature permet aux lecteurs géographes de prolonger leur expérience sensible du monde et de prendre part au monde par l'imaginaire.

Dans ce champ, un certain nombre d'objets géographiques sont souvent convoqués : la ville; la ville de Nantes de Julien Gracq (1985) et les villes des romans policiers étudiées par Muriel Rosemberg (2007); le territoire, comme dans la thèse de Jean-Michel Turc (2012)[6]; le paysage. Il semble attendu pour le géographe d'explorer les relations entre littérature et paysage, tant ce concept de la géographie vidalienne et de la géographie culturelle se prête à la description et à l'étude des relations entre espaces réels et espaces regardés par la médiation des représentations personnelles et collectives. Les œuvres suivantes, *Carnets du grand chemin* de Julien Gracq (1951), *Éloge des voyages insensés* de Vassili Golovanov (2008), *Ourania* de J. M. G. Le Clézio (2006), et bien d'autres romans, offrent de nombreuses pages de descriptions littéraires de paysages français, russes (toundra), sud-américains, insulaires tropicaux, donnant une riche matière à ce questionnement. Dans les récits de voyage, le paysage lui-même peut devenir un élément de l'aventure[7].

Dépasser des frontières méthodologiques

L'objet *frontière* est beaucoup moins présent dans les études à la rencontre de la géographie et de la littérature[8]. Pourtant, c'est un objet très stimulant quand on a longtemps travaillé de manière académique sur cet objet et que l'on a soi-même un vécu et un imaginaire forts de la frontière. En tant que sujet singulier, j'ai été nourrie par l'histoire de mes grands-parents paternels qui vivaient derrière la métafrontière européenne du Rideau de fer et avec lesquels les liens affectifs se concrétisaient par des lettres et paquets postaux vérifiés aux douanes et par quelques rares visites, séparées, de mon grand-père ou de ma

6. La recherche porte sur l'analyse littéraire de la deuxième épopée de Frédéric Mistral, *Calendal*, composée en 1867, ainsi que sur l'analyse géographique de la Provence à travers le concept de territoire. La question centrale est de savoir si la grille de lecture offerte par le concept de territoire permet de voir dans le texte une esquisse de projet de mise en valeur de l'identité provençale.

7. Voir par exemple : Bouvier Nicolas et Vernet Thierry (1963), Tesson Sylvain (2004; 2011; 2015).

8. Voir deux articles de Verherve Maud (2014) et Vilain Oriane (2016).

grand-mère. J'ai habité à Strasbourg, ville-frontière, siège du Conseil de l'Europe depuis 1949, pendant les vingt-cinq premières années de ma vie, plus tard à nouveau. Sur l'unique pont entre Strasbourg et Kehl, les guichets de douane de mon enfance matérialisaient la fermeture de la frontière alors que la passerelle Mimram qui enjambe le Rhin depuis 2004, dans le cadre du projet du Jardin des Deux Rives, symbolise l'ouverture amorcée dans les années 1970, la réconciliation des deux États ennemis et la création d'un espace transfrontalier. En tant que sujet social, j'ai travaillé principalement sur l'inscription spatiale de migrations internationales, de la pauvreté, des frontières sociales et interétatiques (mes recherches et enseignements doivent beaucoup à la pensée systémique en géographie : Sélimanovski, 2018).

Regarder les frontières à la rencontre de la géographie et de la littérature me conduit à tenter de dépasser des frontières méthodologiques en liant de manière légitime des approches qui sont *a priori* opposées : l'approche objective avec une approche sensible ; l'approche sociale avec une approche individuelle (Lahire, 2013) ; l'approche de l'objet de la recherche avec le sujet chercheur, qui est un sujet social et un sujet singulier. Sur ce dernier point, les avancées de Georges Devereux (1980), considérant que le chercheur est le premier outil de la recherche et analysant toutes sortes d'interactions entre le chercheur et l'objet de sa recherche, m'ont été très précieuses[9]. De même le « je » de Françoise Héritier : « Et ce "je" qui est notre richesse est fait d'une ouverture au monde – d'une aptitude à observer, d'une empathie avec le vivant d'une capacité à faire corps avec le réel. "Je" n'est pas seulement celui qui pense et qui fait mais celui qui ressent et éprouve selon les lois d'une énergie souterraine sans cesse renouvelée » (Héritier, 2012, p. 83-84).

Le questionnement entre littérature et géographie permet de la sorte de lier la dimension sensible, singulière et émotionnelle du chercheur, lecteur d'œuvres littéraires sur la frontière (sans pour autant que s'ignorent chez lui le sujet social et le sujet singulier) à celle de l'écrivain sur son objet d'écriture. Le but est d'enrichir la connaissance, de donner de la chair à l'étude scientifique. « L'écriture créative dépasse et déterritorialise, elle oblige le lecteur à faire l'expérience d'un monde nouveau, à mettre en question les certitudes et les causalités du monde ancien [...]. Ces effets sont d'autant plus efficaces que l'œuvre est vraiment contemporaine. Ce sont des écrivains qui sont parmi nous. Ils nous font part d'une expérience d'un monde qui est aussi le nôtre » (Tissier, 1992). La littérature contemporaine met en lumière des perspectives vécues sensibles et des espaces insoupçonnés, rendant plus lisible la complexité des relations entre les formes spatiales de la frontière et les pratiques des acteurs de la frontière.

Jean-Marie Schaeffer (1999) nous amène à réfléchir de manière encore plus globale aux relations entre littérature et connaissance. Il démontre que la fiction, définie comme une modalité particulière de la représentation, est un opérateur

9. Dans le chapitre IV : « Implication psychologiques entre l'observateur et le sujet », on trouve un développement intéressant sur la frontière entre soi et la matière ainsi que sur la frontière du corps (DEVEREUX, 2012, p. 45-62).

cognitif essentiel, non pas parce que sa fonction relève du cognitif mais parce que le dispositif fictionnel, pour nous littéraire, correspond à une activité de modélisation ayant un rôle central dans la culture humaine et notre être au monde : « La fiction, par son existence même, témoigne du fait que notre vie durant nous restons redevables d'une relation au monde […] complexe, diversifiée et, somme toute précaire, [qui s'exerce] dans un bricolage mental permanent auquel seule notre mort mettra un terme » (Schaeffer, 1999, p. 337).

Mon corpus se compose de textes contemporains sélectionnés et lus au fil des parutions, en fonction de mon intérêt personnel pour la/les frontière(s). Je prends ces textes comme un matériau nouveau, insolite, me permettant par la fiction d'aller plus loin, de manière plus intense, plus personnelle, dans la connaissance de configurations frontalières paradoxales impensées pour moi et peut-être pour d'autres jusqu'alors… Mon corpus n'a rien d'exhaustif, ni de rationnel : c'est un petit ego-corpus, plutôt hétérogène, de littérature contemporaine, de romans, français, étrangers, de récits de voyages sur des frontières existantes… Il est évident que la forme littéraire des romans, avec des histoires emboîtées autour de personnages, diffère de celle des récits de voyage ou l'auteur rend compte à la première personne du singulier de son/ses voyage(s) le long de frontières particulières. Je ferai une mention particulière pour le texte *Frontières* tiré du chapitre « Le pays » d'*Espèces d'espaces* de Georges Perec (1974). Du fait de son petit format (deux pages) et de la nature du roman dont il est issu, je l'utilise, presque entièrement comme une définition[10] (bien sûr très différente de celle des dictionnaires de géographie) pour introduire la partie ci-après consacrée aux frontières associées aux guerres et la partie suivante concernant les frontières que l'on passe et repasse.

Histoire, identité et frontière(s)

La défense des frontières

> « Les frontières sont des lignes. Des millions d'hommes sont morts à cause de ces lignes. Des milliers d'hommes sont morts parce qu'ils ne sont pas parvenus à les franchir : la survie passait alors par le franchissement d'une simple rivière, d'une petite colline, d'une forêt tranquille : de l'autre côté c'était la Suisse, le pays neutre, la zone libre…
>
> (La Grande Illusion : on ne tirait pas sur les prisonniers évadés dès l'instant qu'ils avaient franchi la frontière…) »

> « On s'est battu pour des minuscules morceaux d'espaces, des bouts de colline, quelques mètres de bords de mer, des pitons rocheux, le coin d'une rue. Pour des millions d'hommes, la mort est venue d'une légère différence de niveau entre deux points parfois éloignés de moins de cent mètres : on se battait pendant des semaines pour reprendre la Cote 532.

10. Mais en ordre inversé par rapport à celui du texte original.

> (L'un des généraux en chef de l'armée française pendant la guerre de 14-18 s'appelait le général Nivelle...) » (Perec, 1974, p. 100-101).

Tout ce qui a rapport avec la guerre et les frontières depuis l'époque moderne est ici donné en filigrane : la forme ligne de la frontière (*border* en anglais) pour ces frontières westphaliennes; le danger (de mort) pour les soldats sur le front qui appelle aussi la définition première de la frontière (*frontier* en anglais pour front pionnier), la défense des limites de souveraineté et le fait que les tracés des frontières sont des objets de conflits. Un peu plus avant dans le texte, Perec évoque l'idée du *no man's land*, espace tiers, qui à une échelle micro-locale interdit le passage.

> « En 1952, à Jérusalem, j'ai essayé de poser le pied en Jordanie, en passant au-dessous des fils de fer barbelés; j'en ai été empêché par les gens qui m'accompagnaient : il paraît que c'était miné. De toute façon, ce n'est pas la Jordanie que j'aurais touchée, mais du rien, du *no man's land* » (*ibid.*).

Mais la frontière n'est pas seulement ligne de front ou *no man's land*. Elle est aussi confins. En russe, comme le précise Erika Fatland (2019, p. 244), le sens du mot frontière, *granitsa* (*grense*, en norvégien, *Grenze*, en allemand), *gran* en vieux slave, vient d'une racine indo-européenne signifiant « bord tranchant » ou « extrémité », sous-entendu d'un territoire.

L'espace des confins, la peur de l'altérité, la transgression des frontières

Les écrivains Dino Buzzati dans *Le désert des Tartares* (1940), Julien Gracq dans *Le rivage des Syrtes* (1951) et Boualem Sansal dans *2084. La fin du monde* (2015), ont en commun de consacrer leurs romans respectifs à l'histoire de trois personnages envoyés (ou voyageant) dans l'espace des confins de pays imaginaires.

Dans le roman de Dino Buzzati, le jeune officier Giovanni Drogo quitte le cœur du « Royaume » pour les confins, faisant face à l'État du Nord. Il arrive au fort Bastiani[11] et regarde la frontière. « C'est un bout de frontière morte [...] une frontière qui ne donne pas de souci [...] où de l'autre côté il y a un grand désert [...] des pierres et de la terre desséchée [...] le désert des Tartares » (Buzzati, 2004, p. 20-24). Le fort n'a jamais servi à rien. C'est une « garnison de frontière », une « sentinelle de la couronne » d'où l'on scrute le territoire ennemi. « À quoi ressemblait ce Royaume du Nord, ce désert pierreux par où personne n'était jamais passé? La carte, Drogo se le rappelait vaguement, indiquait de l'autre côté de la frontière une vaste zone où il n'y avait que très peu de noms [...]. » Dino Buzzati décrit l'attente de l'ennemi à longueur de journée et d'année dans la solitude et l'immensité du silence, la montée de la peur, quand arrive un cheval venu de l'autre côté, quand plus tard on distingue des étrangers

11. Voir le film éponyme tourné au fort de Bam (Kerman) au sud/sud-est de l'Iran, de Valerio Zurlini, 1976 (Jacques Perrin est Drogo).

dont le but est de fixer la ligne de frontière. En retour (*ibid.*, p. 125 et suiv.), une quarantaine d'hommes en armes sortent du fort Bastiani pour délimiter, avant l'ennemi, la zone frontière non encore reconnue. L'expédition est dangereuse. Au prix de sa mort de froid et d'épuisement dans la neige, le dénommé Angustina pose une borne de frontière sur une ligne de crête escarpée... Vingt ans après, l'ennemi a construit une route. Le roman se termine par l'invasion, mais pour Drogo, par l'injustice d'aller mourir de maladie à l'arrière, parmi des inconnus, après trente ans d'attente...

Dans le roman de Julien Gracq, le jeune Aldo, représentant d'une vieille famille de la seigneurie d'Orsenna est envoyé comme observateur sur la côte des Syrtes, le « front des Syrtes ». De l'autre côté de la mer se trouve le Farghestan. Les deux pays, en état officiel d'hostilité depuis trois siècles, sont entrés depuis longtemps en léthargie. On ne sait plus grand-chose de l'ennemi. La mer des Syrtes est devenue par degré « une vraie mer morte » que l'on ne traverse plus. Aldo, lui aussi, s'attache à ce pays austère des confins. Il est fasciné par la frontière et sa représentation cartographique qu'il contemple dans la salle des cartes, « enchaîné là comme par un charme ».

> « Sur la table s'étalaient les cartes de la mer des Syrtes [...]. Devant moi s'étendaient là les terres stériles des Syrtes, piquées de mouchetures de leurs rares fermes isolées, bordées de la délicate guipure des flèches des lagunes. Parallèlement à la côte courrait à quelque distance, sur la mer, une ligne pointillée noire : la limite de la zone des patrouilles. Plus loin encore, une ligne continue d'un rouge vif : c'était celle qu'on avait depuis longtemps acceptée d'un accord tacite pour ligne frontière, et que des instructions nautiques interdisaient de franchir en quelque cas que ce fût. Orsenna et le monde habitable finissaient à cette frontière d'alarme [...]. Très au-delà, prodigieux d'éloignement derrière cet interdit magique, s'étendaient les espaces inconnus du Farghestan » (Gracq, 1951, p. 31-32).

Julien Gracq montre également l'ennui, la montée de la peur, le risque de la guerre, mais il ajoute à son roman le désir de transgression de la frontière qui prend la forme de virées nocturnes en bateau entreprises par la jeune Vanessa, dont Aldo est amoureux. Aldo deviendra le catalyseur d'une guerre ouverte à l'issue de laquelle Orsenna sera vaincue. À ce moment du livre, la frontière est devenue une peau épaissie...

> « Il y a trop longtemps qu'Orsenna n'a été remise dans le jeu. Autour d'un corps vivant, il y a la peau qui est tact et respiration ; mais quand un État a connu trop de siècles, la peau épaissie devient un mur, une grande muraille : alors les temps sont venus, alors il est temps que les trompettes sonnent, que les murs s'écroulent, que les siècles se consomment et que les cavaliers entrent par la brèche, les beaux cavaliers qui sentent l'herbe sauvage et la nuit fraîche, avec leurs yeux d'ailleurs et leurs manteaux soulevés par le vent » (*ibid.*, p. 318).

Quant à Boualem Sansal, il construit son livre sur l'idée d'un État, l'Abistan, fondé sur l'amnésie et la soumission au Dieu unique. En Abistan toute pensée personnelle est bannie et un système de surveillance omniprésent permet de connaître les idées et les actes déviants. Le personnage central, Ati, met en doute les certitudes imposées en se lançant dans une enquête sur l'existence d'un peuple de renégats; ce faisant lui apparaît la figure d'une frontière mythique. « Qu'est-ce que la frontière, bon sang, qu'y a-t-il de l'autre côté? » (Sansal, 2015, p. 69, en italique dans le texte). L'existence d'une frontière est pour lui bouleversante, elle est un rêve insensé de liberté. Mais il ne sait ni comment ni où l'atteindre. Là aussi, Boualem Sansal décrit des confins avec une forteresse. « La forteresse s'est trouvée sur une ligne de front [...], sa valeur stratégique en faisant un objet irrésistible. Une certaine légende dit qu'alentour il y avait assez de cadavres pour combler toutes les gorges de l'Ouâ et traverser à sec » (*ibid.*, p. 61-62). Ati continue à chercher les limites de son pays. « Le mot limite lui-même interpelle : qu'y a-t-il après la limite? [...] Et que sont ses limites, si on ne les atteint jamais? » (*ibid.*, p. 68-69). Atteindre la frontière représente *l'Espoir*, l'espoir de s'échapper, l'espoir de fuir le monde de l'Abistan en échappant à l'amnésie. Dans le dernier paragraphe du livre (une feuille ronéotée gratuite publiée par un riche commerçant qui raconte une petite histoire), la frontière se fait à la fois coupure et couture.

> « Cette histoire de frontière est des plus étranges. Si la frontière n'existe pas, et cela est sûr, sa légende, elle court toujours. Les ancêtres de nos lointains ancêtres en parlaient déjà mais dans nos montagnes au sommet du monde la frontière est ce qui sépare le bien du mal. Les nomades et les contrebandiers, eux, savent bien qu'aucune frontière ne sépare une montagne d'une autre, un col d'un autre, un nomade ou un contrebandier d'un autre. La frontière est leur lien » (*ibid.*, p. 274).

Les marges d'empires

Si du côté de l'État-nation, la forme de la frontière se fait ligne, du côté de l'empire la frontière se fait zone avec des marges politiquement construites, des fronts ouverts par un processus d'expansion militaire. Le roman de Milos Tsernianski, *Migrations* (1986), traite de l'histoire de la diaspora serbe qui tout au long du XVIIIe siècle cherche à affirmer son identité aux confins de trois empires, l'Empire turc, l'Empire austro-hongrois et l'Empire russe. Le cœur du sujet vu à travers quelques personnages emblématiques est celui de l'identité, des migrations et de l'exil des Serbes. Après la paix entre l'Empire turc et l'Empire austro-hongrois[12], se constitue une diaspora serbe fuyant les Turcs. Elle s'installe en Voïvodine sur les rives austro-hongroises du Danube, aux confins de l'empire. La frontière y prend la forme d'une marge, protégée des Turcs par les Serbes; le tracé de la frontière est moins précis qu'entre deux États-nations, il s'appuie sur le ruban du grand fleuve qu'est le Danube, dont le lit majeur peut s'étendre sur plusieurs kilomètres de largeur avec de multiples chenaux anastomosés. Les Serbes, paysans-soldats affirment leur fidélité à l'empereur en

12. La chapelle de la paix à Sremski-Karlovci sur le Danube, entre Belgrade et Novi-Sad, commémore la paix signée en 1699 entre l'Empire turc et l'Empire austro-hongrois.

formant et équipant des régiments de soldats, qui à chaque nouvelle guerre, partent en campagne combattre sur tous les fronts. Ils attendent en échange que l'Empire austro-hongrois, catholique, reconnaisse et respecte leur identité de Serbes, orthodoxes. L'équilibre tient tant que les Serbes restent avant tout soldats (première moitié du XVIIIe siècle). Cela ne fonctionne plus, quand s'installe une longue accalmie, que les régiments danubiens sont dissous et que, de ce fait, les Serbes sont réduits à redevenir de vulgaires paysans. D'où cristallise le projet de recommencer une vie ailleurs, d'organiser la migration des gardes-frontières et de leurs familles à travers l'Empire austro-hongrois vers l'Empire russe, orthodoxe, où pensent-ils, ils seront mieux accueillis. De nombreuses pages du roman décrivent cet exode et l'espoir de rencontrer le tsar pour obtenir une intégration au cœur de l'Empire russe. Mais ils ne le rencontrent pas. À la fin du roman, on retrouve les Serbes habitant de nouvelles marges, au sud de la Russie, protégeant la frontière de l'Empire des incursions des Tartars. « Cet hiver 1753 ne pouvait, évidemment, durer éternellement […]. L'immense majorité des immigrés resta, cependant, dans l'armée et dès le printemps venu, ils trempèrent, à nouveau, dans le sang sur la frontière attaquée par les Tartars. »

Sur le thème des migrations forcées, Michel Jan raconte dans un roman-essai, *Cruelle est la terre des frontières. Rencontre insolite en Extrême-Orient*, l'histoire de son ami Vladimir, pris dans la tourmente des déplacements de frontières et de souverainetés au milieu du XXe siècle en URSS, Mandchourie, et Chine populaire. Michel Jan conclut :

> « La patience ici s'étend sur des siècles. La mouvance des empires n'a rien à envier à celle du lit des grands fleuves de Mandchourie lents et majestueux qui coulent vers le Pacifique lointain. Ici ou là, à Khabarovsk ou à Harbin, à Moscou ou à Pékin, des esprits embués de nostalgie se laissent aller à rêver à d'autres rives pour le moment partagées, en se demandant : à quand leur reconquête ? » (Jan, 2003, p. 272).

Les livres que nous avons évoqués montrent que les frontières peuvent bouger et que sous la menace de l'ennemi, les frontières, lignes entre États ou marges entre empires, sont des espaces à part structurés par des fortins, des ouvrages de défense et sont protégées par des garnisons militaires. Nos auteurs décrivent ces espaces de confins comme des bouts du monde, des espaces de faible densité de population, faible densité d'habitat et d'activité. Mais, ils nous emportent de plus dans les sentiments forts de personnages qui ont peur de l'altérité, s'ennuient profondément, attendent, souffrent de la solitude, du silence. Ce faisant, leurs sentiments définissent, par opposition au reste du territoire, l'espace des confins, comme un *monde en soi*. Ce monde en soi, situé d'un côté de la frontière fermée, s'élargit par la projection d'autres sentiments associés comme l'attente, la patience au long terme, la curiosité anxiogène. Cela entraîne les personnages à déborder l'espace qui leur est assigné et à transgresser la frontière, au risque de leur vie, rendant en quelque sorte les deux côtés de la frontière interdépendants. Ils produisent par là même un *monde en soi*, en découverte, situé à cheval sur les confins de deux territoires. Enfin, au travers de ces histoires individuelles, nous retrouvons les propriétés paradoxales de la frontière entre protection et enfermement, identité et altérité, connu et inconnu, nécessité et transgression que les géographes analysent très bien. Ainsi, au plaisir de la lecture s'ajoute le plaisir de l'esprit faisant (re)découvrir par une autre forme d'écriture des faits d'histoire et de géographie concernant le vécu du monde en découverte des frontières fermées en temps de conflits.

Passer les frontières

Le plaisir de l'altérité

En temps de conflits, larvés ou déclarés, le sentiment du danger, la peur de l'altérité vont de pair avec la fermeture des frontières. Inversement, en temps de paix, quand le passage est libre, le risque s'efface et ouvre au plaisir de l'altérité. Georges Perec, Erika Fatland, Jacques Darras racontent le passage de la frontière comme une expérience de l'altérité qui est émouvante, fascinante et même comparable à l'expérience amoureuse.

> « Les pays sont séparés les uns des autres par des frontières. Passer une frontière est toujours quelque chose d'un peu émouvant : une limite imaginaire, matérialisée par une barrière de bois qui d'ailleurs n'est jamais sur la ligne qu'elle est censée représenter, mais quelques dizaines ou quelques centaines de mètres en deçà ou au-delà, suffit pour tout changer, et jusqu'au paysage même : c'est le même air, la même terre, mais la route n'est plus tout à fait la même, la graphie des panneaux routiers change, les boulangeries ne ressemblent plus tout à fait à ce que nous appelions, un instant avant, boulangerie, les pains n'ont plus la même forme, ce ne sont plus les mêmes emballages de cigarettes qui traînent par terre… » (Perec, 1974, p. 99).

> « Traverser une frontière, c'est une des choses les plus fascinantes qui soient. Sur le plan géographique, le déplacement est minime, pour ainsi dire microscopique. Vous ne parcourez que quelques mètres mais vous changez d'univers. Il arrive que tout soit différent : alphabet, devise, visages, couleurs, goûts, dates importantes, noms remarquables » (Fatland, 2019, p. 243).

> « Qu'est-ce qui nous fait tellement aimer une frontière ?
> Pourquoi ce tremblement au moment de la passer ?
> Comme lorsque vient le moment de conclure l'acte amoureux […].
> Arrive le moment de l'entre-deux […].
> Curieusement alors que les deux amants cessent chacun de s'appartenir.
> Chacun l'un à l'autre révélés.
> Il y a quelque chose de semblable dans le passage d'une frontière […].
> Tu aimes singulièrement la frontière que fait ton pays avec la Belgique.
> L'aimes d'amour géographique.
> Tu éprouves un désir intime pour son intimité.

> Tu aimes l'approcher non agressivement mais progressivement.
> Empruntant pour monter jusqu'à elle une route qui va à contre-sens de l'histoire récente plutôt dans le sens de l'histoire ancienne.
> Voyage amoureux commencé très loin en arrière dans le temps[…]. »
> (Darras, 1996, p. 97-98).

L'intérêt de passer les frontières

Pourquoi ce plaisir du passage des frontières ? Quel en est l'intérêt ? La rationalité ? En géographie, les mouvements pendulaires frontaliers sont expliqués par la dissymétrie, les disparités le long d'une dyade entre des phénomènes démographiques, économiques, culturels, juridiques, etc. On sait que l'importance des flux de travailleurs frontaliers de la France vers la Suisse et l'Allemagne depuis les années 1970 s'explique par un tissu industriel plus dense et des salaires versés bien plus élevés en Suisse et en Allemagne qu'en France. De même, « l'excursionnisme transfrontalier », ou tourisme d'un jour, selon le vocabulaire de l'Insee, se comprend par des différences de prix significatives des produits et services de part et d'autre : on se procure des produits de base du côté de la frontière où ils sont les moins chers et on va se régaler là où les restaurants gastronomiques sont les plus réputés… Pourtant, quand les frontières sont ouvertes, l'image de la frontière fermée peut encore l'emporter. Par exemple, pour des élèves résidant dans les zones frontalières du Nord, en France, l'expérience quotidienne de la frontière, vécue dans la forme de l'interface, diffère complètement de leurs représentations. C'est comme s'ils étaient empêchés par une sorte d'obstacle épistémologique de penser l'ambivalence de la frontière, butant sur une définition scolaire figée de la frontière-ligne séparatrice (Leroux, 2012).

Dans le livre de José Saramago, *Les intermittences de la mort*, la rationalité de « l'excursionnisme transfrontalier » se niche dans une expérience de la mort dont la géographie en tant que discipline universitaire ne peut pas rendre compte. Elle prend dans ce roman une coloration très particulière parce que le pays d'où l'on part est un pays où l'on ne meurt plus… L'histoire déroulée fait merveilleusement loupe sur l'attrait de la frontière, ses battements, les raisons qui poussent ses usagers à passer et à repasser, sur les interactions entre les différents acteurs (individus, entrepreneurs déclarés, informels, mafieux et institutions) pour gérer au mieux ses intérêts. Passer la frontière devient une solution pour se débarrasser de ceux qui sont proches de la mort, presque morts, « en état de mort suspendue, des poids morts ». Cela commence en catimini à presque minuit, dans un village situé non loin de la frontière (Saramago, 2008, p. 47-88). Des paysans aisés attellent une mule à leur charrette, y font monter un grand-père, épuisé de vieillesse, une mère et son bébé qui ne peut vivre. Ils partent en famille, évitent d'être vus au village. Le trajet n'est pas facile.

> « Ils n'étaient pas très loin de la frontière, mais l'ennui était que la route ne les y mènerait pas, à un certain moment, il leur faudrait la quitter et continuer par des chemins de traverse sur lesquels la charrette pourrait à peine avancer […].

> Heureusement, le gendre connaît bien ces parages, car outre qu'il les a sillonnés en tant que chasseur, il a aussi exercé de temps à autre des activités de contrebandier amateur » (*ibid.*, p. 51-52).

Ils passent la frontière. Le grand-père et le bébé meurent. On les enterre sous un frêne qui servira de repère quand ils reviendront apporter des fleurs. Rongés par la culpabilité d'avoir mené leurs proches à la mort, ils rendent compte de leurs actes à leur retour. La nouvelle se diffuse dans tout le pays, mais ils ne sont pas condamnés et commence une « poussée migratoire d'un type nouveau ». L'État s'en mêle, envoie des forces armées pour réguler le passage, au cas par cas, puis signe un accord avec la « maphia » (et non la « mafia ») qui se charge de porter les corps. Le trafic spontané continue pourtant sur le chevelu fin du réseau routier. Les territoires voisins irrités par l'invasion continuelle de fossoyeurs *maphieux* ou spontanés font garnir leurs frontières de troupes qui ont ordre de tirer après trois sommations. La guerre est évitée car bien sûr les règles de la guerre ont changé! Enfin jaillit l'idée simple de faire l'aller et le retour de part et d'autre de la frontière et de demander au retour à un médecin légiste de constater les décès avant d'enterrer les morts. Cependant le flux se tarit en raison de la honte des familles. Les pompes funèbres passent de l'euphorie au désespoir. Mais en écoutant les familles, la « maphia » a l'idée de faire enregistrer les décès comme des suicides. « De nouveau le robinet coula. » Dans l'histoire de José Saramago, les passeurs de frontières trouvent un intérêt majeur, vital ou financier, à leur mission et de manière indirecte leurs mouvements, au départ non contrôlés, menacent la souveraineté des États et conduisent à la militarisation de la frontière, à la guerre. Mais pirouette du roman et jubilation du lecteur, les règles du droit sont contournées en permanence et les règles de la guerre ont changé puisqu'on ne meurt pas d'un côté de la frontière…

Par ailleurs, en littérature on rencontre aussi, comme dans la vie, des figures positives de passeurs de frontières. Les quelques très courts exemples suivants nous en donnent un aperçu : *via* le militantisme pacifique entre deux mondes ennemis dans la guerre, comme Michel Warschawski (2002) qui se définit lui-même militant de la frontière; *via* l'édition, entre deux mondes (oriental/occidental, communiste/libéral, slave/français), comme Vladimir Dimitrijevic, fondateur des éditions de l'Âge d'Homme en 1966 à Lausanne[13], duquel Jean-Michel Olivier (2014) s'inspire dans son roman. Enfin, il y a aussi tous les serviteurs du passage des frontières, douaniers, gargotiers, petits commerçants et ceux qui attendent aux frontières de passer clandestinement, à Tanger ou ailleurs, dont Olivier Weber (2016) dresse le portrait, dans un récit de voyage sur les frontières, fermées mais poreuses, du Proche-Orient et d'ailleurs…

Toujours par le prisme de la description des émotions et des sentiments, tels que le plaisir, la fascination, l'amour, le désir de mourir, la culpabilité… poussant les personnages à agir, la littérature nous donne à comprendre, à sa

13. Né en 1934 à Skoplje, il quitte la Yougoslavie en 1954, publie en 1980 *Vie et destin de Vassili Grossmann*, et meurt dans un accident de voiture, le 28 juin 2011, dans la Nièvre.

façon, comment se structure l'espace transfrontalier local. Des confrontations quotidiennes, directes, familières, enrichissantes, fructueuses, construisent de la sorte un *monde en soi* en continuel mouvement.

Des frontières mondialisées

Une interface mondialisée

Les frontières sont fréquemment perçues par les non-spécialistes comme de simples synonymes de barrières, matérialisées et renforcées par des barbelés, des murs. Il y a en effet aujourd'hui 7 500 à 41 000 kilomètres de murs matérialisant 3 % à 18 % des tracés des frontières terrestres. À l'inverse, une lecture médiatique rapide de la mondialisation aboutit ordinairement à l'idée opposée de la disparition des frontières. Non, la mondialisation n'abolit pas les frontières (Dullin et Forestier-Peyrat, 2015) ! De plus, certaines frontières se transforment en interfaces mondialisées. Avec la frontière nord-américaine racontée par l'écrivain mexicain Carlos Fuentes, en 1995 (traduction française en 1999), nous retrouvons tous les paradoxes de la mondialisation où la frontière, *monde en soi*, représente un espace d'échelles régionale et locale dans lequel s'opère le tri entre les flux désirables et indésirables, entre biens et hommes à travers des dispositifs physiques ou administratifs qui deviennent évidemment des objets de subversion. L'espace frontalier se fait « zone grise » de la mondialisation échappant aux pouvoirs installés. Les murs frontaliers deviendront à partir du 25 octobre 2006[14] un des éléments les plus visibles de ce processus, mais ils ne sont pas mentionnés dans le roman car ils ne sont pas encore bâtis quand Carlos Fuentes écrit. *La frontière de verre, roman en neuf récits*, relate le tropisme exercé par les États-Unis et la tension au Mexique, à laquelle renvoie l'expression du titre, entre unité et fragmentation, évoquant le prisme d'une identité culturelle et nationale morcelée. À travers de nombreux personnages, le roman rend compte de la production d'un immense espace transfrontalier avec ses villes jumelles et son ruban industriel de *maquiladoras* mexicaines, et aussi de l'idée récente en géographie de la déterritorialisation de la frontière[15] jusqu'à New York. Je ne développerai pas ce que Carlos Fuentes nous donne précisément à lire de cette frontière interface de la mondialisation, fermée à certains, ouverte à d'autres. Maud Verherve en a fait, en 2014, le sujet de la deuxième partie d'un article facilement accessible auquel je renvoie.

La frontière de verre

La Frontera de cristal, titre original est aussi celui de la septième histoire qui rapporte l'étrange relation entre Lissandro Chávez, ouvrier mexicain, parti laver

14. Le président Bush a signé à cette date la loi (« Secure Fence Act ») autorisant la construction d'une clôture de 1 100 kilomètres sur cinq segments de la dyade. En 2016, 1 050 kilomètres sont bâtis.
15. Voir l'idée de « frontière mobile » dans le livre d'Anne-Laure AMILHAT-SZARY (2015, p. 13-59).

des vitres de gratte-ciel à New York, pendant un week-end d'hiver, suspendu au sommet d'un building et une jeune femme cadre travaillant ce week-end-là pour une grande agence de publicité. Sur la frontière déterritorialisée, se noue un moment de rencontre à travers la paroi de verre avec cette New-Yorkaise. Ils se regardent, séparés par la frontière de verre : tout les sépare et les rapproche, hormis peut-être cette frontière de verre – les murs du bâtiment – métaphore de la cicatrice qui délimite les États-Unis et le Mexique.

> « Il était en train de se créer entre eux une communauté ironique, la communauté dans l'isolement. Chacun pensait à sa propre vie en imaginant celle de l'autre [...].
>
> Lui et elle solitaires.
>
> Lui et elle inviolables dans leur solitude.
>
> Séparés des autres, elle et lui face à face par un samedi matin insolite, s'imaginant l'un l'autre.
>
> Lui et elle séparés par la frontière de verre.
>
> Quel était son nom, ils se posaient tous les deux la même question [...].
>
> Elle écrivit son nom sur la vitre avec son bâton de rouge. Elle l'écrivit à l'envers comme dans un miroir : YERDUA. Cela sonnait comme un nom exotique, de déesse indienne.
>
> Il hésita à écrire le sien, si long, si peu usuel en anglais. Aveuglément, sans réfléchir, [...].
>
> Il écrivit seulement sa nationalité, NIACIXEM [...].
>
> Il approcha ses lèvres de la vitre. Elle n'hésita pas à faire de même. Les lèvres s'unirent à travers la vitre. Ils fermèrent les yeux tous les deux. Elle ne les rouvrit pas avant quelques minutes. Quand elle retrouva la vue, il avait disparu » (Fuentes, 1999, p. 209-210).

À la fin de son roman, Carlos Fuentes nous offre la figure d'un étrange personnage, José Francisco, lequel chevauche une Harley-Davidson et exprime son caractère transfrontalier, son *monde en soi*, en passant des textes, d'un côté à l'autre de la frontière.

> « Il avait en lui quelque chose de particulier mais il ne pouvait jamais être tranquille. Il y avait quelque chose qui ne pouvait s'exprimer d'un seul côté de la frontière, il lui fallait les deux. C'était difficile à faire comprendre d'un côté comme de l'autre [...].
>
> Je ne suis pas mexicain. Je ne suis pas gringo. Je suis chicano. Je ne suis pas américain aux États-Unis ni mexicain au Mexique. Je suis chicano partout. Je n'ai pas à m'assimiler à quoi que ce soit. J'ai ma propre histoire.
>
> Il l'écrivait, mais cela ne lui suffisait pas. Sa moto allait et venait sur le pont au-dessus du Rio Grande, Rio Bravo, chargée de manuscrits; José Francisco portait des manuscrits chicanos au Mexique et des manuscrits mexicains au Texas, la moto servait à transporter rapidement des mots écrits d'un côté à l'autre de la frontière, telle était la contrebande à laquelle se livrait José Francisco, de la littérature des deux côtés, pour que les uns et les autres se connaissent mieux, disait-il,

pour que les uns et les autres s'aiment un peu plus, pour qu'il existe un "nous" des deux côtés de la frontière... » (*ibid.*, p. 273-275).

Conclusion

À la géographie, le raisonnement scientifique pour apporter sa pierre à l'édifice de la connaissance du monde. À la littérature, une esthétique et une ontologie, les cinq sens à égalité, les sentiments de souffrance, d'amour, le rappel de la mort, la vérité intérieure pour donner son sens à l'être au monde. La rencontre entre littérature et géographie sur le thème du monde de la frontière, comme un *monde en soi,* permet d'agréger ces deux types de connaissances. D'abord et tout simplement, par le plaisir de la lecture de romans et récits, on se remémore avec joie et réapproprie avec gourmandise les apports scientifiques de la géographie de l'habiter aux frontières. Deuxièmement, cette rencontre amène à revoir, à approfondir ses savoirs géographiques. Elle invite à ne jamais oublier que pour bien décrypter en géographie la complexité d'un monde en soi comme celui de la frontière, les faits objectifs ne doivent jamais être dissociés des faits vécus et des sentiments, et ce à différentes échelles spatiales et temporelles. On ne pourra jamais plus oublier cette démonstration en retournant faire de la géographie de terrain et de laboratoire.

Le personnage de José Francisco, créé par Carlos Fuentes, nous donne un argument supplémentaire de l'intérêt de la rencontre entre géographie et littérature. Dans le roman, José Francisco se sert de la littérature comme d'un objet culturel et politique. Il produit un *monde en soi*, à lui seul, en pratiquant de constants allers et retours à moto de part et d'autre du fleuve pour distribuer ses textes. Ce faisant, il se créolise[16].

Et si le récit de cette créolisation, à la frontière américano-mexicaine, pouvait être compris comme une métaphore de l'invention d'une écriture qui soit à la fois littérature et géographie ? Avec son roman *Espèces d'espaces*, Georges Perec n'en a-t-il pas été un peu le précurseur ? Qu'en est-il aujourd'hui ? Ont été publiés récemment un premier roman de Lionel Dupuy se revendiquant de la géographie et de la littérature, *Des miroirs et des alouettes* (2019), et aussi des textes tissés entre histoire et littérature par deux auteurs très différents. L'un historien, Yvan Yablonca, dans, *L'histoire des grands-parents que je n'ai pas eus* (2012) et *L'histoire est une littérature contemporaine* (2014), se demande comment renouveler l'écriture de l'histoire et des sciences sociales, si l'on peut « définir une littérature du réel, une écriture du monde » et faire converger ces deux questions vers une troisième, plus expérimentale : « Peut-on concevoir des textes qui soient à la fois littérature et histoire ? » L'autre, la biélorusse Svetlana Alexievitch, prix Nobel de littérature en 2015, a construit une œuvre singulière faite de polyphonies de récits historiques réels, dont le livre le plus connu est en France, *La fin*

16. Selon l'écrivain Édouard GLISSANT (2010), la créolisation est la mise en contact de plusieurs cultures ou au moins de plusieurs éléments de cultures distinctes, dans un endroit du monde, avec pour résultante une donnée nouvelle, totalement imprévisible par rapport à la somme ou à la simple synthèse de ces éléments.

de l'homme rouge ou le temps du désenchantement (2013)[17]. Svetlana Alexievitch explique qu'un événement raconté par une seule personne est son destin et que raconté par plusieurs personnes, il devient histoire, même s'il est difficile, dit-elle, de concilier deux vérités, la personnelle et la générale. Dans ses livres, littérature/essai et/ou histoire/essai, son écriture « essaie » de bâtir un savoir de l'esprit qui n'exclut ni les émotions, ni le style. Ainsi, en gardant présentes à l'esprit ces expériences fortes d'écriture entre sciences sociales et littérature, ne pourrait-on pas, en tâtonnant à son tour, tenter l'aventure d'une écriture du monde de la frontière qui soit à la fois géographie et littérature ?

Bibliographie

ALEXIEVITCH Svetlana, 1990, *Les cercueils de zinc*, Paris, Christian Bourgeois.

ALEXIEVITCH Svetlana, 2013, *La fin de l'homme rouge*, Arles, Actes Sud.

AMILHAT-SZARY Anne-Laure, 2015, *Qu'est-ce qu'une frontière aujourd'hui ?*, Paris, Presses universitaires de France.

Annales de géographie, 2016, dossier « Géographie et fiction : au-delà du réalisme », n° 709-710.

ARBARET-SCHULZ Christiane, BEYER Antoine, PIERMAY Jean-Luc, REITEL Bernard, SÉLIMANOVSKI Catherine, SOHN Christophe et ZANDER Patricia, 2004, « La frontière, un objet spatial en mutation », *EspacesTemps.net*, [https://www.espacestemps.net/articles/la-frontiere-un-objet-spatial-en-mutation/], consulté le 15 avril 2021.

BAGF (Bulletin de l'Association de géographes français), 2007, dossier « Géographie et littérature », n° 3, p. 243-303.

BOUVIER Nicolas et VERNET Thierry, 1963, *L'usage du monde*, Genève, Droz.

BRUNET Roger, 1981, « Géographie du goulag », *L'Espace géographique*, vol. 10, n° 3, p. 215-232.

BUZZATI Dino, 2004 (1949), *Le désert des Tartares*, traduction française de l'italien, Paris, Pocket.

DARDEL Éric, 1990 (1952), *L'homme et la terre*, Paris, Éditions du Comité des travaux historiques et scientifiques.

DARRAS Jacques, 1996, *Van Eyck et les rivières*, Bruxelles, Éditions Le Cri Roman.

DEBRAY Régis, 2013 (2010), *Éloge des frontières*, Paris, Gallimard, coll. « Folio ».

DEVEREUX Georges, 1980 (1967, 1re édition en anglais), *De l'angoisse à la méthode dans les sciences du comportement*, Paris, Aubier (réédition 2012, Paris, Flammarion, coll. « Champs essais »).

DULLIN Sabine et FORESTIER-PEYRAT Étienne, 2015, *Les frontières mondialisées*, Paris, Presses universitaires de France, coll. « La vie des idées ».

DUPUY Lionel, 2013, *Jules Verne. La géographie et l'imaginaire*, Dijon, La Clef d'Argent.

DUPUY Lionel, 2019, *L'imaginaire géographique. Essai de géographie littéraire*, Pau, PUPPA.

17. Citons aussi *Œuvres* (2015) ; *Les cercueils de zinc* (1990).

DUPUY Lionel (alias LE MINOT TIERS), 2019-2020, *Des miroirs et des alouettes*, roman, vol. 1 de la trilogie ; *L'oncle de Vanessa*, vol. 2 ; *La lune, l'étoile et le flocon*, vol. 3, Pau, La ligne d'Erre, avril 2019, septembre 2019, janvier 2020.

FATLAND Erika, 2019, *La frontière, voyage autour de la Russie, de la Corée du Nord à la Norvège*, Montfort-en-Chalosse, Gaïa Éditions.

FOUCHER Michel, 1991, *Fronts et frontières. Un tour du monde géopolitique*, Paris, Fayard.

FOUCHER Michel, 2012, *L'obsession des frontières*, 2e éd., Paris, Perrin, coll. « Tempus ».

FUENTES Carlos, 1999 (1995, 1re édition en espagnol, Mexique), *La frontière de verre. Roman en neuf récits*, Paris, Gallimard.

GLISSANT Édouard, 2010, entretiens avec Lise Gauvin (1991-2009), *L'imaginaire des langues*, Paris, Gallimard.

GOLOVANOV Vasili, 2008, *Éloge des voyages insensés*, Lagrasse, Verdier.

GRACQ Julien, 1951, *Le rivage des Syrtes*, Paris, José Corti.

GRACQ Julien, 1951, *Carnets du grand chemin*, Paris, José Corti.

GRACQ Julien, 1974, *Lettrines II*, Paris José Corti.

GRACQ Julien, 1985, *La forme d'une ville*, Paris, José Corti.

HÉRITIER Françoise, 2012, *Le sel de la vie*, Paris, Odile Jacob.

JAN Michel, 2003, *Cruelle est la terre des frontières. Rencontre insolite en Extrême-Orient*, Paris, Payot & Rivages.

LAHIRE Bernard, 2013, *Dans les plis singuliers du social*, Paris, La Découverte.

LE CLÉZIO J. M. G., 2006, *Ourania*, Paris, Gallimard.

LEROUX Xavier et VERHERVÉ Maud, 2012, « Sur la frontière, quelles représentations des enfants ? Enquête dans le Nord de la France », *EchoGéo*, n° 20, [http://echogeo.revues.org/13057], consulté le 7 avril 2021.

L'Espace géographique, 2016, dossier « Spatialités littéraires », vol. 45, n° 4.

MAUREL Marie-Claude, 1980, *La campagne collectivisée. Société et espace rural en Russie*, Paris, Anthropos.

OLIVIER Jean-Michel, 2014, *L'ami barbare*, Paris/Lausanne, Éditions Fallois/L'Âge d'Homme.

PEREC Georges, 1974, « Le pays. Frontières », in *Espèces d'espaces*, Paris, Éditions Galilée, p. 99-101.

RETAILLÉ Denis, 2003, « Géographicité », *in* LÉVY Jacques et LUSSAULT Michel (dir.), *Dictionnaire de la géographie et de l'espace des sociétés*, Paris, Belin, p. 398-399.

ROSEMBERG Muriel, 2007, *Le roman policier. Lieux et itinéraires*, Paris, L'Harmattan.

SANSAL Boualem, 2015, *2084. La fin du monde*, Paris, Gallimard.

SARAMAGO José, 2008, *Les intermittences de la mort*, Paris, Éditions du Seuil.

SCHAEFFER Jean-Marie, 1999, *Pourquoi la fiction ?*, Paris, Éditions du Seuil.

SÉLIMANOVSKI Catherine, 2008, *La frontière de la pauvreté*, Rennes, Presses universitaires de Rennes.

SÉLIMANOVSKI Catherine, 2018, « Ce que je dois à la pensée systémique en géographie », *Bulletin de l'Association de géographes français, Collectivement vôtre : le groupe Dupont*, n° 3, p. 384-391.

TESSON Sylvain, 2004, *L'axe du loup, de la Sibérie à l'Inde sur les pas des évadés du goulag*, Paris, Robert Laffont.

TESSON Sylvain, 2011, *Dans les forêts de Sibérie*, Paris, Gallimard.

TESSON Sylvain, 2015, *Berezina*, Chamonix, Éditions Guérin.

TISSIER Jean-Louis, 1992, « Géographie et littérature », *in* BAILLY Antoine, FERRAS Robert et PUMAIN Denise (dir.), *L'encyclopédie de géographie*, Paris, Economica, p. 235-255.

TSERNIANSKI Milos, 1986, *Migrations*, Paris/Lausanne, Julliard/L'Âge d'Homme.

TURC Jean-Michel, 2012, *Territoire Identité et littérature : l'exemple de la Provence de Frédéric Mistral dans* Calendal *(1867)*, thèse de géographie, sous la direction de Michelle Masson, université d'Aix-Marseille.

VERHERVE Maud, 2014, « Petit tour littéraire des pratiques de frontières : parcours avec Genet, Fuentes et Arenas », *Territoire en mouvement. Revue de géographie et aménagement*, vol. 21, p. 108-121.

VILAIN Oriane, 2016, « L'expérience des contrées frontalières dans trois romans tchèques de la période communiste (Josef Jedlička, Bouhumil Hrabal, et Jaroslav Durych) », *L'Espace géographique*, vol. 45, n° 4, p. 308-320.

WARSCHAWSKI Michel, 2002, *Sur la frontière*, Paris, Stock.

WEBER Olivier, 2016, *Frontières*, Paris, Éditions Paulsen.

YABLONCA Yvan, 2012, *L'histoire des grands-parents que je n'ai pas eus*, Paris, Éditions du Seuil.

YABLONCA Yvan, 2014, *L'histoire est une littérature contemporaine. Manifeste pour les sciences sociales*, Paris, Éditions du Seuil.

4

Les représentations spatiales des mondes fictionnels La géographie de la *fantasy*, de l'illustration à l'appropriation

Benjamin Furst et Brice Martin

Tous les amateurs d'*heroic fantasy* (ou médiéval fantastique) l'auront remarqué : de nombreuses œuvres de ce style littéraire, dont l'action se situe dans un monde imaginaire, en proposent une géographie à travers une carte (Ekman, 2013), que l'on trouve généralement en début ou en fin d'ouvrage. Il ne s'agit pas pour autant d'une simple illustration. Sabine Timpf (2018) rappelle ce que Tolkien écrivait à son éditeur en 1953 : « Les cartes. Je suis perplexe [...]. Elles sont essentielles [...]. Il devrait y avoir des cartes pittoresques, fournissant plus qu'un simple index à ce qui est dit dans le texte[1]. » Une telle carte est indispensable au lecteur pour se repérer dans un monde dont il ignore *a priori* tout puisque ce monde a été conçu pour l'histoire. Elle est aussi utile pour l'auteur lui-même, pour qui elle devient élément structurant de la géographie de ce monde imaginaire : distances, climats, reliefs sont définis ou consignés sur ce document. Cela permet à l'auteur de s'y référer pour construire son récit puis au lecteur pour en suivre l'évolution, quitte à produire de nouvelles cartes pour s'approprier le récit et le faire correspondre à ses propres représentations. Dès lors, établir une carte *a priori*, ou plus rarement *a posteriori* d'une œuvre, relève d'un exercice de style presque obligatoire pour cette littérature, qui se doit de respecter certaines règles, notamment graphiques, pour s'inscrire dans les caractéristiques typiques de ces mondes fictionnels. « Trouvez la CARTE. Elle sera présente. Aucune visite du *Fantasyland* n'est complète sans carte. Elle se trouve dans la partie avant de votre brochure[2] », écrivait Diana Wynne Jones (1996) dans son guide humoristique des espaces de *fantasy*.

Même si l'on peut encore regretter, avec Balfe (2004), que « le genre *fantasy* a été largement ignoré par la géographie académique », plusieurs travaux ont déjà réfléchi, souvent à partir des cartes, aux interactions entre ces géographies de *fantasy* et la dimension narrative de l'œuvre (Fonstad, 2006), ou encore son rôle

1. « *The maps. I am stumped* [...]. *They are essential [...] there should be picturesque maps, providing more than a mere index to what is said in the text.* »

2. « *Find the MAP. It will be there. No tour of Fantasyland is complete without one. It will be found in the front part of your brochure* [...]. »

dans le processus littéraire (Timpf, 2018; Crackower, 2019). Avec une approche systémique et des études de cas rigoureuses, Stefan Ekman (2013) est sans doute allé le plus loin dans cette démarche, proposant d'explorer les implications littéraires de certains lieux récurrents des univers fantastiques : la frontière, la nature, le royaume, questionnant par ce biais des enjeux plus sociaux, de géographie culturelle voire de géopolitique, comme le rapport à l'autre, la dichotomie nature/culture ou la manière dont le territoire reflète le caractère de son dirigeant.

La présente contribution adopte un angle d'étude différent : il s'agit de mobiliser une approche cartographique et géographique pour étudier les représentations de l'espace utilisées dans les œuvres de *fantasy* au prisme de leur géographie, ainsi que leurs interactions avec la cartographie et la géographie du monde réel. En d'autres termes, comment, dans les œuvres de fiction, les auteurs s'inspirent-ils des pratiques cartographiques et de la géographie du monde réel pour assurer la cohérence apparente des mondes imaginaires et de leur évolution et les faire correspondre aux différentes représentations. Ensuite, il convient de questionner la manière dont les lecteurs et autres réalisateurs s'approprient ces mondes et, à travers leurs propres représentations, les retranscrivent. S'appuyant sur des exemples variés, mais issus surtout des deux grandes sagas de *fantasy* récemment portées au grand et au petit écran (*The Lord of the Rings* et *A Song of Ice and Fire/Game of Thrones*[3]), on s'interrogera ainsi sur les caractéristiques empruntées aux cartes anciennes et sur les distinctions qu'on peut observer avec la cartographie des époques moderne et contemporaine. Puis, on verra comment ces espaces imaginaires cartographiés présentent des similitudes souvent marquées avec des espaces réels, jusqu'à générer la production de cartes imaginaires (reproductives, cognitives ou spéculatives) répondant aux codes cartographiques actuels et prolongeant souvent des représentations très stéréotypées du monde réel. La riche production cartographique issue du « dialogue » entre l'œuvre/l'auteur et les lecteurs témoigne de l'appropriation croissante des mondes imaginaires par ces derniers. Ce processus trouve son apothéose dans le cadre d'adaptations cinématographiques ou télévisuelles jusqu'à conduire à une objectivation des espaces imaginaires, générant des flux touristiques de plus en plus lucratifs, au point, parfois, de menacer l'intégrité des sites.

Cartographier les mondes imaginaires

Un anachronisme graphique ?

De nombreuses études, dont celles mentionnées en introduction, se sont intéressées à l'organisation de l'espace et au graphisme des cartes de *fantasy*, mais sans les lier directement à l'histoire de la cartographie, se contentant de noter la

3. Le titre *The Lord of the Rings* et sa traduction française, *Le Seigneur des Anneaux*, seront utilisés indifféremment dans cette contribution, en précisant s'il s'agit de l'œuvre littéraire ou de son adaptation cinématographique. *A Song of Ice and Fire* (parfois abrégé en *ASOIAF*) désigne le cycle de romans écrits par George R. R. Martin. Il ne faut pas confondre celui-ci (et son premier tome, *A Game of Thrones*) avec son adaptation télévisée, intitulée *Game of Thrones*.

volonté des auteurs de les faire paraître « anciennes », avec des références d'ailleurs parfois floues ou erronées (Bouron, 2010). On insiste, à tort, sur l'aspect « médiéval » des cartes (Besson, 2018). On relève, à juste titre, certains stéréotypes : le recours aux symboles figuratifs des reliefs et de la végétation, ou aux espaces vides qui parsèment ou plus fréquemment entourent l'œkoumène. Il faut toutefois noter l'exception que constitue le travail de référence de Stefan Ekman (2013), qui consacre toute une partie de son ouvrage aux cartes des espaces fantastiques, avec une approche systématique. En témoigne l'étude statistique qu'il propose sur un échantillon de 200 œuvres, dont un tiers (67) comporte des cartes, l'écrasante majorité (plus de 80 %) décrivant des mondes qu'il qualifie de « secondaires », c'est-à-dire des mondes fictifs. Pour cause : la présence d'une carte est souvent la première étape de l'appropriation d'un espace inconnu ou méconnu (Timpf, 2018), si bien qu'elle est fréquemment employée comme moyen efficace et rapide de description des mondes de *fantasy*. Ainsi, l'organisation de ce monde imaginaire est définie à la fois par la dimension géographique de la carte et par les choix graphiques, reflétant ou conditionnant sa structure géopolitique, son climat ou encore ses populations et leurs modes de vie.

La plupart des récits recourant à ces mondes imaginaires se déroulent dans des univers de *fantasy* qu'on traduit volontiers en français, et souvent à juste titre, par « médiéval fantastique », autrement dit à un espace-temps dont l'équivalent technique, politique, social correspond au Moyen Âge classique et au bas Moyen Âge occidental : féodalité, rareté des armes à feu, systèmes économiques et techniques fondés sur l'agriculture et la proto-industrie en sont quelques poncifs. C'est vraisemblablement cet esprit « ancien » qu'essaie de traduire le graphisme des cartes qui accompagnent l'œuvre, sans pour autant s'inspirer de quelque manière que ce soit des pratiques cartographiques médiévales, qui étaient radicalement différentes : mappemondes structurées en TO[4] plus ou moins abstraites (Englisch, 2002), cartes portulans qui se focalisent sur les espaces maritimes (Hofmann, Richard et Vagnon, 2014), « figures » à grande échelle essentiellement utilisées à des fins juridiques (Dumasy, 2018), constituaient les principaux documents cartographiques de l'an mil au XVIe siècle. Tous étaient très loin de l'esthétique des cartes de *fantasy*.

Le graphisme choisi, peut-être fixé par Tolkien dans le *Hobbit* et le *Seigneur des Anneaux* (figure 1), correspond plutôt à celui des cartes de l'époque moderne (XVIIe-XVIIIe siècles). On y retrouve le tracé des côtes en vue zénithale, mais la topographie et la végétation sont représentées à l'aide de symboles figuratifs : montagnes en perspective plus ou moins détaillées (85 % des montagnes de l'échantillon d'Ekman présentent ce graphisme), arbres et brins d'herbe pour les forêts et les prairies[5]. Ces éléments sont typiques de la cartographie des XVIIe et

4. Les cartes en TO (pour *Terrarum Orbis*, mais également en raison de sa structure), représentaient au Moyen Âge le monde connu sous la forme de trois continents (l'Asie en haut, l'Europe en bas à gauche, l'Afrique en bas à droite) séparés par des masses d'eau (le Don, le Nil et la Méditerranée) formant un T et entourés de l'océan formant un O.

5. Il faut noter que les cartes réalisées par Tolkien lui-même comme documents de travail pour l'écriture de ses ouvrages recouraient à un autre graphisme, notamment des courbes de niveau sommaires pour le relief.

XVIIIe siècles, une période durant laquelle les progrès scientifique et technique permettent d'améliorer la précision des tracés, mais où les pratiques et les normes graphiques peinent encore à se structurer (figure 2).

Figure 1. – Extrait de la carte de la Terre du Milieu par Stephen Raw (1973), d'après J. R. R. Tolkien.

Source : *The Lord of the Rings*, partie 3 : *The Return of the King*.

Figure 2. – Carte de l'Alsace par Guillaume Sanson, 1666.

Source : Bibliothèque nationale universitaire, Strasbourg.

Ce n'est que pour la version publiée que le graphisme ancien a été utilisé par son fils Christopher. Bodleian Library, MS Tolkien Drawings 103, *First map of The Lord of the Rings*, 1937-1949.

Les espaces laissés vides à dessein évoquent quant à eux les cartographies coloniales ou d'exploration, où les blancs dans les terres et les contours inachevés des côtes demeurent fréquents. Il y a donc un certain décalage esthétique entre des cartes médiévales d'une part, médiévales fantastiques de l'autre. Comment expliquer ce décalage? Il est probable que pour un lecteur (voire un auteur!) du XXe ou du XXIe siècle, l'information spatiale des cartes médiévales reste difficilement accessible : elle répondait en effet à des logiques et des pratiques de représentation du monde très éloignées d'un usage actuel populaire des cartes, qu'il s'agisse de cosmogonie pour les cartes en TO, d'un usage exclusivement destiné à la navigation pour les portulans ou de représentations très localisées et marquées par des considérations juridiques pour répondre à des conflits terriers dans le cas des « vues ». À l'inverse, la cartographie de l'époque moderne, où l'on conjugue les progrès des connaissances géographiques, notamment liées aux explorations, et les progrès techniques et scientifiques qui améliorent la précision des cartes tout en conservant certains aspects graphiques classiques (perspectives, habillage des « vides » par des données non géographiques...) correspond à la fois au style de la *fantasy* et aux capacités de lecture et de compréhension d'un utilisateur contemporain. Pour autant, les auteurs et les artistes s'affranchissent volontiers de certaines contraintes et prennent des libertés avec les règles cartographiques de l'époque moderne.

Cartes anciennes, logique contemporaine

De fait, en dehors du cas particulier de la bande dessinée *De capes et de crocs* où les auteurs s'amusent à respecter scrupuleusement l'ensemble des codes de la cartographie de l'époque moderne, de nombreuses cartes de *fantasy* empruntent autant aux logiques cartographiques du XXe siècle qu'à leurs homologues plus anciennes. Elles sont ainsi plus lisibles que les cartes souvent denses de l'époque moderne : elles limitent la quantité de texte au profit des seuls toponymes essentiels; elles délaissent ou allègent un cartouche souvent chargé qui mettait en valeur le talent du graveur, la gloire du destinataire ou des éléments non spatiaux de l'espace représenté; elles font disparaître les indications nautiques ou le graticule. D'autres éléments sont réinterprétés : le recours à la rose des vents pour indiquer l'orientation, qui est fréquent depuis la carte de la Terre du Milieu de Tolkien, détourne une pratique des cartographes médiévaux et modernes puisqu'un tel objet servait, à l'origine, à indiquer l'orientation des vents davantage que les points cardinaux, plutôt reportés en toutes lettres aux extrémités de la carte. L'orientation de la carte de *fantasy* est quasiment toujours conforme à la pratique contemporaine qui consiste à placer le nord en haut de la carte, et qui tend d'ailleurs à se généraliser au début de l'époque moderne.

D'ailleurs, les choix graphiques des cartes des mondes fantastiques ne tiennent guère compte de l'évolution de la cartographie qui, aux XVIIe-XVIIIe siècles, se construit en tant que science. À partir du XVIe siècle, de nouvelles projections sont mises au point, des travaux sont menés pour calculer l'arc de méridien et faire progresser les connaissances en géodésie. Des efforts permanents sont donc entrepris pour préciser et améliorer les cartes, sur le terrain comme dans les cabinets de cartographie. Néanmoins, de nombreuses cartes dépendent encore de projections empiriques, de levés topographiques aléatoires, de sources de seconde main, si bien que cette incertitude ou cette inexactitude constitue un enjeu constant pour les géographes de l'époque moderne qui multiplient les efforts afin de corriger et préciser les tracés.

Cet écueil est naturellement ignoré par les cartes des mondes imaginaires au profit d'une prétention d'exactitude totale du document. La carte de *fantasy*, en dépit de son graphisme ancien, est à considérer comme étant exacte, c'est-à-dire dépourvue d'erreur ou de distorsion, source de confusion potentielle pour l'auteur comme pour le lecteur. La question de la distorsion surfacique ou angulaire liée au choix de la projection est entièrement occultée : sur les 92 cartes analysées par Ekman, cinq seulement évoquent la question de la projection. J. R. R. Tolkien lui-même, qui a pourtant pensé son monde, Arda, comme une sphère, ne se préoccupe guère des questions de projection et de déformation des pôles sur sa carte de la Terre du Milieu : la carte devient plan, avec une simplification d'autant moins problématique que les « bords » de la carte, où les distorsions seraient les plus visibles avec la plupart des systèmes de projection (en supposant que le monde est sphérique, un postulat parfois infirmé explicitement, comme dans le *Discworld* de Terry Pratchett), sont souvent dépourvus d'information.

Un paradoxe spatial : vides et limites pour fixer un monde ouvert

Ce choix n'est pas anodin. Rares sont les cartes de *fantasy* à représenter un monde fictif dans sa totalité. Qu'elle soit explicite ou non, l'échelle des cartes de *fantasy* couvre presque systématiquement des macrorégions, de grands ensembles que l'on pourrait assimiler au mieux à des continents. Elles ne prétendent pas couvrir le monde entier, comme en attestent d'ailleurs les noms des espaces où se déroule l'action : Westeros *(A Song of Ice and Fire)*, la Terre du Milieu *(The Lord of the Rings)*, le Vieux Monde *(Warhammer)*... sous-entendent tous d'autres ensembles territoriaux. Les récits confirment d'ailleurs volontiers l'existence d'autres terres que l'on découvre directement ou indirectement : Valinor, terre mythique occupée par les dieux d'Arda à l'ouest de la Terre du Milieu, est décrite par Tolkien dans le *Silmarillion* ; Essos, continent voisin (oriental, sans surprise) de Westeros supporte un arc narratif dès le premier tome de la saga de George R. R. Martin ; Eragon, le héros de la tétralogie *The Inheritance Cycle* de Christopher Paolini conclut son épopée en partant explorer les terres à l'est du continent d'Alagaësia, Lanfeust effectue un saut dans le temps et l'espace, pour changer de monde dans la seconde épopée (*Lanfeust des étoiles*), les gentilshommes Armand Raynal de Maupertuis et Don Lope de Villalobos y Sangrin quittent la terre pour continuer leur épopée sur la lune (*De cape et de crocs*), etc.

Un tel procédé laisse la liberté à l'auteur de continuer à construire son monde *a posteriori*, ou de s'abstenir de le faire, au-delà des limites qu'il a fixées pour son récit, quitte à l'augmenter progressivement[6]. George R. R. Martin précise d'ailleurs que dans son cas, les débuts d'une carte sont assez simples et qu'elle s'enrichit à mesure que l'histoire progresse[7]. On l'observe d'ailleurs dans ses livres, dont les premiers, *A Game of Thrones* (1996) et *A Clash of Kings* (1998), ne contiennent que la carte en deux parties des Sept Royaumes (l'entité politique unique du continent de Westeros), alors que les régions alentour (Au-delà du Mur, la Mer d'Été) n'apparaissent que dans le 3e tome, *A Storm of Swords* (2000), en dépit du fait que ces territoires accueillent une partie mineure de l'intrigue dès le début de l'histoire (figure 3).

Figure 3. – L'ouverture vers le Nord : le nord de Westeros et « Au-delà du Mur ».

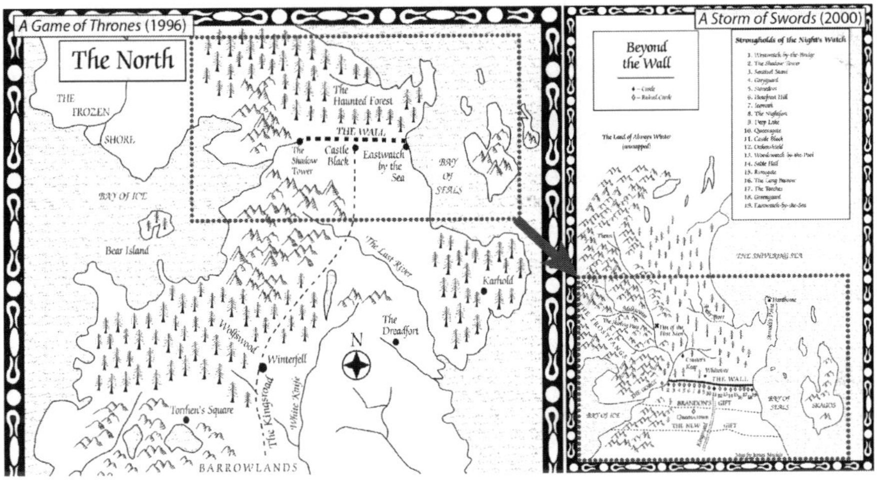

Cartes par James Sinclair d'après G. R. R. Martin.

De même, les archives de Tolkien montrent que les premières cartes de la Terre du Milieu sont en fait un assemblage, l'auteur ayant ajouté des feuilles à mesure qu'il construisait son monde[8]. Pour se ménager des pistes de développement et donner en même temps l'impression d'un monde fini, une technique semble privilégiée : placer des espaces de vide aux marges des cartes. Chaînes de montagnes infranchissables (*The Inheritance Cycle*…), terres désolées (*The Lord of the Rings*…), déserts brûlants ou glacés (*A Song of Ice and Fire*…), océans inexplorés, etc., justifient que les marins, savants et aventuriers fictifs de ces

6. Un contre-exemple flagrant est offert par Terry Pratchett, qui a proposé en 1995 une carte résolument complète de son univers, le Disque-Monde. Il faut y voir deux raisons : le fait que le Disque-Monde est lui-même un monde relativement bien connu d'une partie de ses habitants, en dépit de (ou grâce à) son caractère éminemment magique (un disque porté par quatre éléphants eux-mêmes posés sur le dos d'une tortue géante flottant dans l'espace), d'une part, le fait que la carte a été réalisée douze ans et dix-sept tomes après le premier (*The Colour of Magic*, 1983), d'autre part.

7. Youtube, 92Y Plus, interview de George R. R. Martin, 2014, [https://www.youtube.com/watch?v=Vcy-EhkHXnE&feature=youtu.be&t=1h13m13s], consulté le 20 juin 2020.

8. Bodleian Library, MS Tolkien Drawings 103, *First map of The Lord of the Rings*, 1937-1949.

mondes imaginaires n'aient pu découvrir et cartographier ce qui se trouvait au-delà et dispense l'auteur de fixer la géographie au-delà du cadre choisi initialement. Ce choix peut être dicté par des questions pratiques, mais il est parfois réfléchi. Pour George R. R. Martin, pas question de montrer le monde dans sa totalité, puisque ses personnages n'en peuvent connaître qu'une partie, au même titre qu'un moine médiéval ne savait presque rien de Cathay : « La distance reste un facteur, et au-delà d'un certain point, les légendes et les mythes s'y insinueront[9]. » Que le trait de côte s'arrête au cadre ou un peu avant, ce sont en fait ces espaces hostiles qui bornent les cartes en attendant d'éventuelles ouvertures. Là aussi, les cartes se rapprochent de celles de l'époque moderne où les explorations s'arrêtent devant les plus grands obstacles : à l'intérieur des terres, des forêts infranchissables ou des déserts ; sur les mers, les régions glacées ou les plus grands océans comme le Pacifique obligeaient les cartographes à laisser des espaces vides ou à extrapoler à partir de maigres témoignages, mais aussi de rumeurs, de mythes et de fantasmes.

Finalement, la carte de *fantasy* ne conserve que le strict nécessaire des pratiques cartographiques du monde réel : un ancrage temporel par les choix graphiques qui se rapprochent des cartes de l'époque moderne, un ancrage spatial qui fixe une géographie du monde en s'appuyant sur un rapport à la carte plus contemporain. Ces caractéristiques spatiales mises en cartes, combinées aux descriptions intégrées au récit, contribuent à créer un monde cohérent ou censé l'être.

La géographie de l'imaginaire, entre monde réel et représentations

Les incontournables de l'univers de la fantasy

Cette cohérence du monde à travers sa représentation cartographique s'appuie, en termes de paysages et de milieux, sur des éléments incontournables et communs à la plupart des cartes des univers de *fantasy*. Les récits correspondant souvent à des épopées, des quêtes, des conquêtes, etc., la carte se caractérise d'abord par des espaces naturels diversifiés, contrastés et découpés (les traits de côtes sont souvent très tourmentés). Ce ressort narratif exploite donc de façon assez stéréotypée les milieux, permettant d'opposer accessibilité/inaccessibilité, ouverture/enclavement. On opposera donc fréquemment les zones cultivées, les vallées fluviales ouvertes, les rivages et les baies, proches, accueillants, ouverts et accessibles, aux forêts, aux montagnes (et aux grottes), aux déserts, voire à la mer et aux îles, davantage synonymes de barrières, de lointains, de mystère et de danger.

Dans *Le Seigneur des Anneaux*, les différents « peuples » occupent des milieux qui reflètent l'évolution des rapports de force : les hommes, appelés à dominer la Terre du Milieu, occupent les milieux ouverts (plaines, vallées, pieds des

9. « *Distance remains a factor, and past a certain point legends and myths will creep here* », Martin George R. R., 2012, « Maps! Maps!! Maps!!! », *Not a blog* (blog personnel de G. R. R. Martin), 30 octobre, [https://georgerrmartin.com/notablog/2012/10/30/maps-maps-maps/], consulté le 15 juin 2020.

montagnes) où sont construites des villes[10]. Les hobbits ou semi-hommes aussi, mais leurs habitations s'enterrent, traduisant leur vulnérabilité et les rapprochant des nains qui vivent sous terre. Quant aux elfes qui, dans la saga de Tolkien (du *Silmarillion* au *Hobbit* puis au *Seigneur des Anneaux*), perdent le *leadership* en Terre du Milieu, ils trouvent refuge en milieux peu accessibles, reculés et mystérieux (des gorges, des forêts profondes), avant d'émigrer au-delà des mers à la fin de la trilogie. Mais ces espaces occupés par les elfes restent associés à l'idée d'une beauté des paysages qui contraste évidemment avec la noirceur des milieux fermés, inaccessibles et angoissants où se concentrent les acteurs maléfiques tels qu'orques, trolls, balrogs, araignées géantes et leur seigneur Sauron : marécages, cavernes, montagnes sans glace (opposition du noir et du blanc), volcan en activité. Fleuves et montagnes jouent également un rôle important dans la délimitation des espaces et leur appropriation, ainsi que dans l'organisation des flux et des échanges. Le Mordor occupé par les forces du mal de Sauron dans *Le Seigneur des Anneaux* est entouré de montagnes, le Nord, dans *A Song of Ice and Fire*, est séparé du reste de Westeros par un isthme et des marécages. Ces milieux qui structurent le récit voient souvent leur rôle narratif renforcé par leurs caractéristiques climatiques : les limites terrestres du monde sont souvent constituées de déserts froids ou brûlants, de glace ou de sable renforçant le côté hostile et mystérieux. Les saisons (et leur dérèglement, notamment de l'hiver) constituent un élément essentiel de la trame narrative de *AOSIAF*.

Ces confins jouent un rôle important dans *ASOIAF* puisque les contrées froides et glacées (forcément au nord) accueillent des protagonistes hostiles et dangereux : des « sauvageons », des géants, des mammouths et surtout les marcheurs blancs, dangereux morts-vivants associés au froid et à l'hiver. À l'opposé, donc au sud, les déserts chauds et hostiles (sauf pour leurs habitants) expliquent que Dorne a été le dernier territoire à être conquis et réuni au royaume des Sept Couronnes de Westeros. Le côté stéréotypé de la géographie des mondes de la *fantasy* apparaît très bien en confrontant, par exemple, la carte de *ASOIAF* avec celle d'un des *best-sellers* de la bande dessinée *fantasy*, *Lanfeust de Troy* (figure 4 et pl. 1 du cahier d'illustrations). Les deux mondes présentent de nombreuses similitudes géographiques (déserts, zones glacées, traits de côtes, etc.) et les deux villes les plus importantes se trouvent à chaque fois au fond d'une baie, au centre de la carte. Les auteurs jouent clairement (intuitivement?) sur l'importance des interfaces terre-mer et sur l'opposition centre-périphérie, dans la localisation de la ville phare.

10. Les localisations des territoires occupés par les hommes, les hobbits, les elfes, etc., peuvent être visualisées sur la figure 5.

*Figure 4. – Similitudes des figurés et représentations de mondes de fantasy, entre la carte de Westeros et Essos (*ASOIAF*) et celle du monde de Troy (*Lanfeust de Troy*).*

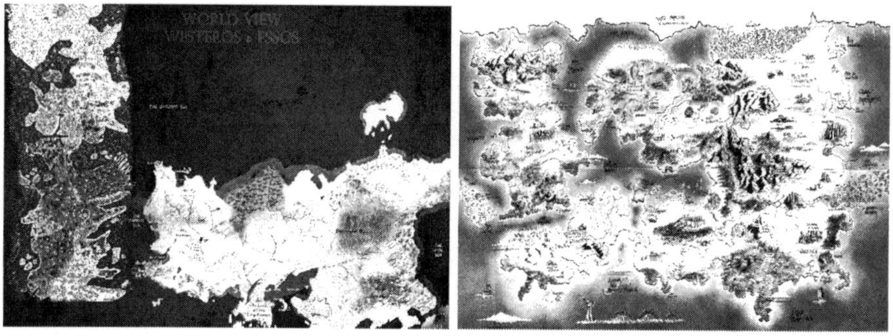

Sources : Elena Krysova, [http ://www.scififantasynetwork.com/heroes-of-might-and-magic-the-restoration-of-westeros/], d'après Georges R. R. Martin (*ASOIAF*) ; Julien Richard, [http ://lanfeustdtroy.free.fr/carte.html], d'après la bande dessinée de Didier Tarquin et Scotch Arleston (*Lanfeust de Troy*).

D'ailleurs, les incontournables des cartes de *fantasy* ne concernent pas que des espaces naturels. On y retrouve également des éléments anthropiques : villes et villages, châteaux et forteresses qui soulignent le caractère médiéval associé à la *fantasy*, ports, routes qui, elles, sont souvent peu nombreuses de façon à renforcer le côté hostile, inhospitalier, épique d'un monde ancien et/ou en construction. On retrouve même dans *ASOIAF* des références directes à des monuments réels tels que les pyramides (notamment les ziggourats babyloniennes), le colosse de Rhodes (le « titan de Braavos »), Carthage (pour la cité de Qarth, Gorzelany, Matusiak, 2016), la Grande Muraille de Chine et le Mur d'Hadrien (le « Mur », destiné à empêcher les invasions nordiques s'étend, sur la carte de Westeros [figure 3], dans une zone ressemblant significativement à la zone séparant l'Angleterre de l'Écosse). Chez Martin, de nombreux protagonistes se rattachent à des mythes et des faits historiques ou à des peuples ayant réellement existé : l'Atlantide, les Vikings[11], les Mongols et les guerriers des steppes, les cités-États commerçantes de la Méditerranée, les guerres de religion en Europe (Attali, 2017), la guerre des Deux-Roses et, globalement, de nombreux épisodes de l'histoire médiévale britannique et française[12]. L'auteur fait même référence de manière inversée (*Winter is coming* : la menace d'un hiver long[13]) aux enjeux du changement climatique et des réfugiés dans *Game of Thrones*

11. Anonyme, 2019, « Pourquoi historiennes et historiens s'intéressent-ils à *Game of Thrones*? », *The Conversation*, 14 avril, [https://theconversation.com/pourquoi-historiennes-et-historiens-sinteressent-ils-a-game-of-thrones-115434], consulté le 15 juin 2020.

12. Martin : « *The English Wars of the Roses, the wars between the Yorks and the Lancasters. But even beyond the Wars of the Roses, which is a pretty obvious inspiration, I've read a lot about the Hundred Years' War, the Crusades, the Albigensian Crusade. Medieval history is just a fascinating period, especially—I mean, I know most about English and French medieval history* », Sims Jamie, 2018, « George R.R. Martin Answers Times Staffers' Burning Questions », *The New York Times*, 16 octobre, [https://www.nytimes.com/2018/10/16/t-magazine/george-rr-martin-qanda-game-of-thrones.html], consulté le 15 juin 2020.

13. Martin : « *I started writing "Game of Thrones" all the way back in 1991, long before anybody was talking about climate change. But there is—in a very broad sense—there's a certain parallel there. And the people in Westeros are fighting their individual battles over power and status and wealth. And those are so distracting them that they're ignoring the threat of "winter is coming", which has the potential to destroy all of them and to destroy*

(Sebi, Muller, 2019). Chez Tolkien, les « érudits » voient même une caricature de la société britannique du début du XXe siècle en ce qui concerne les hobbits du *Seigneur des Anneaux*, tandis que la disparition de Númenor fait référence au Déluge. Globalement, comme le dit Hardy (2019), « alors que Game of Thrones peut sembler offrir une échappatoire vers un monde imaginaire, dans ses représentations de la race ou de la géographie, cet univers fantastique accentue simplement des préoccupations existantes dans notre monde réel[14] » ; et les chercheurs sont prompts à rappeler que la Première Guerre mondiale a significativement pesé dans l'écriture de Tolkien (Croft, 2002). Ainsi, quelle que soit l'œuvre de *fantasy*, la géographie reste souvent caricaturale[15], notamment dans *ASOIAF* (Hardy, 2019), et perpétue parfois l'idée d'une forme de supériorité culturelle du monde occidental sur le monde oriental (Balfe, 2004). Un condensé de géographie et d'histoire de la Terre et des hommes, ramené à un espace réduit et borné, pour des questions narratives, mais également pour renvoyer aux limites techniques d'un monde ancien, limites qui rejoignent celles des auteurs. De fait, la géographie du monde imaginaire ne constitue que rarement le cœur du sujet des ouvrages de *fantasy*, mais la carte qui la décrit n'en a pas moins une triple fonction narrative : structurer spatialement le récit, souligner le caractère des protagonistes et entretenir le mystère.

Une carte pour structurer le récit

En termes de structuration du récit, la carte sert d'abord à créer et visualiser les territoires, comme l'expliquait Tolkien à son éditeur : « Dans une telle histoire, on ne peut pas faire une carte pour le récit, on doit d'abord faire une carte et ensuite y accorder le récit[16] » (Tolkien, 2000). Les éléments facilitant l'appropriation de la Terre du Milieu dans *Le Seigneur des Anneaux* restent très restreints, mais par un subtil jeu entre les figurés représentant des éléments naturels et les toponymes, la carte permet de localiser les territoires occupés par les hobbits, les nains, les elfes, les hommes ou les forces du mal, bien qu'elle montre majoritairement des espaces vides.

À l'inverse, dans *Game of Thrones*, tout l'espace de Westeros est approprié (et hiérarchisé) entre sept royaumes (les Sept Couronnes) dont les frontières sont parfois associées à des limites géographiques nettes (montagnes, fleuves, isthmes, baie, etc.) ou, tout au moins, à des repères ponctuels (les villes et châteaux) qui soulignent les processus de territorialisation et les logiques géopolitiques à l'œuvre. En effet, les alliances s'organisent en général en fonction d'une continuité spatiale et de représentations partagées qui engendrent les processus

their world. And there is a great parallel there to, I think, what I see this planet doing here, where we're fighting our own battles », Sims Jamie, « George R. R. Martin Answers… », art. cité.

14. « *While Game of Thrones may appear to offer an avenue of escape to an imaginary realm, in its representation of race and geography, this fantasy universe simply reinforces existing preoccupations of our actual world.* »

15. Ainsi les peuples les plus lointains sont-ils souvent inspirés des civilisations d'Extrême-Orient : Lanfeust de Troy, au cours d'un périple vers l'ouest, rencontre des peuplades aux yeux bridés. In *ASOIAF*, les terres orientales de Yi Ti et Leng semblent fortement basées sur la Chine et le Japon…

16. « *In such a story one cannot make a map for the narrative, but must first make a map and make the narrative agree* », lettre de Tolkien à Rayner Unwin, 11 avril 1953.

d'identification. Mais Martin se garde bien de fixer des frontières claires afin de ne pas se rendre prisonnier des limites de la carte. Les transgressions de frontières qui accompagnent les conflits armés se construisent non pas sur des lignes, mais sur les symboles ponctuels des villes et des châteaux, renvoyant à la notion médiévale de frontière comme zone de contact davantage que comme ligne (Sahlins, 1990). Il s'agit ici d'une géopolitique assez sommaire : qui contrôle la ville centre contrôle le territoire ; et le contrôle du territoire ne se fait que par la prise de la ville ou du château, les aspects productifs ou économiques restent très secondaires et ne participent guère à l'intrigue.

Très souvent, les romans ou les bandes dessinées de *fantasy* sont organisés autour d'une quête, d'une conquête ou d'une guerre, d'une épopée, etc., donc de flux et de mouvements dont la conception par l'auteur comme la compréhension par le lecteur va être grandement favorisée par une carte. « Je suis désolé pour la géographie. Cela a dû être terriblement difficile sans une ou des cartes[17] », écrivait Tolkien à une lectrice des épreuves du *Seigneur des Anneaux*, en promettant que la version finale contiendrait bien des cartes. On va ainsi pouvoir visualiser les lieux, les routes, les obstacles et les distances. Un excellent exemple nous est proposé par la bande dessinée *De cape et de crocs* : d'un tome à l'autre, les auteurs utilisent de manière jubilatoire et savante la deuxième de couverture et la page de garde pour permettre le suivi des voyages des protagonistes : on y trouve une carte d'île au trésor conforme aux codes de la *fantasy* (et inspirée par les Baléares ?), des pastiches de cartes de l'époque moderne, pour indiquer l'épopée des protagonistes en Europe puis sur la Lune…, autant de cartes multiscalaires qui permettent la description d'un univers extraordinaire, poétique et loufoque.

Mais, il est important de noter que ces cartes restent très floues sur la réalité des déplacements, la nature et les caractéristiques des espaces interstitiels, parce que leur importance reste faible par rapport à la trame. Cela laisse volontairement ou involontairement le champ libre à l'imagination du lecteur et, *in fine*, à la coconstruction des cartes. D'ailleurs, les cartes permettant une visualisation précise des trajets et des épopées sont davantage l'œuvre des lecteurs et de leur interprétation du récit (pl. 2 du cahier d'illustrations)[18] et ce type d'interactions génère une production très riche, parfois récupérée *a posteriori* et opportunément par l'auteur et l'éditeur, comme en témoigne une carte des pérégrinations des protagonistes de *A Song of Ice and Fire* incluse dans l'atlas *Lands of Ice and Fire* paru en 2012.

17. « *I am sorry about the Geography. It must have been dreadfully difficult without a map or maps* », lettre de Tolkien à Naomi Mitchison, 25 avril 1954.

18. Cartes interprétatives des voyages des héros du *Seigneur des Anneaux* (source : [https ://www.reddit.com/r/lotr/] à partir de J. R. R. Tolkien), du *Trône de Fer* ([https://i.insider.com/5624fba7dd089593688b45db]), à partir de l'œuvre de George R. R. Martin) et de *Lanfeust de Troy* ([http ://lanfeustdtroy.free.fr/carte.html], à partir de l'oeuvre de Didier Tarquin et Christophe Arleston, aux éditions Soleil).

L'espace fait le caractère des protagonistes

Mais cette géographie assez sommaire permet également d'introduire chez les protagonistes une forme de déterminisme culturel qui se révèle lui aussi assez conforme aux représentations classiques des stéréotypes hommes-milieux. Aragorn, appelé à gouverner les hommes à l'issue de la trilogie du *Seigneur des Anneaux*, a forgé son caractère, sa droiture et ses aptitudes guerrières en sillonnant les landes froides, austères et désertiques du nord de la Terre du Milieu, alors que les « gentils » hobbits habitent et exploitent les terres agricoles de douces collines verdoyantes. Dans *ASOIAF*, les peuples et dirigeants des différents royaumes sont à l'image des milieux dans lesquels ils vivent et leurs armoiries reprennent souvent un animal typique de ce milieu. Ainsi, les Stark (dont l'emblème est le loup-garou) qui gouvernent un Nord froid, rude et peu peuplé, se caractérisent par leur caractère austère et rigide, les Lannister issus des riches terres de l'ouest ont une ambition dévorante, à l'image de leur emblème, le lion, etc. Logiquement, les premiers ont plutôt les cheveux noirs, les seconds sont plutôt blonds. Les milieux permettent donc à Tolkien de renforcer l'opposition et la complémentarité entre héros (Aragorn) et antihéros (les hobbits), tandis que pour Martin, ils apportent davantage de lisibilité à la géopolitique locale qui joue beaucoup sur les représentations (les Nordiens soudés par le climat froid et austère, les Dorniens dangereux et fuyants comme les vipères du désert, etc.).

Une géographie pour entretenir et créer le mystère

Les cartes restent néanmoins relativement peu précises pour permettre également au lecteur de laisser vagabonder son imagination et ainsi coconstruire une représentation du monde relative à chaque œuvre (Besson, 2018). Cette stratégie, que l'on suppose choisie pour entretenir ou créer le mystère, associe informations directes et indirectes :

- d'abord, les murs artificiels ou naturels (montagnes infranchissables), qui limitent Westeros au nord dans *Game of Thrones*, ou ceinturent le royaume de Sauron dans *Le Seigneur des Anneaux*, créent autant la curiosité de savoir ce qu'il se passe au-delà que l'idée d'une menace cachée et d'un danger mortel. De même, les ports et la mer ouvrent vers un inconnu mystérieux synonyme d'aventures et de richesses dans *Game of Thrones*, ou de pays merveilleux, vers où les elfes émigrent à la fin du *Seigneur des Anneaux*;
- ensuite, les cartes s'appuient habilement sur la notion de *Terra Incognita* pour entretenir le mystère, plaçant le récit à une époque où la totalité des terres est loin d'être découverte, que ce soit au-delà des mers ou des contrées inhospitalières : les solitudes glacées, les déserts arides ou les forêts denses humides et chaudes. Il est d'ailleurs intéressant de noter que Martin, dans son roman *Fire and Blood* (2018), paru après les cinq premiers tomes de sa saga, mais se déroulant chronologiquement avant, permet à l'auteur de repousser un peu les limites du monde connu, artifice permettant de mettre

en évidence le caractère épique et aventureux de ses personnages, tout en aboutissant à un paradoxe : le monde d'avant devient au final mieux connu dans ses confins que celui de *ASOIAF*!

Du mystère à la cartographie spéculative

La réussite de ces artifices graphiques peut finalement se jauger à la manière dont les lecteurs et les fans se réapproprient les cartes originales, en les complétant, les redessinant (parfois après réinterprétation, notamment des distances), ou en les pastichant. La lecture permet la construction de cartes cognitives, à partir du matériel mis à disposition par l'auteur (Timpf, 2018). La plupart des récits de *fantasy* en font l'objet, mais, dans le cas des œuvres de Tolkien et Martin, on dépasse ce stade pour aller vers une cartographie alternative, réinterprétative ou spéculative, particulièrement riche. Dans le cas du *Seigneur des Anneaux*, l'épopée (qui est le cœur du récit) dans un monde très imaginaire et poétique, limite les possibilités d'interprétation de la cartographie originale, mais un des enjeux importants reste la synthèse cartographique des différentes époques : les Premier et Deuxième Âges contés dans le *Silmarillion* et le troisième âge du *Seigneur des Anneaux*. Dans les interprétations cartographiques, les terres du Beleriand (où se déroule une partie du *Silmarillion*) se trouvent à l'ouest de la Terre du Milieu, puis disparaissent de la carte, à la fin du Premier Âge (figure 5 et pl. 3 du cahier d'illustrations), suite à leur submersion cataclysmique[19], comme Númenor à la fin du Deuxième Âge.

Figure 5. – Évolution de la géographie de la Terre du Milieu entre le 1er et le 3e Âge dans la saga de Tolkien.

Source : carte de Beleriand submergé et de la Terre du Milieu adaptée par Kyriel, [http://www.councilofelrond.com/wp-content/uploads/modules/My_eGallery/gallery/maps/combomap.jpg].

19. « La géographie chez Tolkien », *Tolkiendrim*, [https://www.tolkiendrim.com/la-geographie-chez-tolkien/], consulté le 15 juin 2020.

La thématique du continent dévasté se retrouve dans d'autres œuvres de *fantasy*, dont *A Song of Ice and Fire* puisque la civilisation valyrienne disparaît également du fait de la submersion partielle de la péninsule de Valyria. Pour ce cataclysme, Martin semble faire référence, peut-être à l'éruption du Laki en 1783, mais plus sûrement à celle de Santorin, responsable de la disparition de la civilisation minoenne : éruptions, tremblements de terre, effondrement partiel et submersion (Martin, Garcia et Antonsson, 2014), à proximité de la ville valyrienne de Tyria, dont le nom ressemble trop étrangement à Théra, autre nom de Santorin, pour qu'il s'agisse d'un hasard. Cet épisode est mis en carte sur le site de l'*Atlas of Ice and Fire*[20], blog cartographique très érudit, associant cartographie historique et « actuelle » d'*ASOIAF*, qui témoigne à lui seul de l'incroyable profusion de cartes alternatives et « spéculatives » générée par l'œuvre de Martin et son adaptation très contemporaine sous forme de série.

Cette vitalité montre d'une part l'importance des cartes dans ces œuvres de *fantasy* et d'autre part l'intérêt du lecteur pour une information spatialisée. Il est vrai que les voyages et trajectoires multiples des héros d'*ASOIAF*, la dimension géopolitique de l'œuvre, l'importance de la géographie pour le déroulement du récit, etc., favorisent la réflexion et la production de cartes comme processus d'appropriation. Les formes les plus simples de « recartographie » se résument à des améliorations esthétiques (passage à la couleur, amélioration des figurés de milieux et reliefs, enluminures, etc.) ou des créations artistiques commerciales. Mais les cartes sont surtout le sujet de spéculations « sérieuses » autour de quelques grands thèmes tels que la cartographie historique[21], les distances et dimensions du Monde (basée sur l'assertion de Martin selon laquelle Westeros a une superficie équivalente à l'Amérique du Sud[22]), les équivalences avec l'Europe médiévale ou actuelle[23] (les réflexions sont souvent très européocentrées et les nombreuses tentatives de faire correspondre les Sept Couronnes de Westeros à des pays actuels sont souvent très discutables), la cartographie de l'ensemble du Monde au-delà des descriptions de Martin (figure 6 et pl. 4 du cahier d'illustrations). Certains internautes poussent le processus plus loin encore en proposant des cartes qui s'affranchissent des codes de la cartographie de *fantasy* pour adopter ceux des cartes actuelles, allant jusqu'aux pastiches et détournements de cartes de transport en commun (figure 7 et pl. 5 du cahier d'illustrations) ou de cartes figuratives pour enfants.

20. Whitehead Adam, « Historical Map 8: The Doom of Valyria », *Atlas of Ice and Fire*, [https://atlasoficeandfireblog.wordpress.com/2016/10/12/historical-map-8-the-doom-of-valyria/], consulté le 15 juin 2020.

21. Le site History of Westeros propose une cartographie historique de l'évolution des frontières des royaumes de Westeros en 18 (!) cartes, de 1200 BC (*before conquest*, avant la conquête par Aegon Targaryen) à 300 AC (*after conquest*, après la conquête), [https://www.deviantart.com/bi777/art/History-of-Westeros-Spoilers-489883074]) ; voir aussi Whitehead Adam, « Historical Map 1: The Dawn of Days », *Atlas of Ice and Fire*, [https://atlasoficeandfireblog.wordpress.com/2016/09/20/historical-map-1-the-dawn-of-days/], consulté le 15 juin 2020.

22. Westeros.org, [https://www.westeros.org/Citadel/SSM/Entry/Geography], consulté le 15 juin 2020.

23. « This Map Of Westeros Shows The Europe Equivalents Of The Seven Kingdoms », *Huffington Post*, 19 juin 2015, [https://www.huffpost.com/entry/westeros-europe_n_7565694], consulté le 15 juin 2020.

Figure 6. – Cartographies spéculatives de l'ensemble de Westeros.

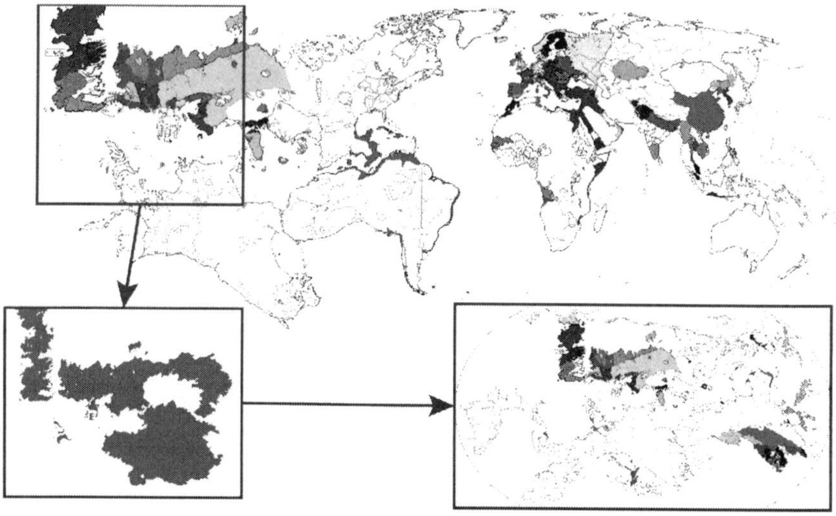

De l'espace décrit et cartographié par George R. R. Martin (cartouche en haut à gauche, Westeros et ouest d'Essos), on passe à la carte spéculative étendue à la totalité des continents d'Essos et Sothoryos (cartouche en bas à gauche) puis à la totalité du monde imaginaire (en bas à droite) inséré au monde réel.

Sources : [https://fr.wikipedia.org/wiki/G%C3%A9ographie_de_Game_of_Thrones] ; 33K7, [https://www.deviantart.com/33k7/art/a-song-of-ice-and-fire-game-of-thrones-map-654541592], Serafim, [https://www.alternatehistory.com/forum/threads/map-thread-xviii.448574/page-144#post-17743916].

Figure 7. – Extrait de la carte ferroviaire de Westeros réalisée par Michael Tyznik.

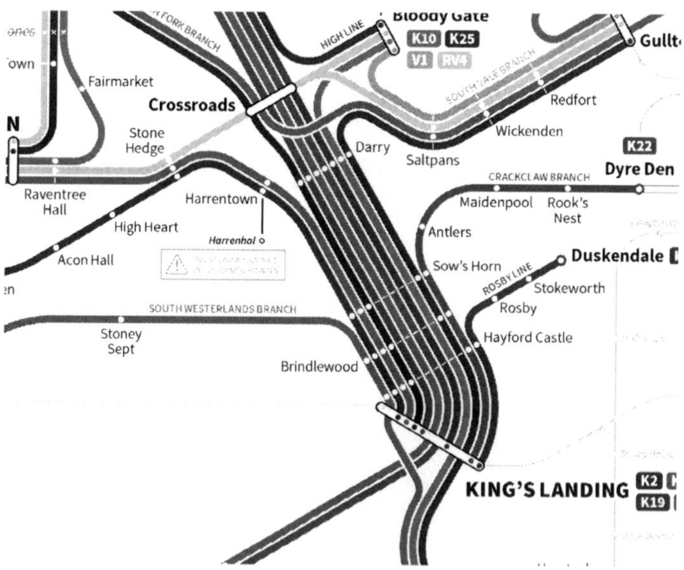

Source : [https ://tyznik.com/work/thrones].

De la carte au cinéma : une contraction occidentale du monde

L'appropriation des mondes de la *fantasy* et la cartographie spéculative trouvent leur aboutissement dans l'adaptation cinématographique ou télévisuelle. Mais, à l'image d'un monde imaginaire dont une grande partie demeure à l'écart de l'action, voire *terra incognita* dans les œuvres littéraires, la transposition dans des paysages réels s'effectue dans un espace restreint qui, au final, correspond majoritairement au monde occidental, pour plusieurs raisons.

Respecter le récit, l'auteur et… les lecteurs (et les spectateurs)

D'abord, la majorité des auteurs de *fantasy* sont issus du monde occidental, surtout anglo-saxon, et leurs visions du monde sont conditionnées par les connaissances, les stéréotypes et les représentations propres à leur culture et à l'époque à laquelle les ouvrages ont été écrits. Forcément, ces éléments prennent toute leur importance lors de la transposition à l'écran, un processus pour lequel la fidélité au récit est un enjeu majeur : les réalisateurs, ses équipes, le studio ou la chaîne se doivent de respecter l'œuvre, l'auteur et surtout les lecteurs. Ces derniers, compte tenu de leur appropriation de l'histoire et de l'importance de l'interprétation géographique spéculative, exercent une pression certaine sur la réalisation et la production, notamment parce que cela va déterminer la réussite commerciale de films aux budgets colossaux. Car le respect de l'œuvre passe aussi par le choix de privilégier les décors naturels afin de retranscrire au mieux le côté grandiose des paysages de la *fantasy*, avec une contrainte supplémentaire : rendre l'adaptation accessible et compréhensible aux spectateurs qui ne sont pas forcément les lecteurs et, *in fine*, séduire les fans et les profanes en trouvant le juste milieu entre fidélité et lisibilité.

Une réduction du monde selon une vision occidentale et pragmatique

Le choix des décors naturels est donc, d'abord, fortement contraint, dans le cas par exemple du *Seigneur des Anneaux*, par les représentations de Tolkien. Non content d'avoir proposé des illustrations accompagnant l'œuvre (et devenues par la force un canon esthétique), l'auteur a construit une Terre du Milieu fortement influencée par le contexte historique du monde britannique et par la géographie européenne. Il situe d'ailleurs explicitement certains lieux du récit à des latitudes réelles : « Si Hobbiton et Rivendell sont considérés (comme prévu) comme étant à peu près à la latitude d'Oxford, alors Minas Tirith, à 600 miles au sud, est à peu près à la latitude de Florence. Les Bouches de l'Anduin et l'ancienne ville de Pelargir sont à peu près à la latitude de l'ancienne Troie[24]. » Par ailleurs, l'épopée se déroule dans un monde peu peuplé, ce qui nécessite de privilégier

24. « *If Hobbiton and Rivendell are taken (as intended) to be at about the latitude of Oxford, then Minas Tirith, 600 miles south, is at about the latitude of Florence. The Mouths of Anduin and the ancient city of Pelargir are at about the latitude of ancient Troy* », Tolkien, 1967, letter 294.

les espaces vierges et préservés. S'y rajoutent des considérations plus pragmatiques : réduire les coûts en choisissant des lieux de tournage qui donnent accès à la diversité des paysages caractéristiques de l'œuvre, dans des pays offrant de bonnes conditions matérielles de tournage. Ceci explique et justifie le choix de la Nouvelle-Zélande pour les adaptations de l'œuvre de Tolkien par Peter Jackson, réalisateur néo-zélandais qui a mis sa très bonne connaissance du territoire au service des représentations de l'auteur. Pour l'écrasante majorité des autres adaptations récentes d'œuvres de *fantasy*, c'est l'Europe, en particulier les pays d'Europe centrale, qui concentre l'essentiel des lieux de tournage hors studio (figure 8 et pl. 6 du cahier d'illustrations). Dans le cas de *Game of Thrones*, les contraintes de tournage ont été plus importantes. D'abord, les milieux sont plus diversifiés, ensuite l'intrigue se déroule dans un contexte pseudo-médiéval et urbain. Cela nécessite une grande variété de lieux de tournage, en paysages naturels et anthropisés, privilégiant châteaux forts et cités médiévales. Si on y rajoute les considérations matérielles et techniques, l'essentiel des lieux de tournage de *Game of Thrones* se trouvent concentrés en Europe : l'Islande offre les conditions des paysages sauvages et préservés du nord de Westeros, les pays méditerranéens celles du sud (y compris les villes médiévales). Quant aux châteaux forts, les tournages ont été réalisés dans les îles britanniques. Si le choix de l'Écosse est conforme aux représentations, celui de l'Irlande du Nord est plus surprenant, mais cette région associe paysages grandioses, châteaux et studios de tournage, un avantage technique qui explique aussi le choix du Maroc pour les scènes dans le désert.

Figure 8. – Lieux de tournage des films et séries de fantasy.

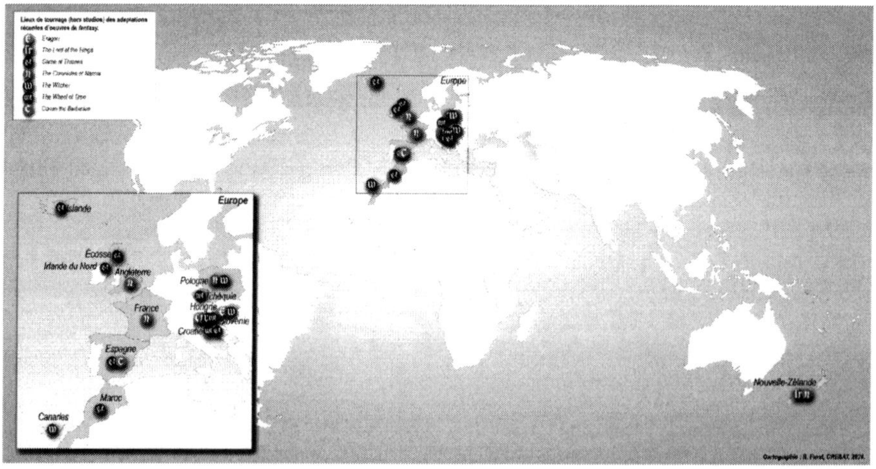

Source : B. Furst, CRESAT, 2020.

Néanmoins, ces lieux de tournage privilégient d'abord la similitude visuelle entre les représentations du monde fantastique et les paysages réels, parfois au prix d'un travail sur le décor ou de l'inconfort passager des acteurs. Ainsi, pour recréer le royaume désertique, au climat chaud et aride de Dorne, l'équipe de tournage de *Game of Thrones* s'est rendue en Espagne pour tirer profit de l'architecture arabo-musulmane andalouse, mais elle a également tourné certaines scènes (notamment l'arrivée de Jaime Lannister et Bronn dans le royaume, dans la saison 5) en Irlande du Nord, sur la plage de Portstewart Strand, County Down, une région dont les conditions climatiques sont loin de celles du territoire dépeint. De même, la plaine herbeuse où vivent les nomades Dothraki, largement inspirés des Mongols, a été transposée à l'écran à partir de deux lieux différents : le désert espagnol des Bardenas Reales et les Glens d'Antrim en Irlande du Nord.

Avec le développement massif des images de synthèse, la nécessité de tourner dans des lieux réels pour mettre l'imaginaire en images s'estompe peu à peu. Pour la dernière saison de *Game of Thrones*, les producteurs ont choisi de reconstituer King's Landing/Dubrovnik sur un parking de Belfast pour ne pas incendier « réellement » ou de manière factice les bâtiments de la ville croate classée au patrimoine mondial de l'Unesco[25]. Une telle pratique n'est pas nouvelle : Peter Jackson y avait déjà eu recours en construisant *ex nihilo* les forteresses du Gouffre de Helm et de Minas Tirith, dans les deux derniers épisodes du *Seigneur des Anneaux*, exactement au même endroit, dans la carrière de Dry Creek. Les traitements numériques qui étendent, complètent, altèrent les lieux et leur environnement, se chargent de créer l'identité ou la différence pour une meilleure insertion dans le récit. Le numérique permet ainsi de boucler la boucle : l'espace imaginaire se retrouve à nouveau départi de toute dimension géographique réelle, les décors en dur étant intégrés à un environnement virtuel recréé grâce à l'informatique.

Lecteurs, spectateurs… touristes

La réussite des adaptations cinématographiques auprès des lecteurs comme des spectateurs a une conséquence directe pour les lieux de tournage des œuvres de *fantasy* : le développement d'un attrait touristique désigné sous le terme de *set-jetting*, faisant des lieux de tournage (*sets*) des destinations touristiques[26]. Celui-ci peut être spontané et parfois difficilement contrôlable, avec un risque de disneylandisation[27], comme à Dubrovnik[28] (Tkalec *et al.*, 2017 ; Depken *et al.*, 2020), voire en Islande[29], mais le succès commercial explique que, de plus en plus, ces lieux fassent l'objet d'une stratégie de valorisation à des fins touristiques,

25. Finley Jeanie, *Game of Thrones: The Last Watch*, documentaire, 2019.
26. Le *set-jetting* aurait généré des flux touristiques de plus de 40 millions de personnes en 2012.
27. « The Game of Thrones effect. How the TV series changed how we travel », *The Telegraph*, 23 mars 2019, [https://www.telegraph.co.uk/travel/destinations/europe/articles/game-of-thrones-effect-tourism/], consulté le 15 juin 2020.
28. « Les lieux de tournage de *Game of Thrones*, une manne touristique », *Le Monde*, 16 avril 2019, [https://www.lemonde.fr/big-browser/article/2019/04/16/les-lieux-de-tournage-de-game-of-thrones-une-manne-pour-l-industrie-du-tourisme_5450776_4832693.html], consulté le 15 juin 2020. La sur-fréquentation touristique, renforcée par le succès de *Game of Thrones*, menace la ville de lui faire perdre son classement au patrimoine mondial de l'humanité par l'Unesco.
29. « Tourisme : Islande, Game de trop ? », *Les Dossiers du Canard Enchaîné : 1,4 milliard de touristes, et moi et moi et moi…*, n° 152, juillet 2019, p. 51.

comme en atteste le slogan de New Zealand Tourism : « Nouvelle-Zélande, 100 % Terre du Milieu » (Carl *et al.*, 2007). Le pays a effectivement vu sa fréquentation touristique annuelle passer de 1,5 à 2,4 millions de visiteurs en 2006 à la suite de la sortie de la trilogie du *Seigneur des Anneaux* et est allé jusqu'à modifier son Code du travail pour ne pas perdre le tournage du *Hobbit* en 2010. Pour ceux qui ne peuvent se payer un voyage en Nouvelle-Zélande, on peut se rabattre sur le Greisinger Museum en Suisse consacré à la Terre du Milieu ou à la dizaine d'offres d'hébergement qui, en France, proposent de « véritables » maisons de hobbits[30]. En ce qui concerne *Game of Thrones*, la « manne touristique[31] » est encore plus considérable pour l'Espagne[32], Malte (les sites historiques ayant servi au tournage de *Game of Thrones* ont été valorisés dans le cadre de l'opération « La Valette, capitale européenne de la culture 2018 »), ou l'Islande que *Game of Thrones* a contribué à « mettre sur la carte[33] ». C'est également le cas pour l'Irlande du Nord, où des tour-opérateurs et des guides de voyage (*Lonely Planet* par exemple), proposent des *Games of Thrones Tours*, des itinéraires sur les lieux de tournage de *Game of Thrones*. La région, revalorisée (Çelik Rappas et Baschiera, 2020) grâce au cinéma (Çelik Rappas, 2019) après avoir été longtemps désertée du fait de la guerre civile entre loyalistes et nationalistes de l'IRA, est devenue partenaire officiel de la chaîne HBO qui diffuse la série, et reçoit désormais des dizaines de milliers de touristes, paradoxalement attirés par les sites de tournage d'une série où la violence, la torture et la guerre sont très présentes (Rutherford, 2019). En 2015, les retombées touristiques pour l'Irlande du Nord avaient déjà dépassé les 110 millions d'euros[34] et atteint près de 280 millions d'euros en 2019[35].

Conclusion

En dépit de leur caractère fantastique assumé, empreint de magie, de créatures surnaturelles, de terres exotiques et de héros mystérieux, les univers de *fantasy* répondent à un ensemble de logiques spatiales, respectées au point, parfois, d'être érigées en règles :

30. « Tourisme Tolkien en France – la carte interactive et évolutive ! », *Tolkiendrim*, [https://www.tolkiendrim.com/tourisme-tolkien-en-france-la-carte-interactive-et-evolutive/], consulté le 15 juin 2020.
31. « Les lieux de tournage de *Game of Thrones*, une manne touristique », art. cité.
32. La fréquentation du château de Zafra dans le sud de l'Espagne a été multipliée par six après son apparition dans la saison 6 de *Game of Thrones* et on peut déguster des tapas Jon Snow ou Arya (héros de la série) à Ossasuna, dont les arènes ont été utilisées pour représenter la ville de Yunkaï. « Ces 6 destinations touristiques ont explosé grâce à Game of Thrones », *BFM Business*, 19 juillet 2017, [https://bfmbusiness.bfmtv.com/entreprise/ces-6-destinations-touristiques-ont-explose-grace-agame-of-thrones-1218828.html], consulté le 15 juin 2020.
33. « Expliquer le boom touristique en Islande », *Métro*, 11 juillet 2018, [https://journalmetro.com/art-de-vivre/vacances/1666793/expliquer-le-boom-touristique-en-islande/], consulté le 15 juin 2020.
34. Kenber Billy, 2015, « Belfast rakes in millions from Game of Thrones », *The Times*, 17 août, [https://www.thetimes.co.uk/article/belfast-rakes-in-millions-from-game-of-thrones-xcv9dwvhvhc], consulté le 15 juin 2020.
35. Girvin Sara, 2019, « Game of Thrones is "game changer" for NI tourism », *BBC News*, 21 mai, [https://www.bbc.com/news/uk-northern-ireland-48343910], consulté le 15 juin 2020.

- un contexte spatial et temporel inspiré de l'histoire médiévale ou moderne occidentale et des paysages du monde réel ;
- une géographie souvent figée par des cartes à l'aspect ancien ;
- une géographie déterministe en ce qui concerne les structures politiques et socio-économiques, les caractères et les jeux d'acteurs.

L'enjeu est de créer une vraisemblance et une cohérence à même de susciter l'adhésion du lecteur/spectateur en le rendant capable de se projeter dans le monde imaginaire. De la carte aux descriptions littéraires en passant par les indications dévoilées au gré d'échanges avec le public ou d'interviews, les auteurs de *fantasy* offrent ainsi à leurs lecteurs de nombreuses clefs d'appropriation des espaces pourtant issus de leur seule imagination. Parmi ces clefs, la carte semble la plus neutre, en apparence. Elle se veut un document objectif permettant d'aider le lecteur à s'orienter, à se plonger dans le contexte pseudo-historique qui, paradoxalement, légitime une relative imprécision. En jouant sur cette dualité objectivité/imprécision, la carte fixe certaines caractéristiques d'un espace imaginaire tout en l'ancrant dans un espace-temps choisi par l'auteur. La cohérence du monde est également renforcée par la description de milieux et de leur aménagement. Ceci conditionne et structure non seulement l'arc narratif lui-même, mais aussi les personnages, les structures politiques et sociales, les enjeux géopolitiques principaux comme secondaires, facilitant la compréhension du récit et de ses ressorts par le lecteur. Dans ce contexte, l'imprécision n'est pas qu'un artifice graphique, elle est utile. En effet, le flou que ces géographies de fiction laissent planer (volontairement ou involontairement) offre à l'auteur la liberté d'étoffer et de développer son monde, mais aussi aux lecteurs de s'approprier les espaces au-delà de l'histoire pour produire leurs propres récits et, bien souvent, leurs propres cartes. Mais, en construisant *Le Seigneur des Anneaux* sur la caractérisation préalable et la cartographie d'un espace, la Terre du Milieu, Tolkien a vraisemblablement contribué à créer une mode, sur le fond (illustration didactique du récit) et la forme (figuré pseudo-médiéval) en ce qui concerne les cartes de *fantasy.* Ce qui pose trois questions en ce qui concerne les cartes associées aux œuvres du genre :

- la carte est-elle toujours pensée et voulue par l'auteur ou s'agit-il, au moins partiellement, de donner un crédit à l'œuvre en l'inscrivant dans la démarche du maître Tolkien ? Ce qui expliquerait en partie le caractère stéréotypé de ces documents, sur le fond et sur la forme ;
- le caractère pseudo-médiéval de la carte, avec ses codes et ses imprécisions, n'est-il pas un excellent moyen pour masquer l'incapacité des auteurs à réaliser de « vraies » cartes renseignant précisément le lecteur ;
- n'y a-t-il pas, *in fine*, la même incapacité du côté des lecteurs à lire autre chose que ces cartes « simplistes » et stéréotypées ? Le fait que dans la profusion de cartes alternatives et spéculatives réalisées par les lecteurs, on ne trouve que rarement des cartes conformes aux codes contemporains, tend à confirmer cette hypothèse.

Néanmoins, dans les univers de *fantasy*, la carte est un outil de médiation, mais également d'interaction et de partage entre l'auteur/l'œuvre et les lecteurs, ainsi qu'entre ces derniers qui, par ce biais, trouvent une opportunité d'expliquer, de développer et de prolonger l'œuvre. Dans le dialogue qui se crée, auteurs et lecteurs découvrent implicitement le poids des représentations et, *in fine*, l'absence de neutralité de la carte. On en a d'ailleurs la parfaite illustration dans la transposition à l'écran de ces univers fantastiques : l'essentiel des lieux de tournage se concentre en Europe. Cela s'explique en partie par le fait que l'écrasante majorité des auteurs sont issus de pays occidentaux, mais aussi par les références esthétiques et sociopolitiques de la *fantasy* à la période médiévale d'un seul et même espace, l'Europe. Lecteurs et spectateurs deviennent alors touristes de ces espaces imaginaires inspirés du monde réel, confortant ainsi une vision tronquée, sélective du Monde, comme dans les œuvres elles-mêmes. Si les cartes de *fantasy* peuvent constituer des outils pédagogiques idéaux pour initier à la cartographie en général, la question des représentations ouvre des perspectives bien plus larges et, comme le souligne Young *et al.* (2018), *Games of Thrones* constitue un excellent moyen pour enseigner la mondialisation[36], les relations internationales et une géopolitique où les représentations auraient toute leur place dans l'analyse des conflits sur et pour un territoire.

Bibliographie

Arleston Christophe et Tarquin Didier, 1994-2000, *Lanfeust de Troy* (8 tomes), Paris, Soleil.

Arleston Christophe et Tarquin Didier, 2001-2008, *Lanfeust des Étoiles* (8 tomes), Paris, Soleil.

Attali Maureen, 2017, « Religious Violence in Game of Thrones: Written in Blood », *in* Pavlac Brian A. (dir.), *Game of Thrones versus History*, Oxford, Wiley Blackwell, p. 185-194.

Ayroles Alain et Masbou Jean-Luc, 1995-2016, *De cape et de crocs* (12 tomes), Paris, Delcourt.

Balfe Myles, 2004, « Incredible Geographies? Orientalism and Genre Fantasy », *Social & Cultural Geography*, vol. 5, n° 1, p. 75-90.

Besson Florian, 2018, « Cartes », *in* Besson Anne (dir.), *Dictionnaire de la fantasy*, Paris, Vendémiaire, p. 41-43.

Bouron Jean-François, 2010, « Cartographier l'imaginaire, un exercice géographique », *CFC*, n° 205, p. 11-24.

Carl Daniela, Kindon Sarah et Smith Karen, 2007, « Tourists' Experiences of Film Locations: New Zealand as "Middle-Earth" », *Tourism Geographies*, vol. 9, n° 1, p. 49-63.

36. Dossier pour l'étude de la mondialisation à travers la série *Game of Thrones*, pour les classes de terminale, [http://cbudde.free.fr/IMG/pdf/Etude_d_un_produit_mondialise_Game_of_thrones.pdf], consulté le 15 juin 2020.

Çelik Rappas Ipek A., 2019, « From *Titanic* to *Game of Thrones*: Promoting Belfast as a Global Media Capital », *Media Culture & Society*, vol. 41, n° 1, p. 539-556.

Çelik Rappas Ipek A. et Baschiera Stefano, 2020, « Fabricating "Cool" Heritage for Northern Ireland: Game of Thrones Tourism », *Journal of popular culture*, vol. 53, n° 3, p. 648-666.

Crackower Marion, 2019, « Les cartes et la représentation spatiale dans la *fantasy* épique : continuité ou rupture de l'héritage tolkienien », *Fantasy Art and Studies*, n° 1 : « Beyond Tolkien/Par-delà Tolkien », p. 42-47.

Croft Janet B., 2002, « The Great War and Tolkien's Memory: An Examination of World War I Themes in "The Hobbit" and "The Lord of the Rings" », *Mythlore*, vol. 23, n° 4, p. 4-21.

Depken Craig A., Globan Tomislav et Kožić Ivan, 2020, « Television-Induced Tourism: Evidence from Croatia », *Atlantic Economic Journal*, vol. 48, n° 2, p. 253-262.

Dumasy Juliette, 2018, « Cartes et figures de l'espace français, xive-xvie siècle : représentation de l'espace et exercice du pouvoir », *in* Genet Jean-Philippe, Boucheron Patrick et Folin Marco (dir.), *Entre idéel et matériel. Espace, territoire et légitimation du pouvoir (v. 1200-v. 1640). Actes du colloque de Pise*, Paris/Rome, Éditions de la Sorbonne/École française de Rome, p. 267-292.

Ekman Stefan, 2013, *Here Be Dragons: Exploring Fantasy Maps and Settings*, Middletown, Wesleyan University Press.

Englisch Brigitte, 2002, *Ordo orbis terrae: die Weltsicht in den « Mappae mundi » des frühen und hohen Mittelalters*, Berlin, Akademie Verlag.

Fonstad Karen W., 2006, « Writing "TO" the Map », *Tolkien Studies*, vol. 3, p. 133-136.

Gorzelany Dorota et Matusiak Patrycja, 2016, « Carthage Imagined. From Giovanni Pastrone's *Cabiria* (1914) to *Game of Thrones* (2012) », *Collectanea Philologica*, vol. 19, n° 1, p. 117-128.

Hardy Mat, 2019, « The East Is Least: The Stereotypical Imagining of Essos in *Game of Thrones* », *Canadian Review of American Studies*, vol. 49, n° 1, p. 26-45.

Hofmann Catherine, Richard Hélène et Vagnon Emmanuelle (dir.), 2014, *L'âge d'or des cartes marines. Quand l'Europe découvrait le monde*, Paris, BnF Éditions.

Martin George R. R., 1996-2011, *A Song of Ice and Fire* (5 tomes), New York, Bantam Spectra.

Martin George R. R., 2012, *The Lands of Ice & Fire*, New York, Bantam.

Martin George R. R., 2014, *The World of Ice & Fire*, New York, Bantam.

Martin George R.R., 2018, *Fire and Blood*, New York, Bantam.

Martin George R. R., García Jr. Elio M. et Antonsson Linda, 2014, *The World of Ice & Fire: the Untold History of Westeros and the Game of Thrones*, New York, Bantam.

Paolini Christopher, 2003-2011, *The Inheritance Cycle* (4 tomes), New York, Alfred A. Knopf.

Pratchett Terry et Briggs Stephen, 1995, *The Discworld Mapp*, Londres, Transworld.

Rutherford Amanda, 2019, « The Pleasure in Pain: Torture in *Game of Thrones* », conférence, *Popular Icons, Popular Tales: A Symposium on Popular Culture*, AUT City Campus, Auckland.

Sahlins Peter, 1990, « Natural Frontiers Revisited: France's Boundaries since the Seventeenth Century », *The American Historical Review*, vol. 95, n° 5, p. 1423-1451.

Sebi Carine et Muller Laurent, 2019, « *"Warming is coming"* : *Game of Thrones* est aussi une fable sur la menace climatique », *The Conversation*, [http://theconversation.

com/warming-is-coming-game-of-thrones-est-aussi-une-fable-sur-la-menace-climatique-116217].

Timpf Sabine, 2018, « Insights into Mapping the Imagined World of J. R. R. Tolkien », *in* Kirner-Ludwig Monika, Köser Stephan et Streitberger Sebastian (dir.), *Binding them all. Interdisciplinary Perspectives on J. R. R. Tolkien and His Works*, Zollikofen, Walking Tree Publishers, p. 231-252.

Tkalec Marina, Zilic Ivan et Recher Vedran, 2017, « The Effect of Film Industry on Tourism: Game of Thrones and Dubrovnik », *International Journal of Tourism Research*, vol. 19, n° 6, p. 705-714.

Tolkien John R. R., 1937, *The Hobbit, or There and Back Again*, Londres, George Allen & Unwin.

Tolkien John R. R., 1954-1955, *The Lord of the Rings* (3 tomes), Londres, George Allen & Unwin.

Tolkien John R. R., 1977, *The Silmarillion*, Londres, George Allen & Unwin.

Tolkien John R. R., 2000 (Carpenter Humphrey [éd.]), *The Letters of J. R. R. Tolkien*, Boston, Houghton Mifflin Co.

Warhammer Fantasy Roleplay, 1986, Nottingham, Games Workshop.

Wynne Jones Diana, 2006 (1996), *The Tough Guide to Fantasyland*, New York, Firebird.

Young Laura D., Ñusta Carranza Ko et Perrin Michael, 2018, « Using *Game of Thrones* to Teach International Relations », *Journal of Political Science Education*, vol. 14, n° 3, p. 360-375.

DEUXIÈME PARTIE

Découvrir pour connaître

5

L'image-monde Cultures visuelles et usages de l'iconographie sur les globes terrestres de Vincenzo Coronelli (1680-1715)

Martin Vailly

En 1704, un employé des Bâtiments du Roi au château de Marly, François Le Large, commence un minutieux travail pour son souverain. Auprès du grand globe terrestre offert à Louis XIV par le cardinal César d'Estrées en 1683 puis exposé au palais en 1704, il recense dans un cahier manuscrit l'ensemble des inscriptions couvrant la surface de la sphère. Dans un second, il s'emploie à expliquer le riche corpus iconographique qui fait vivre ce titanesque monde de bois, de plâtre et de peinture[1]. Des navires traversent les océans, des bœufs sauvages paissent dans une prairie verdoyante, des pêcheurs hollandais ramènent une baleine à terre et des cannibales brésiliens cuisinent leurs malheureux adversaires. Sur ce globe, la fonction de l'image est centrale : de pair avec le texte des inscriptions qui souvent l'accompagnent, l'image permet de transmettre un ensemble de savoirs variés sur le monde tel qu'il est connu des Européens. La géographie moderne ne se limite pas à la seule description des formes et des contours de la Terre, mais s'occupe aussi de botanique, de zoologie, d'observations ethnographiques.

L'architecte de cette encyclopédie sphérique présentant un instantané du monde en 1683 est le moine et cosmographe vénitien Vincenzo Coronelli (1650-1718). Repéré par le cardinal d'Estrées lors d'un voyage à Parme, Coronelli est invité à Paris, où il va demeurer trois ans pour travailler à une paire de globes géants à destination de Louis XIV. Après cette expérience décisive, il poursuit le développement d'une véritable entreprise cartographique fondée sur un réseau de souscription qu'il baptise l'*Accademia degli Argonauti* (Milanesi, 2016). S'ensuit un véritable *moment Coronelli* de la gravure et de la consommation de matériel cartographique en France : ses cartes et surtout ses globes sont largement présents dans les cabinets curieux comme dans les bibliothèques. S'il n'est pas un géographe extrêmement talentueux, la précision des tracés de ses cartes laissant

1. Une couverture photographique des globes de Marly est disponible à l'adresse suivante, dans le cadre d'une exposition virtuelle de la Bibliothèque nationale de France : [http://expositions.bnf.fr/globes/].

à désirer, il est un fabricant et un commerçant de talent. Grâce au travail du graveur Jean-Baptiste Nolin, conjugué à l'adhésion de près de deux cents nobles, administrateurs, religieux ou professeurs à l'académie de Coronelli, la production cartographique du cosmographe vénitien s'assure une place de choix dans les cultures géographiques de la fin du XVIIe siècle. Les globes imprimés dérivés de ceux de Louis XIV rencontrent un grand succès commercial, et voyagent jusqu'en Asie. Ils font de la vision du monde de Coronelli l'une des plus partagées parmi les curieux de géographie d'Ancien Régime, au moins jusqu'aux premières années du XVIIIe siècle. Les images, sélectionnées par Coronelli, circulent donc largement, et c'est à ce corpus iconographique, à sa constitution et aux manières de l'aborder, que ce texte s'attache.

Pour mesurer la réception et l'impact de l'iconographie géographique de Coronelli sur les cultures de la géographie dans la France d'Ancien Régime, il convient de la situer dans le contexte de la pratique cartographique de la fin du règne de Louis XIV, années au cours desquelles Coronelli est au faîte de sa gloire. La mise en cartes systématique du monde par les savants français, principalement les géographes de l'Académie royale des sciences et les ingénieurs du roi, fait généralement abstraction d'une iconographie dense, à l'instar de la production de globes terrestres de Guillaume Delisle (1675-1726) : l'objectif principal de cette pratique de la cartographie d'espaces récemment conquis est bien la mise sous contrôle par la définition de limites spatiales précises. Celle de Coronelli obéit à une logique qui lui est propre, qu'il faut rapprocher d'une cartographie richement illustrée que l'on retrouve par exemple dans les productions néerlandaises de la première moitié du XVIIe siècle. En recourant à un matériau cartographique largement marqué par la précision et l'omniprésence de son iconographie, Coronelli met en avant les liens étroits qu'entretiennent la géographie et la pratique de la curiosité, comprise comme un ensemble d'activités savantes plus ou moins structurées, mais qui toutes permettent l'acquisition de savoirs sur le monde (Daston, 1995; Kenny, 2004).

Les enjeux de la constitution d'un corpus visuel

Géographie et iconographie

Les savoirs géographiques d'Ancien Régime entretiennent des liens étroits avec l'image. Des récits de voyage aux cartes, on remarque l'omniprésence de gravures supposées illustrer le texte et montrer ce que le lectorat n'aura certainement jamais l'occasion de contempler de ses yeux propres : les images jouent à la fois le rôle de supports d'un voyage par procuration, de plaisirs esthétiques et d'outils propédeutiques. Le recours à des supports visuels est défendu par de nombreux géographes de l'époque moderne comme facilitant la mémorisation (Vailly, 2020). Ce sont toutes ces fonctions que Coronelli et ses contemporains réinvestissent dans la production d'une large variété de *media* qui s'étend des objets cartographiques (cartes, atlas, globes) aux ouvrages imprimés. La diversité de ces *media* conduit à envisager les savoirs géographiques de manière cumulative : ils ne se bornent pas à la description de la Terre mais incluent des savoirs historiques, politiques, diplomatiques, proto-ethnographiques, sacrés ou profanes, botaniques ou zoologiques (Dainville, 1940 ; Jacob, 1992).

Dans l'ensemble de ces publications géographiques, l'iconographie occupe une place de choix, donnant à voir des bêtes curieuses, des plantes surprenantes et des peuples étrangers. Bénéficiant largement de l'impression et d'une démocratisation progressive de la gravure, de véritables cultures visuelles des sciences se développent au cours de l'époque moderne (Mandressi, 2015). Naturalistes, graveurs et géographes tentent de reproduire et de transposer le monde directement observé entre les pages des volumes imprimés (Gaudio, 2008 ; Balfe *et al.*, 2019). L'importance que Coronelli accorde à l'image dans l'ensemble de son travail obéit ainsi à la logique de la formation d'une culture visuelle des sciences géographiques, envisagées au pluriel puisque conglomérat d'un ensemble de « modes de savoir » (*ways of knowing*) [Pickstone, 2000] s'incarnant dans une série de pratiques différentiées plutôt qu'une discipline clairement délimitée. Plus intéressant encore, la géographie de Coronelli s'inscrit dans une plus large ambition encyclopédique, incarnée par un grand projet de *Biblioteca Universale*. À cet égard, l'approche iconographique de Coronelli incarne l'évolution radicale de la gravure ethnographique européenne au cours du XVIIe siècle, transitant d'un fantasme européen sur les mondes en découverte (Gaudio, 2008 ; Davies, 2016) à un véritable souci de la connaissance encyclopédique des espaces et des peuples extra-européens, à des fins évidentes de domination.

La caractéristique particulière du corpus iconographique de Coronelli est son intermédialité : de mêmes motifs sont reproduits sur des supports différents, cartes, globes ou livres. Cette pratique de l'illustration permet à Coronelli de réduire les coûts de ses nombreux projets, puisqu'il peut ainsi réutiliser les bois des gravures pour plusieurs productions. Elle permet aussi d'adapter son offre à toutes les bourses et besoins en permettant aux curieux qui n'ont pas suffisamment d'espace dans leur cabinet ou d'argent pour la souscription d'investir dans ce *moment Coronelli*. L'avantage de cette intermédialité n'est pas négligeable pour Coronelli, qui peut ainsi placer ses images dans le plus grand nombre de bibliothèques et de cabinets possibles. C'est l'exemple d'un ouvrage de gravures qu'il fait paraître en 1697, le *Navi ad altre sorte di barche usate da nazioni differenti*, consacré à l'art de la navigation, et qui contient des images détaillées de vaisseaux européens, des vues en coupe, mais aussi toute une série de gravures de navires utilisés par des peuples extra-européens, des canots guinéens aux *tayfenas* japonais. La plupart de ces images renvoient à celles qu'il a fait insérer à la surface de ses cartes et globes : on y retrouve même des phénomènes météorologiques et une scène de pêche à la baleine déjà présents sur le globe. Apparaît ainsi un véritable corpus visuel dès lors qu'on s'intéresse au travail de Coronelli, un tout cohérent qui permet de « faire voir les mondes en découverte ». Depuis les globes de Marly, jusqu'aux derniers ouvrages publiés par le moine vénitien, des images sont utilisées, réutilisées, et forment ainsi un tout cohérent qui soutient ou supplée efficacement le texte.

L'image technique : montrer la mesure du monde

La place de l'image dans l'œuvre de Coronelli s'explique et se structure autour de deux facteurs principaux. Le premier est celui de l'impératif savant, d'une exigence d'exhaustivité qui se dégage de la pratique cartographique de Coronelli. Il prête une attention minutieuse à chacune des étapes du processus de l'écriture et de la mise en cartes d'un monde en découverte, au plus près des pratiques de celles et ceux qui le mènent à bien. Face à la production des cartographes et des géographes de métier, la précision des cartes de Coronelli fait pâle figure (Milanesi, 2012). Il doit donc compenser en mettant en avant sa connaissance de l'ensemble du processus cartographique, et affirmer une légitimité savante lui permettant de vendre ses globes. Qu'ils soient imprimés ou manuscrits, ils ont le mérite de réunir l'ensemble de ces étapes à la surface d'un seul objet cartographique. Certaines images évoquent la première étape de la mise en cartes du monde qu'est l'exploration : des navires sillonnent les mers, les marins européens abordent une terre nouvelle. Ces illustrations sont souvent complétées par des récits d'expéditions, des dates de découverte, une topographie en cours d'achèvement. D'autres images font directement écho à la cartographie proprement dite, comme le cadre d'un des cartouches du grand globe manuscrit représentant des angelots en train de prendre des mesures à l'aide de règles, de compas et d'astrolabes. Parfois, cartes et globes sont représentés dans une sorte de mise en abyme graphique. Enfin, toute une iconographie renvoie aux enjeux militaires, politiques et commerciaux liés à la cartographie des mondes en découverte.

Figure 1. – Cartouche de Magellan, Coronelli, 1689.

Source : globe imprimé de Coronelli, 1689. Globe en fuseaux conservé à la Bibliothèque nationale de France, département des Cartes et Plans, GE DD-5219 (RES), numérisation [Gallica.fr].

L'un des exemples archétypaux de cette pensée en système de Coronelli tentant de restituer chacune des étapes de la mise en cartes du monde est celui du cartouche relatant les explorations de Magellan (figure 1), que l'on retrouve à la fois à la surface du globe de Marly et des globes imprimés. Magellan soulevant un drap couvrant un globe terrestre s'entretient avec Mercure des nouvelles découvertes qu'il a faites; à leurs pieds, ballots et biens divers s'accumulent. Magellan incarne ici l'exploration, le globe la mise en cartes; Mercure, les ballots et les *naturalia* et animaux entourant le cartouche soulignent l'intérêt concret de l'exploration et de la mise en cartes du monde, à la fois pour le développement du commerce global mais aussi pour l'amélioration des savoirs naturalistes et ethnographiques.

L'image curieuse : vendre, divertir et satisfaire

Le deuxième impératif qui s'impose à Coronelli est celui de l'attente sociale dont ses productions font l'objet et de l'enjeu commercial qu'elles revêtent pour lui. Après avoir achevé les globes de Louis XIV en 1683, le cosmographe vénitien est au faîte de sa gloire. Il profite de cette opportunité qui lui est offerte pour fonder une académie géographique, l'« Accademia degli Argonauti », dont les fonctions commerciale et scientifique sont largement entremêlées. Elle consiste en un réseau de souscription qui permet à Coronelli de financer ses projets les plus importants, tels que les globes imprimés adaptés de ceux de Louis XIV, ou son ambitieuse *Biblioteca Universale*, prévue en 45 tomes (Milanesi, 2016, p. 317-342; Vailly, 2020). Les exigences de la souscription sont élevées : la cotisation pour les globes imprimés de 110 centimètres est de 2 louis d'or tous les trois mois, pour un total de 16 louis d'or, sans compter les coûts annexes dont les souscripteurs doivent s'acquitter, le transport, l'installation, les piètements.

Pour conserver le soutien de ses sociétaires et pouvoir mener à bien ses grands projets, Coronelli doit donc déployer une série de stratégies commerciales parmi lesquelles la diffusion iconographique tient un rôle prépondérant. L'image est longtemps restée une exception dans les ouvrages savants de l'époque moderne, en raison des coûts importants de gravure et de reproduction. Si la gravure isolée, de cartes ou de vues, s'est démocratisée lorsque Coronelli travaille, elle n'en reste pas moins un élément de distinction : plus riche est l'image, plus riche son possesseur. Cela se vérifie dans le cas des globes de Coronelli, qui adapte la richesse du décor à celle du commanditaire, comme lorsqu'il adresse un devis au duc d'Este spécifiant que le prix de la peinture de la surface et de la sculpture des pieds s'adaptera au désir du duc[2]. C'est notamment cette attention portée à l'iconographie dans l'ensemble de la production de Coronelli que retiendra l'abbé Lenglet du Fresnoy (1674-1755), qui publie plusieurs éditions d'une *Méthode pour étudier la géographie* à partir de 1716, dans lesquelles il évoque les productions de Coronelli comme un phénomène de mode dont la valeur provient avant tout de leur richesse iconographique[3] (Vailly, 2020).

2. Lettre de Coronelli à Francisco II d'Este reproduite *in* Fiorini Matteo (1899, p. 330-340).
3. Il évoque la « beauté & l'agrément » des cartes produites par Coronelli dans l'édition de 1736 de sa *Méthode pour étudier la géographie*, Paris, Rollin fils, p. cxlv.

Les sociétaires des Argonautes ont principalement souscrit en raison d'un réel effet de mode : administrateurs, militaires et religieux veulent se porter acquéreurs d'une paire de globes qui soit le décalque de ceux du Roi Soleil. Coronelli prend en compte cette attente lorsqu'il compose ses globes imprimés, en réemployant les figures présentes sur ceux de Louis XIV : certaines sont directement réemployées, d'autres en sont largement inspirées. En parallèle, les savoirs géographiques de l'époque moderne se déploient dans d'autres espaces : les cabinets curieux exposent des animaux naturalisés et des artefacts de peuples extra-européens, les jardins botaniques et les ménageries accueillent des espèces exotiques. C'est cette culture géographique de base, à laquelle les souscripteurs de l'*Accademia* peuvent facilement avoir accès, sur laquelle se fonde Coronelli lorsqu'il constitue son corpus visuel. L'exemple de François Le Large visitant jardins et cabinets pour expliquer les illustrations pour le Roi Soleil montre l'importance de cette prise en compte d'autres expériences géographiques qui soient facilement appréhendables par les sociétaires (Vailly, 2020).

L'image à l'œuvre : structure et mécaniques du corpus visuel

Comment lire les images

Déplaçons-nous à présent à la surface même des cartes et des globes que Vincenzo Coronelli produit dans son atelier vénitien. Les images y revêtent plusieurs significations, selon qu'on les analyse pour elles-mêmes, abstraites du support particulier qu'est l'objet cartographique, ou qu'on les envisage comme l'un des éléments de cet objet. Toutefois, ces images ne doivent jamais être réduites au seul rôle d'ornements esthétiques et appréciables : elles portent en elles des informations, des positionnements savants et politiques, et construisent un rapport au monde particulier (Jacob, 1992; Davies, 2016; Mancall, 2018).

La carte est un support particulier pour l'image, qu'elle inscrit dans un espace défini et identifié. L'image cartographique tire profit des espaces blancs de la carte pour faciliter une « compréhension spatiale des choses, concepts, conditions, processus ou événements dans le monde humain » (Harley *et al.*, 1987, p. XVI, ma traduction). Ce statut peut expliquer pourquoi la carte est envisagée comme parfait outil d'enseignement des rudiments d'une culture géographique par les pédagogues et géographes de l'époque moderne, comme Delisle ou Lenglet du Fresnoy. Le choix des images, leur ordonnancement, la relation qu'elles entretiennent entre elles et avec les autres éléments de cette carte permettent au cartographe de raconter une ou plusieurs histoires sur les espaces qu'il représente et de lier directement, à la surface d'un même objet cartographique, ces deux disciplines connexes nécessaires à toute éducation moderne que sont la géographie et l'histoire.

La carte peut être décomposée en trois couches majeures. La première, la grille de coordonnées, permet de situer les éléments à la surface du globe et structure le tracé de la deuxième, la couche géographique, qui représente le tracé des continents, des mers, les chaînes de montagnes. Enfin, la couche informative inclut l'ensemble des textes et des images supposées ajouter de la chair au discours géographique tenu par les cartographes. Les deux premières couches de la carte fournissent des cadres de référence dans lesquels les images, éléments de la troisième, sont logées et exposées comme autant de curiosités dans leurs cabinets (Lestringant, 2012, p. 185). L'équilibre entre ces différentes couches peut varier, en fonction des ambitions du cartographe. Guillaume Delisle, géographe de métier travaillant à l'Académie des sciences pour le compte du roi, aura tendance à favoriser la couche géographique pour mettre l'accent sur la perfection de la science cartographique. Au contraire, Coronelli, dont le souci principal est la vente d'un matériel cartographique divertissant et éducatif, favorisera la couche informative.

Documenter les mondes extra-européens

La première possibilité qui s'offre au curieux de géographie admirant les globes de Coronelli est de lire l'image pour ce qu'elle représente. Les cultures visuelles des sciences, fondées sur l'insertion de gravures dans des ouvrages, ont préparé les curieux de géographie à cet usage, dans le contexte d'une popularisation des images à l'époque moderne (Burke, 2001). Histoires naturelles, récits de voyage et livres de costumes regorgent d'illustrations qui permettent aux lecteurs de visualiser ce que le texte décrit. Cette médiation par l'image est d'autant plus importante qu'elle se présente fréquemment comme le résultat d'une observation *d'après nature*, faite sur le terrain, qui instaure une présence médiée par l'image de la chose représentée (Balfe *et al.*, 2019). L'image mettrait ainsi en contact la personne regardant la gravure, et la chose que cette gravure doit représenter.

Souvent réemployées d'une carte à l'autre, les images géographiques posent ainsi les bases d'une culture visuelle de la géographie que s'approprient progressivement celles et ceux qui les admirent. Analyser l'image pour soi est donc la première étape nécessaire de la lecture des cartes de Coronelli. Les motifs zoologiques et proto-ethnographiques y sont les plus fréquents. Concernant le règne animal, les images à la surface du globe de Coronelli suivent deux logiques principales. La première est la représentation de l'animal comme spécimen, en suivant en cela les règles de l'histoire naturelle d'Ancien Régime (Beltrán, 2017) : il s'agit d'exposer les caractéristiques physiques remarquables de l'espèce représentée pour que le curieux de géographie puisse l'identifier directement ou en apprendre les particularités. C'est le rôle que jouent des gravures d'éléphants, de chameaux ou de phoques : elles présentent une espèce, parfois un couple et des petits, comme les planches des *Mémoires pour servir à l'histoire naturelle des animaux* de Claude Perrault (1613-1688) publiés en 1671 présentaient les spécimens disséqués à l'Académie royale des sciences dans leur habitat naturel. La deuxième est la représentation d'un animal vivant, en action ou en interaction. Les images ou ensembles d'images servent ici à enrichir le discours naturaliste sur l'espèce représentée, en donnant plus d'informations sur ses comportements.

On trouve par exemple des groupes entiers de singes cherchant à se nourrir en soulevant des pierres ou luttant contre des lions en les aveuglant avec du sable : chacune de ces images est accompagnée d'une inscription descriptive pour les éclairer[4]. Elles peuvent aussi renseigner sur l'intérêt commercial de l'espèce représentée pour l'humain, comme le montrent des scènes de chasse ou de pêche, à l'autruche, à la baleine, au narval, que l'on reconnaît grâce à un certain nombre de caractéristiques évidentes, les plumes, la trompe, la corne (figure 2).

Figure 2. – Pêche au narval, Coronelli, 1689.

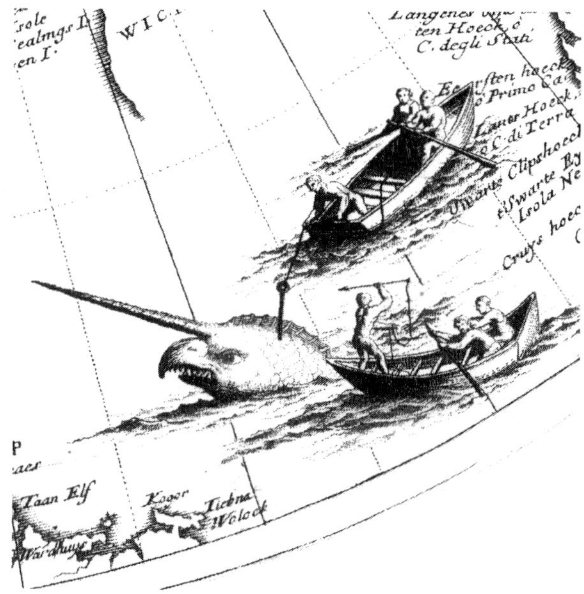

Source : globe terrestre imprimé, 1689. Globe en fuseaux conservé à la Bibliothèque nationale de France, département des Cartes et Plans, GE DD-5219 (RES), numérisation [Gallica.fr].

On observe la même dualité de natures dans l'iconographie proto-ethnographique. Des images présentent un couple, parfois accompagné d'un enfant, et les attributs principaux que l'on attache au peuple auquel ces individus appartiennent, dans la ligne des gravures que l'on trouve dans les récits de voyage ou les livres de costume depuis le XVIe siècle (Gaudio, 2008, p. XI ; Davies, 2016, p. 131-132). Ces représentations topiques valables pour les peuples du monde entier dans la plupart de ces ouvrages concernent principalement les peuples extra-européens sur les globes et cartes de Coronelli. Elles sont complétées par un ensemble de scènes qui permettent de développer d'autres aspects du discours

4. Ces inscriptions sont reproduites par François Le Large dans son manuscrit intitulé *Recueil des Inscriptions, des remarques historiques et géographiques qui sont sur le globe terrestre de Marly*, BnF, département des Manuscrits, Fr 13365, p. 16-17. On peut y lire : « Comme des singes remüent des pierres d'une prodigieuse grosseur et déterent des fourmis qui sont dessous pour les manger » ; ou encore : « Comme les Singes se deffendent des Bestes farouches qui les attaquent en leur jetant du sable ou de la poussiere dans les yeux. » La graphie d'origine a été respectée.

proto-ethnographique moderne, en s'attardant sur des coutumes, la maîtrise de certaines techniques ou des caractéristiques particulières de l'habitat. Ces exemples sont les plus fréquents à la surface des globes terrestres de Coronelli, parce qu'ils permettent de mettre l'espace à profit pour y faire se dérouler un récit. On trouve ainsi une famille abyssine, accompagnant leur fils dans ce qui est, si l'on en croit François Le Large, une pratique caractéristique de ces sociétés : la formation de leurs enfants au tir à l'arc dès leur prime jeunesse[5]. Le père, vêtu d'un costume jaune éclatant, montre à son fils comment se servir d'un arc. Dans les plaines de Tartarie, ce sont des tribus nomades qui s'affrontent à cheval, sabre au clair, non loin de villages faits de tentes, insistant ainsi sur le nomadisme de ces peuples. Les images permettent ici de divertir et d'instruire, en jouant sur leur dimension narrative et en exploitant un événement particulier pour présenter de nouveaux détails proto-ethnographiques, que la simple présentation ne recouvrait pas.

Enfin, certaines de ces images évoquent le style de la *réduction en art*, une pratique de la gravure technique qui implique notamment de représenter l'ensemble des étapes d'un procédé technique sur une seule illustration (Dubourg Glatigny *et al.*, 2008). L'exemple archétypal de cette fonction à la surface des globes de Coronelli est celui de la fabrique du sucre (figure 3) au Brésil.

Figure 3. – Fabrique du sucre au Brésil, Coronelli, America meridionale, ca. *1690.*

Source : carte conservée à la Bibliothèque nationale de France, département des Cartes et Plans, GE C-7965 (1-2), numérisation [Gallica.fr].

5. Le Large François, *Explication des figures qui sont sur le globe terrestre de Marly*, BnF, département des Manuscrits, Fr 13366, p. 177-178.

Des grands globes de Marly aux globes imprimés des Argonautes, en passant par ses cartes de l'Amérique du Sud, Coronelli exploite très régulièrement cette gravure inspirée de celle de Sébastien Leclerc (1637-1714) insérée dans l'*Histoire générale des Antilles habitées par les Français* (1667) de Jean-Baptiste du Tertre (1610-1687)[6]. On peut y observer les diverses étapes de la production de sucre à partir de canne dans les territoires soumis au pouvoir colonial français : la récolte de la canne dans les champs, le concassage dans un moulin entraîné par des bœufs permettant de récupérer un jus qui sera ensuite cuit pour en faire du sucre.

L'image sur la carte, mise en espace des savoirs iconographiques

L'image gagne ensuite à être mise en regard avec l'ensemble des éléments qui composent une carte : il faut analyser la couche informationnelle en lien avec les deux autres. C'est ici l'une des expressions les plus riches du pouvoir des cartes lorsqu'elles montrent des mondes en découverte. Images, informations topographiques, toponymiques et hydrographiques forment un système. La force de l'objet cartographique est de montrer l'agencement de l'espace global, lui-même fait d'une multitude de lieux dont la carte restitue les caractéristiques. Dans le cas d'une mappemonde ou d'un globe, cette capacité à localiser les éléments que la carte représente est d'autant plus forte qu'elle permet au curieux de géographie de situer l'élément qui l'intéresse non seulement dans l'espace global mais aussi par rapport à sa propre position. C'est cette capacité à se représenter la Terre comme elle est qui fait la faveur des globes pour l'éducation des enfants et des novices en géographie selon Lenglet du Fresnoy ou Delisle[7].

La spécificité de l'objet cartographique comme support d'illustrations géographiques permet deux types d'analyse iconographique. En prenant l'image comme point de départ de l'analyse visuelle, la carte permet de localiser un élément de savoir géographique dans l'espace global en le rattachant à son lieu d'origine, de manière *a priori* évidente. Cet usage de l'image renvoie directement aux premières cartes illustrées de l'Europe moderne, qui situaient le lieu de vie des lions et des dragons en usant de la locution *hic sunt* (Jacob, 1992). Il replace dans l'espace des animaux ou des plantes que les curieux de géographie ont pu voir au Jardin du roi, à la Ménagerie ou dans les ouvrages de leur bibliothèque, et leur permet d'avoir un aperçu de terres qu'ils ne pourront souvent jamais explorer.

En prenant cette fois un espace donné comme point de départ de l'analyse, c'est un tout autre rôle de l'image qui apparaît à la surface des cartes et globes de Coronelli. La juxtaposition d'images dans l'espace de la carte génère des effets de sens particuliers, encourageant à lire ces illustrations comme autant d'étapes d'un

6. L'image est reproduite dans Dussauge, 2018, [http://www.histoire-image.org/fr/etudes/images-habitation-sucrerie-antilles-francaises-xviie-xixe-siecle].

7. Guillaume Delisle (1746, p. 10-11) écrit notamment que les globes et cartes « facilitent extrêmement l'étude de cette science, parce que ces globes & ces cartes nous mettent les pays devant les yeux, & nous les représentent approchant de ce qu'ils sont dans le monde ; & que ce qui frappe à nos yeux, fait une impression bien plus forte que ce qui nous vient par les oreilles ».

récit géographique, botanique, technique, proto-ethnographique ou zoologique. À la surface du grand globe de Marly, c'est par exemple le fonctionnement d'une série d'illustrations qui traitent de la pêche à la baleine. Un premier ensemble, au large des côtes du Groenland, évoque les enjeux commerciaux de cette pêche. Il représente un navire baleinier hollandais et une série de canots en train de tracter un cétacé harponné et plusieurs barils qui, selon François Le Large, sont des barils d'huile de baleine destinés à être chargés à bord du navire hollandais, certainement pour l'exportation (Le Large, 1704-1710, p. 262-263). Si le curieux se donne la peine de déplacer le regard de la mer à la côte, il peut cette fois admirer un ensemble iconographique qui retrace le procédé de transformation de la baleine une fois pêchée en huile en montrant le débitage du corps, la cuisson des chairs et le stockage de l'huile en fûts.

Par instants, l'analyse de ces interactions entre images, textes et tracé géographique requiert du curieux de géographie quelques efforts. Certains éléments ne sont pas nécessairement juxtaposés de manière évidente, et c'est alors au spectateur de rétablir les liens entre une image, un toponyme, un relief ou une inscription. Prenons l'exemple de l'Amérique du Nord. Cet espace est particulièrement détaillé par Coronelli, puisqu'il est pour lui l'occasion de proposer des cartes originales, fondées sur les journaux de la deuxième expédition Cavelier de la Salle (1679-1683) qui lui sont transmis par le cardinal d'Estrées (Milanesi, 2012). On y trouve ainsi de nombreuses illustrations, représentant des chasseurs à l'œuvre, des hommes en train de boucaner du poisson, des actes de cannibalisme et des villages faits de tentes, qui renvoient à la primitivité supposée de ces peuples, à leur nomadisme, à leur mode de vie. En reliant ces images avec la couche géographique, c'est tout un système d'informations proto-ethnographiques qui apparaît. Les figures de villages sont souvent accompagnées d'informations démographiques, comme pour le peuple des Issatis qui compte vingt-quatre villages selon Coronelli. La toponymie donne des indices sur la façon qu'ont ces peuples d'habiter leur territoire. On trouve ainsi un *lac des Issatis* représenté non loin des tentes de ce peuple un toponyme d'autant plus important que les lacs américains sont régulièrement décrits par Coronelli comme des espaces de vie, regorgeant de poissons et d'espèces botaniques utiles (figure 4) [Le Large, 1704-1710, p. 68]. Pour peu que le curieux de géographie fasse l'effort d'envisager la carte comme un tout, alors l'ensemble des éléments qui la composent deviennent un substitut à la fois textuel et iconographique à l'absence d'un texte accompagnant la carte.

Figure 4. – Pays, lac et habitations des Issatis, boucane du poisson et cannibalisme, Coronelli, America settentrionale, 1688.

Source : carte conservée à la Bibliothèque nationale de France, département des Cartes et Plans, GE D-11675 (1-2), numérisation [Gallica.fr].

L'image est omniprésente dans la pratique géographique de Vincenzo Coronelli. Elle lui permet d'avoir la légitimité que procure une observation directe et de produire des objets graphiquement riches, que les curieux vont volontiers acheter et que les précepteurs vont utiliser pour enseigner aux enfants les rudiments d'un savoir global. L'image aide encore à établir des liens avec la culture de la curiosité, qui s'incarne dans une série d'expériences concrètes que sont la collection, la visite d'un jardin ou d'une ménagerie, le voyage même. Elle dessine enfin un véritable monde vivant, une surface riche et dynamique qui attire le regard et encourage à la découverte cartographique d'un espace qui, peu à peu, devient interconnecté. Animaux, navires, escarmouches, végétation florissante : autant d'éléments graphiques qui, lorsqu'ils sont représentés sur une carte, en font un espace complexe, qui ne se limite pas au plaisir de la décoration mais révèle lorsqu'on l'étudie une attention portée à la transmission d'un corpus de savoirs polymathes.

Les globes et cartes de Coronelli trouvent leur place dans une consommation à la fois savante et mondaine des objets cartographiques : il s'agit pour les acheteurs d'exposer ces objets à la vue d'hypothétiques visiteurs, tout en les éblouissant de leurs savoirs variés et curieux sur le monde et ses caractéristiques. Pour autant, l'image n'est pas toute-puissante dans la production cartographique moderne puisqu'elle est l'attribut favori d'un modèle déjà daté de la représentation du monde. Nombre des cartographes contemporains de Coronelli délestent progressivement leur production de la plupart de leurs éléments d'iconographie, jugés progressivement superflus car prenant le pas sur la précision du tracé. L'institutionnalisation progressive de la discipline renforce le poids d'une cartographie plus sobre, mettant en avant la précision du tracé et l'utilité administrative et militaire de la carte. Le *moment Coronelli* arrive ainsi à sa fin lorsque Louis XIV décide de déménager les globes des pavillons de Marly au cours de l'année 1715, et ce retrait éclipse progressivement la production cartographique du cosmographe vénitien des listes de recommandation des pédagogues. Dans l'édition de 1736 de sa *Méthode pour étudier la géographie*, Lenglet du Fresnoy dresse un bref compte rendu de la postérité à court terme des travaux cartographiques de Coronelli, mort en décembre 1718 :

> « Il [Coronelli] s'est fait un grand nom par une science variée. Mais les censeurs ne croyent pas qu'on puisse compter sur son exactitude. Il seroit fâcheux néanmoins qu'il fallut toujours être en garde contre la beauté & l'agrément qu'il a donné aux Cartes qu'il a publiées en assez grand nombre » (Lenglet du Fresnoy, 1736, p. CXLV).

Bibliographie

BALFE Thomas, WOODALL Joanna et ZITTEL Claus, 2019, *Ad vivum?: visual Materials and the Vocabulary of Life-Likeness in Europe before 1800*, Leyde/Boston, Brill.

BELTRÁN José, 2017, *Nature in Draft: Images and overseas natural History in the Work of Charles Plumier (1646-1704)*, thèse en histoire, sous la direction de Jorge Flores, Florence, Institut universitaire européen.

BURKE Peter, 2001, *Eyewitnessing: the uses of images as historical evidence*, Ithaca, Cornell University Press.

DAINVILLE François de, 1940, *La géographie des humanistes*, Paris, Beauchesne et fils.

DASTON Lorraine, 1995, « Curiosity in early modern Science », *Word & Image*, vol. 11, n° 4, p. 391-404.

DAVIES Surekha, 2016, *Renaissance Ethnography and the Invention of the Human: new Worlds, Maps and Monsters*, Cambridge, Cambridge University Press.

DUBOURG GLATIGNY Pascal et VÉRIN Hélène (dir.), 2008, *Réduire en art : la technologie de la Renaissance aux Lumières*, Paris, Éditions de la Maison des sciences de l'homme.

DUSSAUGE Matthieu, 2018, « Images de l'habitation-sucrerie aux Antilles françaises du XVIIe au XIXe siècle », *Histoire par l'image*, janvier, [http://www.histoire-image.org/fr/etudes/images-habitation-sucrerie-antilles-francaises-xviie-xixe-siecle], consulté le 28 février 2020.

GAUDIO Michael, 2008, *Engraving the Savage: the New World and Techniques of Civilization*, Minneapolis, University of Minnesota Press.

HARLEY Brian et WOORDWARD David, 1987, « Preface », in *The History of Cartography*, vol. 1 : *Cartography in Prehistoric, Ancient, and Medieval Europe and the Mediterranean*, Chicago, University of Chicago Press, p. 15-21.

JACOB Christian, 1992, *L'empire des cartes. Approche théorique de la cartographie à travers l'histoire*, Paris, Albin Michel.

Kenny Neil, 2004, *The Uses of Curiosity in early modern France and Germany*, Oxford, Oxford University Press.

Lestringant Frank, 2012, « L'archipel Coronelli », *in* Hofmann Catherine et Richard Hélène (dir.), *Les globes de Louis XIV : étude artistique, historique et matérielle*, Paris, Bibliothèque nationale de France, p. 177-193.

Mancall Peter, 2018, *Nature and Culture in the early modern Atlantic*, Philadelphie, University of Pennsylvania Press.

Mandressi Rafael, 2015, « Le regard scientifique : cultures visuelles des sciences », *in* Van Damme Stéphane et Pestre Dominique (dir.), *Histoire des sciences et des savoirs*, vol. 1 : *De la Renaissance aux Lumières*, Paris, Éditions du Seuil, p. 231-253.

Milanesi Marica, 2012, « Les opinions géographiques du père Coronelli », *in* Hofmann Catherine et Richard Hélène (dir.), *Les globes de Louis XIV : étude artistique, historique et matérielle*, Paris, Bibliothèque nationale de France, p. 93-115.

Milanesi Marica, 2016, *Vincenzo Coronelli cosmographer, 1650-1718*, Turnhout, Brepols.

Pickstone John, 2000, *Ways of Knowing: a new History of Science, Technology and Medicine*, Manchester, Manchester University Press.

Vailly Martin, 2020, *Le monde au bout des doigts. François Le Large, le globe de Coronelli et les cultures géographiques dans la France de Louis XIV*, thèse en histoire, sous la direction de Jorge Flores et Christian Jacob, Florence, Institut universitaire européen.

Sources

Coronelli Vincenzo, 1683, *Globe terrestre dit de Marly*, Paris, BnF, Cartes et Plans, GE-A-500.

Coronelli Vincenzo, 1689, *Globe terrestre imprimé*, Venise.

Coronelli Vincenzo, 1688, *America settentrionale*, BnF, Cartes et Plans, GE D-11675 (1-2).

Coronelli Vincenzo, ca. 1690, *America meridionale*, BnF, Cartes et Plans, GE C-7965 (1-2).

Coronelli Vincenzo, 1697, *Navi ad altre sorte di barche usate da nationi differenti ne' mare e ne fiumi, con disegni e paviglioni da esse inalberate… delineate gia dal P. Coronelli*, Venise, Académie des Argonautes, Biblioteca Marciana, Sala Manoscritti, D230 D210.

Delisle Guillaume, 1746, *Introduction à la géographie, avec un traité de la sphère*, E. F. Savoye, Paris, BnF, G-9506.

Fiorini Matteo, 1899, *Sfere terrestri e celesti di autore italiano: oppure fatte conservate in Italia*, Rome, Società geografica italiana.

Le Large François, 1704-1710, *Recueil des inscriptions* […] *qui sont sur le globe terrestre de Marly*, Paris, BnF, département des Manuscrits, MS Français 13365.

Le Large François, 1710-1714, *Explication des figures qui sont sur le globe terrestre de Marly*, Paris, BnF, département des Manuscrits, MS Français 13366.

Lenglet du Fresnoy Nicolas, 1736, *Méthode pour étudier la géographie*, Paris, Rollin fils, bibliothèque de l'Arsenal, 8-H-88 (1-5).

Perrault Claude, 1671, *Mémoires pour servir à l'histoire naturelle des animaux*, Imprimerie royale, Paris, BnF, Livres rares, Res-S-1, [https://gallica.bnf.fr/ark:/12148/btv1b7300360x], consulté le 8 avril 2021.

6

Cartographier les îles
Représentations d'Aotearoa Nouvelle-Zélande après sa redécouverte

***Sarah Maria* Noske**

Le 1er décembre 2018, *The Economist* publiait un article intitulé : « The Kiwi model: Why New Zealand's Māori do better than Australia's Aboriginals? » L'auteur décrit les différences entre les *Māori* et les Aborigènes dans la société contemporaine en analysant divers développements historiques. Il fait valoir que « les Néo-Zélandais ont tendance à être plus fiers de leurs héritages mixtes[1] » (anonyme, 2018), ce qui, selon lui, est visible sur le terrain de rugby et dans l'exécution du *haka*, une danse de guerre des *Māori* célèbre dans le monde entier (anonyme, 2018). Bien que cette analyse soit schématique, la situation est en effet beaucoup plus complexe qu'on ne pourrait l'expliquer en une ou deux pages, elle touche au cœur de l'autoreprésentation de la Nouvelle-Zélande aujourd'hui ; à savoir qu'il n'y a pas de différence entre les *Māori*, la population autochtone de la Nouvelle-Zélande, et les anciens colons européens, appelés *Pākehā* en *māori*. Ensemble ils forment le peuple de la Nouvelle-Zélande. Cela se reflète dans les deux langues officielles du pays, l'anglais et le *māori*, et dans la dénomination des lieux. En fait, de nombreux lieux ont à la fois un nom *māori*[2] et un nom anglais *Aotearoa* signifie la Terre du long nuage blanc (*Land of the long white cloud*) et il est utilisé pour nommer les deux îles néo-zélandaises. Mein Smith affirme que l'utilisation du terme *māori* pour la Nouvelle-Zélande exprime des émotions et démontre une affinité avec le lieu (Mein Smith, 2012, p. 9).

Me référant à Helander, je soutiens que la toponymie engendre différentes représentations, ce qui aide à construire diverses réalités (Helander, 2014, p. 327), et que les toponymes sont liés au pouvoir, car ils font allusion à l'identité culturelle telle qu'elle est représentée et aux personnes qui *possèdent* la terre (Harley, 2001, p. 178-179). Ma contribution se rattache aux études critiques sur les noms de lieux, qui traitent de ces questions et du pouvoir des toponymes. Elles comprennent le fait de nommer comme une forme d'imposition de normes et les toponymes comme « faisant partie d'un ordre à la fois symbolique et

1. « *New Zealanders tend to take more pride in their mixed heritages.* »
2. Cette écriture respecte les règles de la langue française. « Māori » est ainsi écrit avec une minuscule quand il s'agit d'un adjectif, alors qu'il prend une majuscule en anglais, voir [https://www.digital.govt.nz/standards-and-guidance/design-and-ux/content-design-guidance/grammar-and-punctuation/].

matériel qui donne normalité et légitimité à ceux qui dominent la politique de représentation (du lieu)[3] » (Berg et Kearns, 1996, p. 99).

Dans la cartographie historique, les cartes dites *māori* et *pākehā* sont souvent analysées séparément. Il en va de même pour les études des noms de lieux : elles analysent séparément les toponymes et les étymologies, alors que les études toponymiques critiques examinent les liens avec les structures de pouvoir (Berg et Kearns, 2002, p. 286). Cependant, il est parfaitement logique de penser ces deux catégories ensemble et de les analyser ensemble. Dans cette contribution, j'applique et élargis cette méthode puisque je compare la carte de James Cook, qui montre la Nouvelle-Zélande telle que nous la connaissons aujourd'hui avec ses deux îles, une carte créée par un groupe de *Māori* inconnus pour Edmund Storr Halswell en 1841 et la carte dite *māori* de Tuki. Les cartes ne seront pas analysées dans l'ordre chronologique mais plutôt en fonction de leur sujet. On pourrait comprendre la carte de Cook comme une carte coloniale typique, la carte d'Edmund Storr Halswell comme un hybride en raison de l'implication de *Māori* inconnus et la troisième comme une carte *māori*. Comme cette contribution porte sur les représentations historiques de la Nouvelle-Zélande dans les cartes *māori* et *pākehā*, j'analyse les liens entre les toponymes, les représentations et les concepts historiques sous-jacents. De même, il s'agit de trouver des structures de pouvoir derrière les cartes qui façonnent les différentes représentations, ce qui signifie que cette contribution tentera de répondre aux questions soulevées par un article de Helander (Helander, 2014, p. 328) : dans quelle perspective les cartes ont-elles été dessinées ? Qui bénéficie de la représentation construite ? Selon quelles conditions ces dessins ont-ils été réalisés ? Je commence par un aperçu de l'histoire coloniale de la Nouvelle-Zélande et de la genèse des termes *Māori* et *Pākehā*, pour montrer, notamment, les différences entre les cartes *māori* et *pākehā*. Dans un deuxième temps, je décris et j'analyse les trois cartes, avant de conclure.

Histoires coloniales de la Nouvelle-Zélande – *Māori* et *Pākehā*

En Nouvelle-Zélande, les premiers habitants sont venus de Polynésie, plus particulièrement des îles Cook, des îles de la Société ou des îles Australes ; ils sont probablement arrivés au XIIIᵉ siècle. Plus généralement, ce sont les *Māori*, la population autochtone de Nouvelle-Zélande (Mein Smith, 2012, p. 1). En ce qui concerne l'histoire de la Nouvelle-Zélande, les termes *Māori* pour la population autochtone et *Pākehā* pour les colons européens sont parfois utilisés sans contextualisation. Pour les historiens qui ne sont pas habitués à ces termes, certains articles scientifiques peuvent être assez déroutants. O'Malley dépeint cela de manière assez claire : « Quoi qu'il en soit, sans *Māori*, il n'y aurait pas de *Pākehā*. Et sans *Pākehā*, il n'y aurait pas de *Māori*. L'un n'a pas de sens sans l'autre, aucune raison d'être[4] » (O'Malley, 2012, p. 14). Les appellations actuelles n'ont pas été

3. « *Part of both a symbolic and a material order that provides normality and legitimacy to those who dominate the politics of (place) representation.* »

4. « *Either way, without* Māori, *there would be no* Pākehā. *Without* Pākehā, *there would be no* Māori. *One had no meaning without the other, no reason for being.* »

données dès le début, comme l'explique O'Malley. Elles n'ont émergé que lors de la rencontre avec l'autre. Selon cette analyse, les groupes auraient besoin les uns des autres pour se définir et se nommer. Dans le cas des *Pākehā*, cela semble évident, mais dans le cas des *Māori*, cela peut ne pas être compréhensible à première vue dans une perspective européenne. Avant l'arrivée des colons européens et pendant une longue période de la colonisation européenne, il n'existait pas de communauté *māori*. Les autochtones se désignaient eux-mêmes sous le nom de *Tangata Māori*, ce qui signifie simplement qu'ils sont des êtres humains et non des êtres surnaturels (*ibid.*, p. 12). Salmond décrit les conditions de vie des différentes tribus *māori* comme un « archipel d'îles, séparées les unes des autres par des collines et des montagnes ainsi que par la mer, dont les habitants vivent pour la plupart en paix les uns avec les autres et entretiennent un vaste réseau d'échanges et de communication le long des rivières, des chemins terrestres et maritimes[5] » (Salmond, 1991, p. 38). Avec l'arrivée des colons européens et la colonisation qui s'ensuivit, ce n'est que dans les années 1840 que le terme *Māori* s'est développé. Les *Māori* ont été vus comme un groupe unitaire, tout comme les Européens considérés comme un seul groupe de *Pākehā* (O'Malley, 2012, p. 12-13). Le terme *Pākehā* renvoyait auparavant à une seule sorte d'êtres surnaturels par opposition aux êtres humains. Le terme est apparu pour la première fois dans le récit d'un voyage en Nouvelle-Zélande de John Nicholas en 1817 ; on le retrouve dans le livre de Thomas Kendall et Samuel Lee, *Grammar and Vocabulary* (*Grammaire et vocabulaire*), en 1820. Dans les deux cas, on explique qu'il signifie « homme blanc » ou Européen (O'Malley, 2012, p. 13 ; Nicholas, 1817, p. 338 ; Kendall et Lee, 1820, p. 187).

J'ai noté plus haut que la cartographie historique distingue les cartes *māori* des cartes européennes. Cette différenciation est due aux différentes traditions qui sous-tendent ces deux types de cartes (voir Barton, 1998). Étant donné que les *Māori* ont une culture orale, il n'y avait pas de langue écrite *māori* avant les années 1820 (*ibid.*, p. 498). En outre, il n'y avait pas de mot pour dire « carte » dans la langue *māori* ; la première occurrence se trouve dans un dictionnaire anglais-*māori* de 1892. Cela ne veut pas dire que les *Māori* n'étaient pas habitués aux cartes, ils avaient simplement des pratiques de navigation différentes dans le Pacifique et entre les îles, comme l'observation des saisons et des étoiles (*ibid.*, p. 495-498 ; Wonu Veys, 2010, p. 27-28 ; Roberts, 2012, p. 741).

Philipp Barton donne des informations détaillées sur les cartes *māori*. Il décrit également les toponymes donnés par les *Māori* (Barton, 1998, p. 498-500). Comme il n'y avait pas de langage écrit, afin de se souvenir, ils chargeaient les toponymes d'une signification plus large comme un événement historique ou mythique. Chaque toponyme signifiait donc beaucoup plus qu'une simple dénomination (*ibid.*, p. 498). De plus, les toponymes sont fortement liés au paysage et décrivent la généalogie de la tribu, appelée *whakapapa*. Mein Smith le

5. « *Archipelago of islands, divided from each other by hills and mountains as well as by sea, with their inhabitants living mostly at peace with one another and maintaining an extensive network of exchange and communication along rivers, land paths and by the sea.* »

dépeint ainsi « posé comme une carte mentale à travers le pays, *whakapapa* agit comme un marqueur culturel, de sorte que la terre devint également l'ancêtre du peuple[6] » (Mein Smith, 2012, p. 12). Non seulement les êtres humains mais aussi les entités de la nature ont un *whakapapa*, comme le *kumara* (Roberts, 2012, p. 744). Roberts écrit : « Ainsi, pour qu'une chose existe et soit connue, elle doit avoir un *whakapapa* ; autrement dit, pour "connaître" une chose (ou une personne), il faut connaître son *whakapapa*[7] » (*ibid.*, p. 743).

Le *whakapapa* peut varier d'une tribu à l'autre et lorsqu'une tribu migre, elle emporte avec elle les toponymes et le *whakapapa* qui sous-tend les toponymes (Barton, 1998, p. 498). Cela signifie que l'ensemble de la Nouvelle-Zélande est constitué de plusieurs toponymes superposés, qui ne peuvent être compris que dans le contexte de l'histoire des tribus ; pour pouvoir naviguer d'île en île, il faut en connaître l'histoire. Ce qui semble séduisant, c'est l'idée que toute la structure est en jeu quand les toponymes sont simplement renommés, puisque la navigation dépend de ces toponymes. Le gouvernement néo-zélandais était conscient de ce problème et a fondé en 1946 le New Zealand Geographic Board (Commission géographique de Nouvelle-Zélande), chargé de nommer ou de renommer les lieux. En 1990, le Geographic Board a publié le *Māori Oral History Atlas* basé sur les travaux de Sorrenson et O'Reagan (New Zealand Geographic Board, 1990, p. 9). L'objectif était d'expliquer à la population néo-zélandaise ce qui se cache derrière les toponymes *māori* et de préserver le patrimoine culturel (*ibid.*, p. 13). L'atlas est rédigé à la fois en *māori* et en anglais. En outre, il est intéressant de constater la différence que font les auteurs entre les toponymes *pākehā* et *māori* : « La plupart des noms *pākehā* marquent des lieux individuels et des souvenirs individuels de morceaux d'histoire. Ils n'ont généralement pas de lien particulier entre eux, chacun étant autonome. La signification de nombreux noms *māori*, au contraire, ne peut être comprise que par leur lien avec d'autres noms et d'autres lieux. Des séries de noms appartiennent aux mêmes groupes, commémorant les voyages d'exploration d'un ancêtre, la mémoire mythique de la création de la terre ou une série d'événements traditionnels et de relations entre peuples. Cet atlas vise à enregistrer certaines des histoires qui relient des groupes de noms *māori* dans ce que nous appelons des cartes orales[8] » (*ibid.*, p. 13). Une étude intéressante de Berg et Kearns montre que les noms *pākehā* en Nouvelle-Zélande sont principalement masculins. Elle aborde également le fait qu'il y a eu des débats croissants autour du processus de changement de nom (Berg et Kearns, 2002).

6. « *laid as a mental map across the land,* whakapapa *acted as a cultural marker, so that the land also became the people's ancestor* ».

7. « *Hence for something to exist and be known, it must have a* whakapapa*; put another way, in order to know about a thing (or a person) one must know its* whakapapa. »

8. « *Most* Pākehā *names mark individual places and individual memories of parcels of history. They generally have no particular connection to each other, each standing in its own right. The meaning of many* Māori *names, though, can only be understood through their connection to other names and other places. The whole series of names belong together in groups, commemorating journeys of exploration by an ancestor, the myth memory of how the land was made or a series of traditional events and people relationships. This Atlas aims to record some of the stories that link group of* Māori *names in what we call Oral Maps.* »

Cependant, les cartes analysées ici sont celles qui ont été créées en relation avec le peuplement européen ou sous l'influence européenne. Elles révèlent la créolisation des *Māori* et des *Pākehā* lors des premières rencontres et les différentes représentations dont témoignent les cartes.

La carte de James Cook, 1771

Presque toutes les histoires de la Nouvelle-Zélande écrites d'un point de vue européen commencent par l'évocation de James Cook. Selon Michael King, James Cook est une figure centrale à la fois pour la culture mémorielle *māori* et européenne (King, 2012, p. 108). Ceci est intéressant car Cook n'était pas le premier Européen à arriver en Nouvelle-Zélande. Abel Tasman a tenté d'y débarquer en 1642, mais lui et son équipage échouèrent en raison de malentendus entre la tribu *māori* locale et son équipage. Ces malentendus entraînèrent la mort de quatre marins et après cette rencontre, la tentative européenne suivante fut celle de Cook (Mein Smith, 2012, p. 24).

L'une des sources *māori* contemporaines décrit Cook comme un homme « au comportement parfait de gentleman et de noble » (White, 1888, p. 124). Mein Smith dépeint dans son livre le *mythe humaniste de Cook*, puisqu'il est présenté comme un « héros des Lumières » au « comportement civilisé » (Mein Smith, 2012, p. 26). Au cours de ses voyages, Cook était accompagné de Tupaia, qui lui servait de diplomate durant son séjour à Tahiti. Comme Tupaia avait une grande connaissance des îles du Pacifique tout en étant un navigateur compétent, il dessina une carte exacte de 130 petites îles (Roberts, 2012, p. 741-742; Guiot, 2020). De plus, Cook et son équipage rencontrèrent différentes tribus *māori* au cours de leur voyage. Son premier mouillage et donc sa première rencontre avec les tribus *māori* locales eurent lieu dans la Mercury Bay (la baie de Mercury), sur la côte est de la péninsule de Coromandel (île du Nord). Lors de ce débarquement et d'autres qui suivirent en 1769, Tupaia favorisa la communication avec les tribus *māori* locales et joua le rôle de traducteur (Eckstein et Schwarz, 2019, p. 5).

Une unique source fournit des informations sur cette première rencontre. Il s'agit d'un rapport sur l'entretien avec Te Horeta te Taniwha, qui était enfant au moment de l'arrivée de Cook. Te Horeta te Taniwha a probablement été interviewé dans les années 1850 par Charles Heaphy et John White, qui ont utilisé plus tard leurs documents pour rédiger *The Ancient History of Māori*. Taniwha décrit James Cook de manière positive et explique que l'un des membres de l'équipage a demandé à l'un des hommes les plus âgés de sa tribu de dessiner une carte de la Nouvelle-Zélande. Avec du charbon, cet homme a commencé à dessiner sur le sol la carte de l'île du Nord et un des membres de l'équipage a copié cette carte. Les notes prises et la copie n'ont pas survécu. Barton soutient que le fait que les hommes les plus âgés de la tribu avaient compris ce que voulait James Cook et avaient entendu parler de la pratique de cartographie (Barton, 1998, p. 501). Cette première carte *māori* pourrait avoir influencé la carte qui a été dessinée en 1769-1770 lors de la première visite de Cook et qui a été utilisée pendant des décennies pour la colonisation de la Nouvelle-Zélande (figure 1 et pl. 7 du cahier d'illustrations). Cette carte a été publiée dans le *Journal of a Voyage to the South Seas* de Sydney Parkinson paru en 1773. Les noms et la carte en général sont devenus célèbres en Europe car le journal fut un *best-seller* (Berg et Kearns, 1996, p. 107).

Figure 1. – James Cook : carte des côtes de Nouvelle-Zélande.

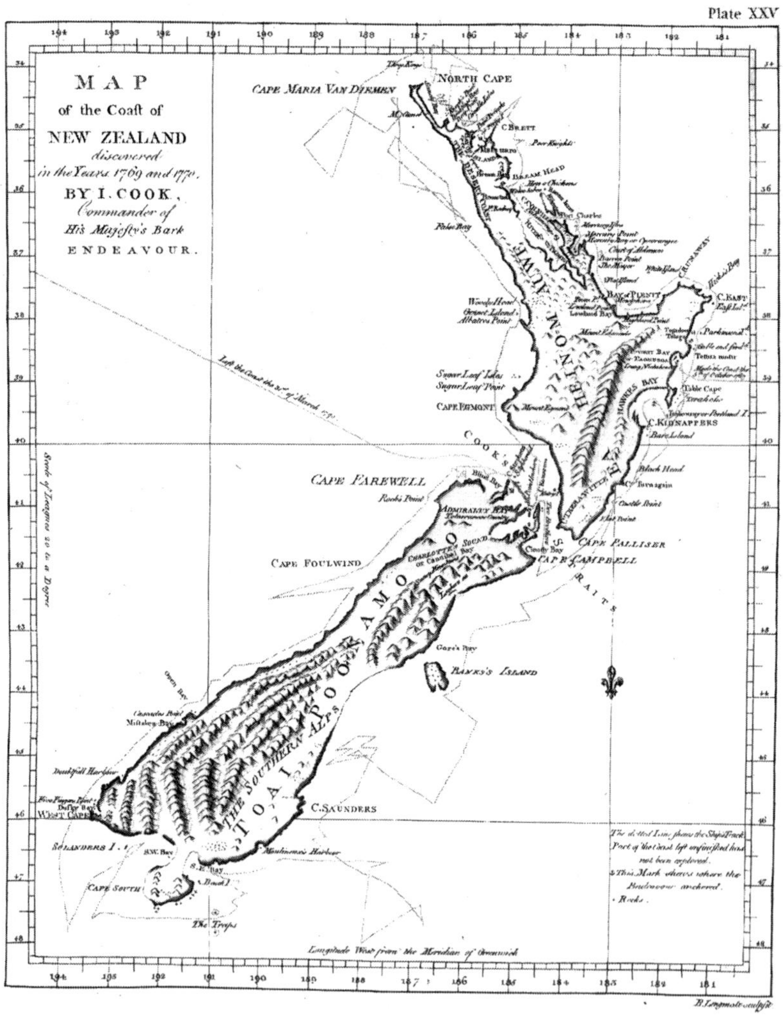

Source : Cook James, 1728-1779, *Map of the coast of the New Zealand discovered in the years 1769 and 1770, By I. Cook, Commander of His Majesty's Bark Endeavour*, B. Longmate sculpsit, [London, 1773]. Réf. : PUBL-0037-25, Alexander Turnbull Library, Wellington, Nouvelle-Zélande.

La carte montre pour la première fois le littoral des deux îles néo-zélandaises et de quelques petites îles qui les environnent. De plus, la carte est orientée vers le nord et autour de la carte, on peut voir le trajet de l'*Endeavour*, qui était le navire avec lequel Cook et son équipage avaient voyagé. La représentation du trajet donne à la carte une certaine dynamique. Les zones autour et à l'intérieur de l'île du Nord sont mieux décrites que celles de l'île du Sud, ce qui peut être expliqué par les conditions géographiques : l'île du Nord est plus aisée à approcher par mer et plus propice à l'agriculture, tandis que l'île du Sud, avec ses Alpes à l'ouest, est inaccessible. En outre, les conditions climatiques de l'île du Sud sont plus défavorables à la colonisation. Du côté des deux îles, il y a également une infrastructure en développement depuis les années 1790, car les baleiniers ont fondé de petits ports. En général, l'île du Nord de la Nouvelle-Zélande est plus densément peuplée que son homologue du Sud, qui est aujourd'hui plus marquée par l'agriculture (Berg et Kearns, 1996, p. 110-111).

La langue et les noms des lieux sur la carte sont souvent métaphoriques, comme Sandy Bay (baie sablonneuse) ou Cloudy Bay (baie nuageuse). La dénomination est également souvent liée à des expériences et à des impressions, par exemple pour Poverty Bay (baie de la pauvreté) sur la côte est de l'île du Nord. Cette appellation renvoie au fait que Cook et son équipage ont été responsables de la mort de sept *Māori* et en ont blessé cinq autres. En conséquence de ces événements, mais aussi en raison de l'impossibilité de se ravitailler dans ce secteur, il a nommé le lieu « Poverty Bay ». En outre, il y a des allusions évidentes à la terre d'origine de Cook comme l'écrit Orange (Orange, 2001, p. 21) : les *Alpes du Sud*, par exemple, renvoient aux Alpes en Europe. Cette façon de nommer est tout à fait typique des projets coloniaux qui « s'approprient l'espace en nommant les lieux et en cartographiant les paysages » (Berg et Kearns, 1996, p. 104).

La question qui se pose est de savoir quelles intentions se cachent derrière ces appellations. Carter affirme que Cook avait seulement pour objectif de préserver le statut d'exploration plutôt que d'attribuer une fonction d'autorité (Carter, 2010, p. 29). Cependant, en matière de représentation, la carte implique la prise de pouvoir par les Européens sur l'espace, ce qui est tout à fait typique des cartes d'exploration coloniale. En plus de la dimension coloniale, les toponymes de la carte sont également intéressants en termes de genre. Ils représentent non seulement l'Europe, mais aussi la masculinité, à l'exemple du *Mont Egmont* ou du *Port Charles* (Berg et Kearns, 1996). De nombreux toponymes existent encore aujourd'hui et des débats sont en cours sur le changement de nom des lieux en *māori* et sur la façon de prononcer les toponymes (Berg et Kearns, 2002). C'est le New Zealand Geographic Board, déjà mentionné, qui exerce la responsabilité du processus de changement de nom (voir Stokes, 1994).

Bien que la carte s'appelle *Cook's Map of New Zealand*, les explications précédentes montrent que Tupaia a pu influencer la création de la carte de la même manière que pour la *Māori Map*, qui n'existait pas encore. Cette carte représente clairement un point de vue européen, alors que la carte suivante est une sorte d'hybride puisque dans son titre est mentionné que des *Māori* pourraient avoir été impliqués.

La carte créée pour Edmund Storr Halswell par un groupe de *Māori* inconnus

Cette carte a été dessinée par un groupe de *Māori* inconnus pour Edmund Storr Halswell en 1841, c'est-à-dire dans le contexte du traité de *Waitangi* de 1840, qui est la base juridique de l'hégémonie britannique en Nouvelle-Zélande. Avec ce traité, la Nouvelle-Zélande est incluse dans l'empire britannique, dépendant de la colonie de Nouvelle-Galles du Sud (Mein Smith, 2012, p. 50). Pour les historiens, le traité de *Waitangi* est un sujet controversé, car on ne peut savoir si chaque tribu *Māori* en comprenait les conséquences, voire avait une idée de ce qu'était un traité sur le plan légal (Penetito, 2011, p. 1). La colonisation systématique de la Nouvelle-Zélande commence au lendemain du traité, qui a lui-même été suivi par les guerres néo-zélandaises au sujet des terres (*New Zealand Land Wars*) entre les tribus *māori* de l'île du Nord et la Couronne britannique dans les années 1845-1872. À cette époque, l'île du Sud était déjà légalement propriété européenne (Mein Smith, 2012, p. 73). Ces guerres entraînèrent d'importantes pertes humaines et foncières pour les tribus *māori* (Berg et Kearns, 1996, p. 105).

La carte (figure 2) a été créée pour Edmund Storr Halswell, arrivé en Nouvelle-Zélande en 1840. Il travaillait pour la New Zealand Company en tant que commissaire à la « gestion des terres réservées aux indigènes ». Dans sa dépêche à Londres, il parle de la langue parlée sur l'île du Sud : « La langue généralement parlée sur la côte où les Blancs se rendent est la plus barbare – un mélange d'argot vulgaire de marins, de bribes de français reprises parmi les baleiniers français, et d'anglais populaire[9] » (Halswell, 1842, p. 112). Il mentionne également la réalisation de la carte : « J'ai, en ce moment, quelques habitants du sud avec moi, qui travaillent sur une carte de l'ensemble des îles du Milieu et du Sud, apportant une description minutieuse de chaque baie et port de toute la côte, avec leurs noms d'origine, qui donnent généralement une idée correcte des promontoires, du sol, etc.[10] » (*ibid.*, p. 112). Ce qui ressort clairement de cette citation, c'est que Halswell simplifie à l'extrême les différentes tribus *māori* sous la rubrique générique de *Native* et surtout, qu'il est conscient du fait que les lieux ont déjà des toponymes *māori*. En outre, sa mission semble s'inscrire dans un objectif économique puisqu'il mentionne qu'il est important d'avoir une « idée correcte des promontoires, du sol, etc. » (*ibid.*, p. 112).

9. « *The language generally spoken on the coast where the white people resort, he wrote, is most barbarous—a mixture of low ship slang, scraps of French picked up amongst the French whalers, and vulgar English* [...]. »

10. « *I have, at this time, some natives from the south with me, who are at work upon a map of the entire Middle and Southern Islands, giving a minute description of every bay and harbor round the entire coasts, with their native names, which generally convey a correct idea of the headlands, soil etc.* »

Figure 2. – Croquis de l'île du Sud (« Middle Island ») de la Nouvelle-Zélande.

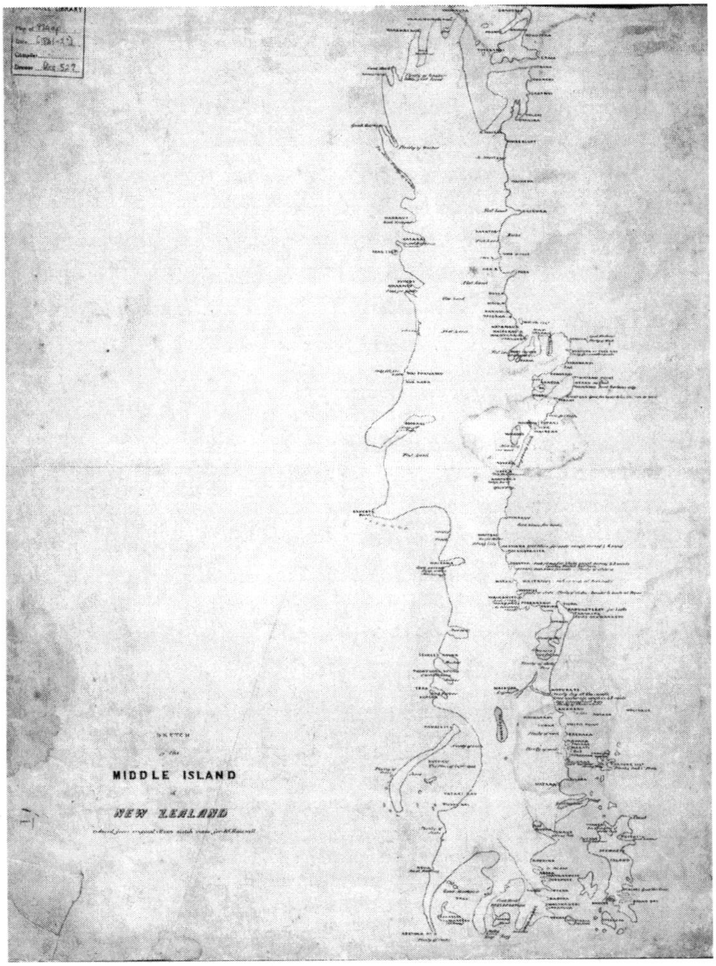

Source : *Sketch of the Middle Island of New Zealand* [ms map], reduced from original Māori sketch made for Mr Halswell [ca 1841-2], MapColl-834ap/[1841-2?]/Acc.527, Alexander Turnbull Library, Wellington, Nouvelle-Zélande.

La carte reprise ici est une copie de la carte originale réalisée dans les années 1900-1910 par les dessinateurs des Departments of Lands and Survey (Services du cadastre). La carte montre l'île du Sud et l'île Stewart au sud ; il s'agit principalement d'une carte de la zone côtière. Elle comporte les noms de différents ports et des descriptions des caractéristiques des ports et de la zone côtière, par exemple « bois en quantité, bon port, forte marée ou beaucoup de phoques ». Les noms en *māori* sont écrits en caractères gras alors que les descriptions sont écrites en italique. Toutefois, il n'y a pas d'informations sur l'intérieur des terres à l'exception des noms des lacs, ce qui donne l'impression que la question centrale est l'accès aux ressources, comme l'eau douce. En outre, Cook et ses voyages sont représentés sur la carte : tout d'abord, sur l'île Stewart, il est écrit *Ohakea. Bon port du capitaine Cook*; et sur la côte ouest de l'île Kutuku, est mentionné *Le lieu du capitaine Cook.* Ainsi l'intérêt est surtout l'accès à la terre, tout comme sur la première carte de Cook. Bien que cette carte ait été dessinée par un groupe de Māori inconnus, selon les informations, elle pourrait s'intituler « Conseils et astuces pour la colonisation » (*Hints and Tips for Colonization).* Seuls les toponymes *māori* montrent que des Māori pourraient avoir été impliqués dans la réalisation de la carte.

Comme cette carte est datée du début des années 1840, on pourrait dire que la carte tente de donner des informations sur les conditions géographiques de l'île du Sud pour de futurs colons européens. Cela devient évident dans les descriptions mentionnant *forte marée, terre plate* ou *bon port.* Les toponymes *māori* sont les plus nombreux, mais il existe aussi quelques toponymes anglais (par exemple George's Sound). On pourrait dire que, même si Halswell a commandité la carte, les toponymes *māori* constituent une sorte de démonstration silencieuse de la puissance des *Māori.* Une façon plus négative de lire la carte serait de supposer que Halswell voulait avant tout avoir connaissance des endroits où certaines tribus exerçaient leur influence, mais, dans l'ensemble de la carte, il y a trop peu d'informations sur les tribus pour défendre cet argument. Ce qui est évident, c'est que cette carte, comme la première carte de Cook, met en évidence le niveau de connaissances du projet colonial d'un point de vue européen, avec l'influence de Tupaia pour la première carte et d'un groupe de *Māori* inconnus pour la deuxième. Leur objectif principal est d'indiquer les endroits qui ont déjà été explorés et ceux qui doivent encore l'être. La négociation du pouvoir se trouve, dans les deux cartes, à un niveau implicite et est, entre autres, exprimée dans les toponymes.

La carte de Tuki de la Nouvelle Zélande, 1793

La troisième carte est la plus ancienne. Appelée *Carte Māori*, elle a été publiée en 1804 dans *Account of the English Colony in New South Wales* de David Collins (Collins, 1804). Le *Māori* Tuki l'a dessinée en 1793, la même année que lui et son collègue Huru ont été enlevés par le gouverneur King et son équipage sur les îles Cavalli, petites îles situées à l'est de l'île du Nord, et emmenés de Port Jackson à l'île isolée de Norfolk, au nord de ce qui est aujourd'hui la Nouvelle-Zélande. À cette époque, l'île de Norfolk était un avant-poste de la colonie pénitentiaire de Port Jackson, établie en 1788. Les deux jeunes *Māori* avaient pour tâche d'apprendre aux bagnards comment travailler le lin. Cependant, aucun des deux ne connaissait ce travail puisque, dans leur communauté, les femmes étaient responsables de cette tâche (Collins, 1804, p. 343). Pendant leur séjour sur l'île de Norfolk, ils ont vécu avec la famille du lieutenant-gouverneur Philip Gidley King, alors responsable de la colonie pénitentiaire. Dans un article, Salmond décrit en détail les conditions de vie qui avaient pu être celles des deux jeunes *Māori.* Elle affirme qu'ils avaient des conditions de vie relativement bonnes par rapport aux condamnés, en raison de la tâche qu'ils étaient censés accomplir et du fait qu'ils vivaient avec le lieutenant-gouverneur et sa famille (Salmond, 1993, p. 207). En outre, le gouverneur était disposé à apprendre un peu de *māori* tout comme Tuki et Huru avaient appris l'anglais (Barton, 1998, p. 508). Lors d'une conversation entre Tuki et le gouverneur, le premier dessina une carte de la Nouvelle-Zélande pour expliquer au second ses connaissances culturelles. La carte a d'abord été dessinée à la craie sur le sol d'une pièce, puis transcrite sur papier (Collins, 1804, p. 343) [figure 3]. Selon Salmond, le secrétaire de King a surtout commenté et annoté, mais David Collins, qui a décrit cette rencontre et qui était à cette époque le secrétaire de King, mentionne que Tuki lui-même a fait des remarques sur la carte (*ibid.*, p. 343). Ainsi, la carte documente le déroulement du dialogue interculturel entre Tuki, le gouverneur et son secrétaire. Bien que la situation ne se soit produite que parce que Tuki et Huru avaient été enlevés, ce qui signifie que Tuki se trouvait dans une situation d'impuissance, on peut affirmer que les échanges autour de cette carte ont été plus ouverts que pour les deux autres cartes. Dans les trois cas, les relations de pouvoir jouent un rôle important, mais le transfert de connaissances et l'action de Tuki dans cette rencontre ne peuvent être négligés. Ceci est également confirmé par le fait que les *Māori* du *Northland*, zone d'origine de Tuki et Huru, maintinrent une relation continue avec la famille du gouverneur. Lorsque *Kaawana Kiingi*, terme *māori* pour désigner le « gouverneur », est revenu en 1795, il a été reçu de façon extrêmement positive, du moins selon la tradition (Salmond, 1993, p. 225). En novembre 1793, Tuki et Huru sont rentrés chez eux après un séjour d'environ six mois, qui est mentionné sur la carte.

Figure 3. – Esquisse de la Nouvelle-Zélande, dessinée par Tooke-Titter-a-nui Wari-edo.

Source : Tuki-Tahua, *Chart of New Zealand drawn by Tooke-titter-a-ni Wari-pedo, a priest of that country who resided on Norfolk Islands 6 months*, Réf. : 830ap [1793) (1804), Alexander Turnbull Library, Wellington, Nouvelle-Zélande.

La carte n'est pas dessinée avec le nord mais avec l'est en haut, ce qui est parfaitement logique car Tuki l'a dessinée du point de vue de ses îles d'origine, les îles Cavalli, à l'est de l'île du Nord. En outre, la région dont Tuki est originaire et qu'il connaît donc mieux, le *Northland*, est représentée plus grande que l'île du Sud, très petite sur cette carte. Néanmoins, il connaissait l'existence de l'île du Sud. La ligne qui traverse l'île du Nord du sud au nord est un chemin utilisé par les esprits des morts pour atteindre le monde souterrain. En *māori*, le chemin s'appelle *Te Ara Whanui* et il se termine à *Terry-inga*, qui s'appelle aujourd'hui cap Reinga.

De plus, la carte indique les lieux où Tuki et Huru ont été enlevés et où ils ont quitté le navire lorsqu'ils sont rentrés chez eux le 13 novembre 1793. Une autre information que la carte nous donne est le nombre d'habitants et – à certains endroits – le nombre de combattants. En outre, elle montre les relations entre les différentes tribus, comme *Chief Intimicalto Ho-do-do and Teer-a-witte in Amity with Moodoo-When-ua-Tettua-Wodo* et ainsi de suite. Par ailleurs, on trouve un peu de flore sur la carte : on peut voir, par exemple, les arbres *kauri* en haut de la carte (Barton, 1998, p. 507), ce qui est très intéressant puisque les arbres *kauri* sont d'une grande importance dans la culture *māori*. D'après le *whakapapa* (généalogie), les arbres *kauri* et les baleines (*tohora*) sont frères. Tane (le dieu des forêts) a fait don de la baleine à Tongaroa (le dieu de la mer) et c'est ainsi que les arbres *kauri* ont obtenu en guise d'écorces leurs écailles, qui ressemblent aux écailles des baleines (Kauri Standing, 2016). Comme je l'ai mentionné ci-dessus, la carte montre une situation d'échange culturel entre le gouverneur, Tuki et son secrétaire. Tuki a essayé d'expliquer au gouverneur la culture et les croyances des *Māori*, en particulier celles de sa tribu du nord.

Dans la culture *māori*, il existe un lien étroit entre les phénomènes géographiques tels que les lacs, les collines, les forêts ou les *kauri*, et les événements culturels, les croyances religieuses et les *whakapapa*. Les cartes orales jouent ici un rôle important car elles sont un moyen de transmission intergénérationnelle. Elles aident à se souvenir et à communiquer ou à transmettre ces liens aux générations suivantes. On peut citer en exemple le cap Reinga, au nord de l'île du Nord, où l'océan Pacifique et la mer de Tasmanie s'affrontent. C'est précisément à cet endroit que les âmes des morts rejoignent le monde souterrain. Un autre exemple est celui des grands arbres *kauri*, mentionnés plus haut.

Pour résumer, les choses que le *Māori* vit dans la nature sont toujours liées à leur généalogie et aux événements historiques. En outre, cela signifie que l'histoire en tant que telle est toujours disponible, car on peut la vivre dans la nature (New Zealand Geographic Board, 1990, p. 13). Cette carte démontre que les *Māori* avaient l'habitude des cartes, non pas de cartes écrites ou dessinées, mais de cartes mentales transmises oralement, des cartes orales qui diffèrent d'une tribu à l'autre et d'une génération à l'autre. Cela montre également que les déplacements dépendent de l'appartenance à une communauté inclusive, car les échanges sur la géographie nécessitent des informations sur l'histoire et sur les ancêtres. Les étrangers ne comprendraient rien de la géographie de la Nouvelle-Zélande.

Les marques et les annotations faites par Tuki ou le secrétaire sur la carte sont nécessaires à ce titre. Le dessin de cette carte est donc à la fois une technique de compréhension culturelle et un moyen de traduction des connaissances afin de négocier le pouvoir et les biens des deux côtés. De plus, il renvoie aux questions posées au départ : Tuki a utilisé la situation pour expliquer sa vision du monde non seulement au gouverneur ou au secrétaire, mais aussi, probablement sans que Tuki le sache, aux lecteurs du rapport de Collins dans lequel la carte a été publiée (Standfield, 2012, p. 87-88).

Conclusion

En comparant les trois cartes, il est évident que l'on ne peut pas exactement faire la distinction entre les cartes dites *pākehā* et *māori*. Chaque carte est née dans le contexte d'un échange, même si le niveau des échanges diffère. De plus, les *Māori* ne faisaient pas référence à ce que les Européens entendent par carte ; le terme « carte *māori* » est donc contradictoire. Il apparaît également clairement que les *Māori* n'étaient pas passifs sur le terrain de jeu européen. Ils jouèrent activement leur rôle, ce qui est particulièrement évident pour la carte dessinée par Tuki. La carte de Cook montre clairement que, bien que la carte ressemble à première vue à une carte coloniale typique, l'influence et l'aide de Tupaia et de différentes tribus *māori* ne peuvent être niées. La carte de Halswell contient des toponymes *māori* et, de plus, les créateurs de la carte indiquent que les *Māori* ont participé à sa réalisation. Il n'en reste pas moins vrai que la carte a été clairement créée dans l'intention de faciliter la future colonisation de l'île du Sud. La question du pouvoir en matière de dénomination est négociée dans toutes les cartes, mais dans la seule carte de Tuki, même si elle n'a pu naître que dans le cadre d'un enlèvement, il y a eu un échange interculturel. Bien sûr, il y avait encore un différentiel de pouvoir entre les acteurs, mais la communication était plus ouverte que dans les deux autres cartes. Il semble que Tuki ait activement influencé la situation et la façon dont le gouverneur et le secrétaire ont vu la Nouvelle-Zélande. Cependant, le fait que certains des noms que nous trouvons sur la carte de Cook persistent encore aujourd'hui et que le travail du New Zealand Geographic Board est toujours en cours, montre qu'il y a toujours un besoin de discussion ou de négociation dans la société. Ces négociations ont lieu dans l'utilisation quotidienne des toponymes.

De plus, chaque carte représente une Nouvelle-Zélande différente. La carte de Cook, en utilisant divers toponymes impliquant soit une expérience, soit l'influence européenne, montre une Nouvelle-Zélande de rencontres et d'explorations. Elle montre aussi une Nouvelle-Zélande redécouverte par « le grand James Cook ». La carte créée pour Storwell représente une île du Sud pleine de ports, des ressources naturelles et d'opportunités économiques, mais également influencée par certaines tribus puisqu'elle comprend des toponymes *māori*. La dernière carte dessinée par Tuki représente la Nouvelle-Zélande, ou plutôt l'île du Nord, comme une géographie composée de couches spirituelles et historiques.

Les cartes traitent aussi implicitement de divers concepts historiques. En dessinant une carte sur papier et en écrivant des toponymes, les *Māori* ont adapté une méthode européenne. Comme je l'ai mentionné au début, l'histoire des *Māori* a toujours été présente parce qu'elle est liée à des phénomènes géographiques : ceux-ci n'avaient pas besoin de l'écrire; ils avaient les cartes mentales en tête alors que l'histoire européenne s'est développée comme une discipline écrite avec des sources écrites (Regazzoni, 2019, p. 14). Mein Smith fait également état de ce dilemme : « Un des problèmes de l'histoire en tant que discipline est qu'elle commence non simplement avec les sociétés humaines mais aussi avec les écrits, de sorte que les personnes qui possèdent une culture orale deviennent des personnes sans histoire[11] » (Mein Smith, 2012, p. 18).

Cette tension dans les débats historiques entre les cultures écrites et orales est aussi particulièrement évidente dans le concept de *whakapapa*. Comme le dit clairement Nepia Mahuika, ce concept a connu une évolution vers l'écriture depuis l'arrivée des colonisateurs européens. Par exemple, tout au long du XXe siècle, il était assez courant que les familles *māori* aient une version écrite de leurs chansons et de leurs mythes. En même temps, il y avait des écoles *māori* qui utilisaient des méthodes orales pour se souvenir des *whakapapa* (Mahuika, 2019, p. 6). Dans le contexte de la décolonisation, la voix des communautés *māori* et des érudits *māori* a pris de l'ampleur et de nouvelles méthodes et définitions de *whakapapa* ont été négociées (*ibid.*, p. 9). Depuis l'arrivée des colonisateurs, les traditions écrites et orales s'entremêlent constamment, ce qui se manifeste jusqu'à aujourd'hui dans les cartes mentales, les toponymes et les divers écrits historiques.

En regardant ces cartes, on ne peut que deviner tout ce que l'on peut apprendre en analysant les cartes orales et les concepts spatiaux en général. Cela encourage les historiens à se demander comment écrire l'histoire et à regarder en dehors du cadre européen. Comme l'écrit Lisa Regazzoni, l'interprétation de sources autres que les documents écrits permet d'entendre différentes voix dans diverses réalités historiques (Regazzoni, 2019, p. XXIX). Avec d'autres sources, on pourrait explorer les intentions des colonisateurs et mieux comprendre les connaissances qu'ils ont acquises auprès des *Māori*. Une autre question qui découle de cette contribution concerne la représentation spatiale des communautés *māori* aujourd'hui. Ces dernières ont-elles encore des représentations spécifiques de l'espace et l'expriment-elles oralement ou sous une autre forme, par exemple dans l'art ? Avant tout, l'interprétation de sources non écrites invite les historiens à la découverte de réalités historiques différentes.

11. « *One problem with history as a discipline is that it begins not just with human societies but with the written record so that people who possess an oral culture become people without a history.* »

Bibliographie

Anonyme, 2018, « The Kiwi Model, Why New Zealand's Maori do better than Australia's Aboriginals », *The Economist*, [https://www.economist.com/international/2018/12/01/why-new-zealands-maori-do-better-than-australias-aboriginals], consulté le 9 avril 2021.

Barton Phillip L., 1998, « Māori Cartography and the European Encounter », *in* Lewis Malcolm G. et Woodward David (dir.), *Cartography in the Traditional African, American, Arctic, Australian, and Pacific Societies*, Chicago/Londres, The University of Chicago Press, p. 493-536.

Berg Lawrence D. et Kearns Robin A., 1996, « Naming as norming: "Race", Gender, and the Identity Politics of naming Places in Aotearoa/New Zealand », *Environment and Planning D: Society and Space*, vol. 14, n° 1, p. 99-122.

Berg Lawrence D. et Kearns Robin A., 2002, « Proclaiming Place: Towards a Geography of Place Name Pronunciation », *Social & Cultural Geography*, vol. 3, n° 3, p. 283-302.

Carter Paul, 2010, *The Road to Botany Bay. An Exploration of Landscape and History*, Minneapolis, University of Minnesota Press.

Collins David, 1804, *An Account of the English Colony in New South Wales from its first Settlement in January 1788 to August 1801*, Londres, A. Strahan.

Eckstein Lars et Schwarz Anja, 2019, « The Making of Tupaia's Map: A Story of the Extent and Mastery of Polynesian Navigation, Competing Systems of Wayfinding on James Cook's Endeavour, and the Invention of an Ingenious Cartographic System », *The Journal of Pacific History*, vol. 54, n° 1, p. 1-95.

Guiot Hélène, 2020, « Cartographie d'une rencontre historique : la carte dite de Tupaia », *in* Kouamé Nathalie, Meyer Éric et Viguier Anne (dir.), *Encyclopédie des historiographies : Afriques, Amériques, Asies*, vol. 1 : *Sources et genres historiques*, Paris, Presses de l'Inalco, p. 203-206, [http://books.openedition.org/pressesinalco/22084], consulté le 19 avril 2021.

Halswell Edmund Storr, 1842, « The Natives. Report of E. Halswell, Esq., On the Numbers and condition of the Native Population, Wellington, Nov.11, 1841 », *The New Zealand Journal*, vol. 61, p. 111-113.

Harley John Brian, 2001, *The New Nature of Maps. Essays in the History of Cartography*, Baltimore, John Hopkins University Press.

Helander Kaisa R., 2014, « Sámi Placenames, Power Relations and Representation », *in* Clark Ian D., Hercus Luise et Kostanski Laura (dir.), *Indigenous and Minority Placenames: Australian and International Perspectives*, Canberra, ANU Press, p. 325-349.

Kendall Thomas et Lee Samuel, 1820, *A Grammar and Vocabulary of the Language of New Zealand*, Londres, Church Missionary Society.

King Michael, 2012, *The Penguin History of New Zealand*, Londres, Penguin Group.

Mahuika Nepia, 2019, « A Brief History of Whakapapa: Māori Approaches to Genealogy », *Genealogy*, vol. 3, n° 2, p. 1-13.

Mein Smith Philippa, 2012, *A Concise History of New Zealand*, Cambridge, Cambridge University Press.

New Zealand Geographic Board, 1990, *He Korero Pūrākau Mo Ngā Taunahanahatanga A Ngā Tūpuna. Place Names of the Ancestors. A Maori oral History Atlas*, Wellington, Government Printing Office.

NICHOLAS John Liddiard, 1817, *Narrative of a Voyage to New Zealand, Performed in the Years 1814 and 1815 in Company with the Rev. Samuel Marsden*, vol. 2, Londres, James Black and Son.

O'MALLEY Vincent, 2012, *The Meeting Place. Māori and Pākehā Encounters 1642-1840*, Auckland, Auckland University Press.

ORANGE Claudia, 2001, « The Māori People and the British Crown (1769-1840) », *in* SINCLAIR Keith (dir.), *The Oxford Illustrated History of New Zealand*, Oxford, Oxford University Press, p. 21-48.

PENETITO Wally, 2011, « Reflections on the Treaty: An Introduction », *in* O'MALLEY Vincent (dir.), *The Treaty of Waitangi Companion: Māori and Pākehā from Tasman to Today*, Auckland, Auckland University Press, p. 1-7.

REGAZZONI Lisa, 2019, « Einleitende Gedanken: Was für die Geschichte übrig bleibt », *in* REGAZZONI Lisa (dir.), *Schriftlose Vergangenheiten. Geschichtsschreibung an ihrer Grenze – von der Frühen Neuzeit bis in die Gegenwart*, Berlin/Boston, De Gruyter/Oldenbourg, p. 9-35.

ROBERTS Mere, 2012, « Mind Maps of the Māori », *Geo Journal*, vol. 77, n° 6, p. 741-755.

SALMOND Anne, 1991, *Two Worlds. First Meetings between Māori and Europeans 1642-1777*, Auckland, Viking.

SALMOND Anne, 1993, « Kidnapped: Tuki's and Huri's involuntarily Visit to Norfolk Island in 1793 », *in* FISHER Robin et JOHNSTON Hugh (dir.), *From Maps to Metaphors: The Pacific World of George Vancouver*, Vancouver, University of British Columbia Press, p. 191-226.

STANDFIELD Rachel, 2012, *Race and Identity in the Tasman World, 1769-1840*, Londres/New York, Routledge.

STOKES Evelyn, 1994, « Geographic Naming in New Zealand: The Role of the New Zealand Geographic Board », *New Zealand Geographer*, vol. 50, n° 1, p. 51-54.

TIAKINA KAURI, 2016, *Significance of Kauri to Māori Culture*, [https://www.kauridieback.co.nz/significance-of-kauri/], consulté le 22 janvier 2020.

WHITE John, 1888, *The Ancient History of the Maori. His Mythology and Traditions: Tai-Nui*, vol. 5, Wellington, George Didsbury Government Printer.

WONU VEYS Fanny, 2010, *Mana Māori. The Power of New Zealand's First Inhabitants*, Leyde, Leiden University Press.

7

La bande dessinée

De la découverte des mondes aux mondes à découvrir

***Julien* Champigny**

Lorsque l'on rapproche les deux termes que sont « découverte » et « bande dessinée », un troisième apparaît assez vite qui est celui d'imaginaire. Si la bande dessinée est picturale, si elle est « image », on l'appréhende souvent aussi et peut-être principalement comme un moyen de découvrir des mondes imaginaires, notamment ceux que l'on rattache usuellement à l'enfance.

Cette première vision est évidemment trop caricaturale et simplificatrice. Il faut, pour comprendre les liens complexes qui se tissent entre bande dessinée et découverte, rappeler que la bande dessinée n'est pas seulement l'objet que nous connaissons sous forme d'album ou de magazine. Elle est d'abord un mode d'expression, certains disent un langage, que l'on définira simplement ici, et sans entrer dans les débats que cette définition suscite, par l'association du texte et de l'image organisés en séquences narratives (McCloud, 1999).

Ainsi, en partant du fait que la bande dessinée est un média, un vecteur particulier de connaissance, il est important de considérer les spécificités de ce mode d'expression pour comprendre leurs effets sur l'information que l'objet relate, sur la découverte qu'il permet.

Ce qui vient d'être évoqué donne un sens tout à fait particulier aux termes, très géographiques, de monde et de découverte. Le mode d'expression qu'est la bande dessinée a en effet une capacité remarquable à créer des mondes, au sens d'espaces, à formuler des espaces cognitifs chez le lecteur, ce que l'on peut nommer des *espaces-créés*. Cette propriété est des plus pertinentes pour une approche de géographe qui cherche à mettre en parallèle la découverte du réel et de l'imaginaire. Comme l'espace est un produit social que le voyage ou le déplacement permettent de parcourir, l'*espace-créé* est le produit de la narration, qui implique un réel processus de découverte lors de la lecture d'une bande dessinée. La progression au sein d'un ouvrage correspond de la sorte à une prise de connaissance progressive d'une réalité spatiale.

La bande dessinée peut ainsi relater un élément réel et être alors un moyen de le découvrir. Mais elle peut également donner vie à des mondes imaginaires, fictifs, dont la diversité est sans fin, tout comme elle peut également formuler des espaces plausibles. Cette catégorie du plausible est très intéressante car si elle n'est pas une relation du réel, elle ne doit pas pour autant être considérée comme fictive. Le plausible est en effet une forme d'entre-deux, il est ce qui pourrait être, même si son existence n'est en rien assurée.

Cette capacité si forte de la bande dessinée à illusionner le lecteur, qui ne distingue plus alors imaginaire et réel, pose la question du rapport complexe entre « connaissances imaginaires » et « découverte du réel ». On a fréquemment tendance, notamment en géographie, à opposer la croyance, qui se nourrirait d'imaginaire, et la connaissance, appuyée sur des faits vérifiables. Ainsi, à l'opposé d'une cartographie qui a longtemps comblé les blancs de la carte en les peuplant de monstres, l'imaginaire s'apparentant alors à une fermeture au réel, la géographie a promu la découverte. Et si les *terra incognita* se font rares, c'est le terrain, la confrontation au réel, qui demeure souvent une école de formation incontournable.

Il paraît cependant intéressant de dépasser cette opposition en l'abordant sous un autre angle. Ne devrait-on pas considérer l'*espace-créé* par la bande dessinée, l'imaginaire plus ou moins plausible que le lecteur découvre, comme une recomposition et non une opposition, une réécriture du réel en interaction permanente avec lui ? Ne doit-on pas également concevoir toute découverte comme relevant à la fois de l'imaginaire et du réel ? Autrement formulé, peut-on concevoir la découverte du réel et celle de l'imaginaire comme deux catégories distinctes ? Ce questionnement est essentiel pour appréhender notre relation au réel. Le « monde », aussi bien celui qui nous est propre et nous entoure que ce que l'on désigne couramment sous le terme d'espace, est médiatisé, objet de représentations, et ne se résume pas à des réalités tangibles.

Il ne peut être possible de poser ici ces questions à l'ensemble, très vaste, des ouvrages qui constituent le monde de la bande dessinée. Les biais culturels qui président aux systèmes de production et d'édition rendent d'ailleurs la question de la découverte, de la relation au monde, très différente. La narration en album n'a pas le rythme de celle en feuilleton, tout comme le format de poche ne permet pas les mêmes figurations que celui des grandes planches. C'est pourquoi nous privilégierons un corpus constitué d'albums issus de la tradition dite « franco-belge », qui est la plus coutumière en France. Mais même là, les possibles sont pour le moins nombreux. Les lignes qui vont suivre s'appuient donc sur une sélection toute personnelle d'ouvrages, constituée à dessein pour soutenir la démonstration. Il semble pourtant que nombre de points peuvent en être généralisés au-delà des quelques exemples utilisés.

Pour interroger les interactions complexes entre la découverte toujours active, car sans fin, de l'imaginaire, et celle achevée du réel fini, on cherchera dans un premier temps à justifier la capacité à illusionner le réel propre à la bande dessinée. C'est en effet à partir de là que le processus de découverte implique des relations complexes entre réel et imaginaire. Et on abordera finalement le rôle du lecteur dans ce processus qui confronte imaginaire et connaissance, car il est évident que sans lui, rien de tout cela ne serait.

La bande dessinée comme langage

Pour mieux appréhender ce qu'implique la bande dessinée, il est nécessaire d'évoquer la capacité toute particulière du langage qu'elle représente à illusionner le réel.

Un moyen d'illusionner le réel...

Pour cela, il faut revenir à la courte définition de la bande dessinée donnée précédemment, soit un assemblage de textes et de dessins organisés séquentiellement dans un but narratif. En ce sens, la narration mise en place raconte l'histoire en s'appuyant sur les liens logiques entre les vignettes. Cette idée de la séquence est très proche de la façon dont se constitue l'image mentale d'un espace, ce que l'on nomme en géographie l'espace vécu.

Ainsi Julien Gracq, dans *La forme d'une ville* à propos de l'image qu'il se faisait de Nantes, écrivait « les radiales d'abord, que j'ai souvent parcourues à partir du centre [...] puis des instantanés qui ne se recoupent pas, et projettent sur la cité un canevas troué dans les interstices duquel flottent des zones opaques » (Gracq, 1985, p. 200-201). La manière qu'a l'auteur de relater sa vision de Nantes, son vécu spatial, est très proche de celle qu'une bande dessinée pourrait donner. Les radiales, les parcours, correspondent dans la bande dessinée à ceux des personnages, aux logiques de la narration. Les instantanés qui ne se recouvrent pas sont autant de vignettes, d'images, de paysages juxtaposés qui laissent des « zones opaques » car tout comme nous ne connaissons pas tout d'une ville, l'iconographie au sein d'une bande dessinée ne représente pas tout et laisse des interstices, des éléments non figurés, ne serait-ce que les caniveaux entre les vignettes.

Ainsi, on peut considérer que la bande dessinée donne forme à un espace à partir de composantes qui se structurent de la même façon que s'organisent notre conscience de l'espace et notre image cognitive des espaces. C'est en ce sens que l'on peut dire que la bande dessinée a une capacité remarquable à illusionner le réel pour le lecteur. Bien que l'espace produit par la narration puisse alors être pleinement fictif, et perçu consciemment comme tel par le lecteur, il n'en demeure pas moins qu'il s'organise comme s'organise sa conscience du réel.

... mais un vecteur limité pour rendre compte du réel

Si le langage de la bande dessinée a capacité à illusionner le réel, ne doit-on pas alors le concevoir comme un bon moyen d'accéder au réel ? La bande dessinée n'a-t-elle pas une sorte de vocation documentaire pour nous permettre de découvrir le monde ? La multiplication des publications de bandes dessinées documentaires semble aller dans ce sens. Depuis Joe Sacco, que l'on peut considérer comme le pionnier de cette bande dessinée de reportage, qui a ainsi fait découvrir à des milliers de lecteurs la Palestine et la Bosnie (Sacco, 1996 et 2001), à Guy Delisle qui raconte Shenzhen, la Corée du Nord ou la Birmanie (Delisle,

2000 ; 2003 et 2007), en passant par Zerocalcare et le Rojava, le Kurdistan syrien (Zerocalcare, 2016), il est évident que la bande dessinée peut permettre de découvrir des réalités plus ou moins lointaines et méconnues.

Cependant, la question de l'intérêt documentaire de la bande dessinée demeure. En effet, l'évocation d'un réel ne doit pas faire oublier que ces bandes dessinées sont le plus souvent des autobiographies, avec une mise en scène omniprésente de l'auteur dans celles citées. Il existe alors un biais important dans l'accès au réel. C'est bien davantage l'espace vécu de l'auteur que l'espace tout court, c'est davantage le monde de l'auteur et non le réel que le lecteur découvre à sa suite. S'il est évident que le documentaire n'est jamais une relation immédiate du réel, il faut demeurer conscient de la distinction qui existe entre vécu et réel.

La question des temporalités

Cette première limite à la capacité documentaire de la bande dessinée doit être complétée par l'approche des temporalités. Car si l'espace de l'album est organisé pour produire la temporalité de la séquence, l'espace des personnages créés par la narration est une réalité synchronique que la lecture rend présente pour le lecteur. Pour prendre un exemple bien connu, à chaque fois que quelqu'un lit *Tintin au Congo*, Tintin redécouvre ce Congo, caricatural et colonial, et le lecteur avec lui.

Si l'exemple d'Hergé est pris à dessein – ce dernier ne datant jamais ses aventures, il laisse ainsi son héros immuablement jeune et présent –, il faut aussi prendre en considération que la bande dessinée documentaire est également une production datée. Il est ainsi difficile en géographie de considérer la bande dessinée comme donnant accès au réel présent. Pour reprendre l'exemple de *Kobane Calling*[1] (Zerocalcare, 2016), l'auteur insiste à la fin de l'ouvrage sur l'impossibilité de terminer l'évocation du présent ; le Rojava mis en scène est la relation d'un voyage qui en 2020 ne correspond plus à une réalité qui a déjà changé. Zerocalcare met lui-même en scène cette incapacité qu'a la bande dessinée, si longue à produire, à relater un présent si fluide en évoquant la mémoire des personnages présents dans la narration mais décédés au combat au moment de la parution.

Ainsi, il faut demeurer conscient à la fois de la capacité de la bande dessinée à illusionner la dimension spatiale du réel, mais aussi du fait que ce n'est pas dans la présentation du réel que cette spécificité trouve son intérêt premier. C'est en effet davantage dans la formulation d'espaces, plus ou moins plausibles, plus ou moins fictifs, mais qui offrent de réelles découvertes, que la bande dessinée excelle.

1. Sans dévoiler le cœur de l'ouvrage, *Kobane Calling* est la relation par Zerocalcare de son voyage au Rojava alors marqué par les combats qui opposent, autour de Kobané notamment, les YPG – les unités de protection du peuple kurde – à la fois à l'armée turque et aux troupes de Daesh.

Les mondes à découvrir de la bande dessinée

Pour cerner ce qu'implique la découverte de ces espaces de la bande dessinée, il faut tenter de préciser tout d'abord comment ils sont formés.

Comment se crée un monde ?

Comme on l'a dit, si l'on reste sur l'idée de « l'art séquentiel », le propre des images qui constituent une bande dessinée est d'être solidaires pour parvenir à être narratives. Cela conduit Thierry Groensteen à formuler le terme d'*arthrologie*[2] qui a pour but de désigner toutes les formes de relation que les images peuvent avoir entre elles (Groensteen, 1999).

Cette approche est des plus pertinentes pour appréhender la façon dont la narration donne forme à l'*espace-créé*. En effet, on peut considérer que l'iconographie d'une bande dessinée fournit une description des composantes de l'espace des personnages, comme une série de paysages[3] pourrait figurer les composantes visibles d'un espace. Cependant, la bande dessinée ne se limite pas à la figuration de paysages, les éléments représentés n'ont pas qu'un rôle de décors. En effet, l'*espace-créé* est différent de la somme de ces « paysages ». Il est marqué par des fonctionnements, des liens logiques, qui dépassent le cadre de la seule description et proviennent des liens que l'*arthrologie* sous-entend. Comme le dit Pierre Fresnault-Deruelle : « Tout se passe comme si le héros tissait un espace au fur et à mesure de sa progression dans l'action » (Fresnault-Deruelle, 1977).

L'importance du plausible

Si la narration en bande dessinée donne naissance à un monde, à un espace nouveau, celui-ci n'est pas autonome, isolé. La lecture de la bande dessinée implique, comme pour tout ouvrage, la mise en place de mécanismes de référencement.

Il faut tout d'abord noter l'opacité du référencement en bande dessinée qui découle paradoxalement d'une évidence : celle de la localisation. Cette évidence, ce lien entre l'*espace-créé* et un lieu réel, tend en effet à en masquer les autres aspects. Être capable de dire que tel *espace-créé* peut être relié à une certaine portion du réel, forme première du référencement, ne saurait le résumer complètement.

Ainsi, si dans *Rio Sangre*[4] (Giardino, 2002, p. 3), l'auteur offre des références spatiales, des localisations de l'action immédiates et précises, puisque directement évoquées par le texte, ces références ne sauraient suffire. Dire « l'Espagne, à proximité de l'Èbre », ne dit rien du caractère aride et montagneux qu'illustrent

2. Formulé à partir du grec *arthron*, articulation ; c'est l'auteur qui précise.
3. Pris là dans le sens le plus simple qui soit, c'est-à-dire une portion de l'étendue que l'on embrasse d'un seul regard.
4. Extrait de la série des *Max Fridman* qui narre les aventures du héros éponyme alors à la recherche d'un ami englouti par les combats de la guerre d'Espagne.

les vignettes à ce moment de la narration, ou du conflit moderne qu'a été la guerre civile espagnole qui constitue le cœur de l'histoire. La référence ne s'effectue pas seulement avec un espace précis, elle est convoquée par des fonctionnements spatiaux qui peuvent conduire à se référer à des espaces réels différents. Ainsi une guerre de tranchées marquée par la vulnérabilité de l'homme face aux bombardements fait également penser aux champs de bataille de la Première Guerre mondiale.

Il est donc nécessaire de s'appuyer sur les caractéristiques de l'*espace-créé*, pour tenter de percevoir quels types de références peuvent être impliqués et non de prendre uniquement en considération les lieux illustrés ou explicitement évoqués. On peut alors envisager un mécanisme de référencement à partir d'une narration en bande dessinée sans que l'on puisse en localiser l'action. Ainsi dans *L'affaire Tournesol* (Hergé, 1956, p. 47), la fameuse Bordurie est marquée par l'omniprésence policière et militaire, par celle du chef Plekszy-Gladz et de ses moustaches très staliniennes qui se retrouvent partout, des poignées de porte à l'écriture bordure en passant par les pare-chocs des voitures. Tout ceci, comme l'architecture massive des bâtiments, conduit à penser que la Bordurie a tout de ce que l'on nommait une démocratie populaire. Toutefois, ce type idéal, qui semble correspondre au modèle théorique issu du réel, n'est par définition assimilable à aucune réalité, il demeure une construction imaginaire, idéelle, faite d'éléments distinctifs sans qu'aucun n'ait d'équivalent réel direct. Il n'est donc pas possible de localiser ce pays puisqu'aucun élément figuré ou évoqué n'induit de référence précise à un État ayant existé.

On touche là une des grandes forces de la bande dessinée dans sa capacité à créer des espaces. Non seulement elle peut « reproduire » le réel, *via* l'iconographie, mais elle peut aussi produire des espaces plausibles, c'est-à-dire qui n'ont pas de référencement réel direct, mais dont les fonctionnements sont plausibles. Ainsi, l'espace créé de la bande dessinée n'est pas une réécriture de l'espace réel, dans le sens où son réalisme n'est pas lié à la référence directe au réel, mais à la formulation de fonctionnements cohérents avec nos propres schémas spatiaux, même s'ils sont caricaturaux. On peut alors considérer que la référence au réel devient pratiquement secondaire, l'*espace-créé* est une réalité autonome, en interrelation avec le monde réel, mais qui n'en dépend pas.

Les implications du système de la bande dessinée

Il est aussi important de prendre en compte que si une bande dessinée formule un *espace-créé*, celui-ci tisse des liens non seulement avec des référents réels mais aussi avec d'autres narrations. Se met alors en place ce que l'on peut nommer un système de bandes dessinées qui tend à former des combinaisons d'espaces, de véritables mondes à découvrir, ce qu'illustrent notamment les séries d'albums. Les multiples voyages de Tintin que nous narre Hergé ne créent pas seulement une série de cartes postales, africaines, asiatiques ou sud-américaines. On peut parler d'un monde de Tintin qui, s'il n'est pas le réel, est plausible et dont les parties sont interdépendantes. Cette interdépendance, au-delà des espaces divers qui sont fréquentés, offre une constance. Le monde que parcourt Tintin est européocentré, il est l'illustration spatiale de la domination du reporter bruxellois, puis belge, sur toute adversité, voire sur toute autre civilisation. Le reporter part, résout le problème, puis rentre chez lui ; ce chez lui, que ce soit son appartement bruxellois ou Moulinsart, étant le centre du monde.

Si l'on pratique de même avec Corto Maltese, on est là encore face à un monde plausible, même s'il ne fait référence à aucun réel véritable. Hugo Pratt conduit Corto Maltese à se promener dans les lieux de l'histoire, la Russie de la guerre civile, la Mandchourie de la guerre russo-japonaise ou l'océan Pacifique de la Première Guerre mondiale, tout en gardant une dimension onirique qui rend évidente la dimension non vériste de la narration. On note que, comme Tintin, Corto parcourt le monde entier, ou plus exactement nous conduit à formuler un monde à l'échelle du nôtre. Cependant, son organisation est radicalement différente du précédent, car Corto Maltese n'a nul chez-lui ou bien est chez lui aussi bien à Bahia, à Singapour, que sur la lande irlandaise. En ce sens le monde de Corto, qui est un monde de réseau, polycentrique, a peu à voir avec celui de Tintin et de ses découvertes.

Ainsi la bande dessinée offre-t-elle au fil de ses narrations des espaces, qui s'entrelacent, qui interagissent et sont autant de nouveautés à parcourir et à découvrir, sans que leur degré de véracité importe réellement. Pour poursuivre cette réflexion, il faut maintenant prendre en compte un autre effet du référencement que permet le caractère plausible des narrations. Il est en effet très important, pour notre réflexion sur les liens entre connaissance et imaginaire, d'appréhender celui que le référencement crée entre une entité potentiellement fictive et notre connaissance du monde.

Le rôle du lecteur dans la découverte

Si l'on vient d'évoquer le rôle du référencement dans la constitution des espaces portés par la bande dessinée, il faut demeurer conscient que ce mécanisme n'existe réellement que pour le lecteur. C'est lui qui, comme le dit Umberto Eco, « tire du texte ce que le texte ne dit pas mais qu'il présuppose, promet » (Eco, 2004, p. 169).

Là réside un élément important pour bien appréhender les mécanismes de découverte des espaces de la bande dessinée et leur lien avec la découverte du réel. Il faut en effet prendre en compte les mécanismes de cette activité coopérative du lecteur qui impliquent la constitution de liens entre l'*espace-créé* et sa conscience spatiale.

Une nécessaire coopération du lecteur

Si, comme le dit Umberto Eco, « un texte veut que quelqu'un l'aide à fonctionner » (*ibid.*), c'est sans doute encore plus net pour une bande dessinée. Elle offre en effet de nombreux vides à remplir. Ces interstices, ces manques, sont ceux portés classiquement par l'écrit, mais également ceux liés aux images qui ne montrent pas tout, et ceux de l'intervalle entre les images.

Si l'on s'intéresse au « blanc » particulier de l'intervalle, il amène à concevoir ce qui n'est pas directement figuré, donc à enrichir les informations apportées par la narration. Ainsi Tardi au début de *Momies en folies* (Tardi, 1978) nous fait suivre Edmond Choupard ; le lecteur est alors conduit à envisager le hors-champ, la place de la Concorde d'où vient le personnage, le jardin des Tuileries qu'il a dû longer, les voûtes des guichets du Louvre sous lesquels il passe.

Les références du lecteur, ce qu'il peut connaître de ce lieu, de ce réel, vont alors enrichir l'espace créé par la narration. Ce mécanisme est très important car l'*espace-créé* de la bande dessinée, ce que le lecteur découvre, est en fait constitué d'éléments imaginaires et d'éléments qui lui sont propres, qu'il convoque pour enrichir sa lecture. Connaissances du réel et informations médiatisées par la bande dessinée sont alors placées sur le même plan.

Mais la référence à un réel particulier connu du lecteur n'est pas la seule à être impliquée lors de la lecture de la bande dessinée. Ainsi, dans l'album de Tardi, il est intéressant de soulever le fait que si la narration débute en suivant Edmond Choupard, elle indique également que c'est un personnage très secondaire. Ce qui conduit le lecteur à la fin de la planche à se demander ce qui va lui arriver et pourquoi il est là, son cheminement en lui-même n'ayant pas d'intérêt puisqu'il n'est qu'un personnage secondaire.

On retrouve alors le rôle actif du lecteur ainsi que la nécessité qu'il a de faire appel à son stock de références pour former une suite, plus ou moins logique, à ce qui vient d'être évoqué. Toute narration, qu'elle fasse référence à un réel connu ou non, va convoquer cette capacité d'inférence du lecteur. Pour mieux comprendre cet effet, il faut revenir à l'idée que le référencement ne sous-entend pas uniquement un lien avec un réel directement identifiable, mais aussi avec des notions. L'*espace-créé* de la bande dessinée n'apparaît plus dans ce cas comme une reproduction, plus ou moins déformée, du réel et retrouve son statut de construction. Comme le dit Alain Rey, le blanc « laisse apparaître, sans qu'on puisse le percevoir, le réel dans son principe » (Rey, 1978). En effet, au sein d'un ensemble imaginaire, le lecteur va envisager un fonctionnement spatial semblable à ceux qu'il connaît, c'est-à-dire ceux qu'il a tirés de sa connaissance des espaces réels. En cela, l'inférence amène à faire entrer dans l'imaginaire les principes du réel, ce qui en retour crédibilise cet imaginaire.

On peut alors penser qu'il n'y a pas étanchéité entre des fonctionnements spatiaux issus de la fréquentation du réel et des fonctionnements spatiaux issus de mécanismes imaginaires. Ce qui tend à crédibiliser les narrations, y compris si celle-ci est de type purement fictionnel, voire science-fictionnelle.

Les effets de l'intégration sur notre conscience du réel

Si l'inférence peut conduire à intégrer des fonctionnements réels au sein d'ensembles fictionnels, il faut également concevoir le mécanisme inverse, c'est-à-dire que l'intégration de fonctionnements imaginaires au sein de la conscience spatiale du lecteur est possible.

Tout comme la référence sert à combler le blanc de la bande dessinée, l'espace imaginaire tend à combler le blanc de notre appréhension du réel, la découverte imaginaire prend la place du réel demeuré inconnu. Formulée ainsi, cette idée peut être difficile à accepter, car la bande dessinée demeure, on l'a dit, trop marquée par l'imaginaire pour que l'on puisse confondre ce qu'elle nous dit et le réel.

Un détour par l'analyse d'Edward Saïd dans *L'orientalisme*, est sur ce plan intéressant (Saïd, 1978). Dans son ouvrage, Saïd, d'origine palestinienne, analyse les mécanismes par lesquels les sociétés occidentales ont, au cours des XIXe et XXe siècles, créé une image, largement fantasmée, imaginaire, de l'Orient. Pour Saïd, ce n'est pas uniquement le fait des écrivains ou des peintres, de ceux dont les productions sont habituellement à la frontière entre réel et fiction. C'est de Lesseps qui dit que son canal est fait « pour le Chinois perfide et l'Indien demi-nu » (*ibid.*, p. 166), c'est Balfour qui justifie la domination anglaise sur l'Égypte en disant : « vous pouvez parcourir toute l'histoire des Orientaux [...] vous ne trouverez pas traces de *self-government*. Tous leurs grands siècles – et ils ont été grands – se sont produits sous le despotisme » (*ibid.*, p. 76). Du despotisme oriental au sous-développement congénital, on voit dans ces citations que même des acteurs scientifiques, officiels, participent à la formation de stéréotypes pleinement imaginaires et en les diffusant les font entrer dans les représentations collectives, dans ce que l'on considère collectivement comme le réel.

On pourrait être tenté de reléguer ces formules à un passé révolu, à une mentalité colonialiste qui n'a pu se développer que grâce à une dissymétrie dans le rapport de force entre sociétés que les productions scientifiques soutenaient alors. C'est en effet à la fin des années 1970 que Saïd écrit : « beaucoup de voyageurs disent qu'ils n'ont pas rencontré dans un pays nouveau pour eux ce qu'ils en attendaient : ils veulent dire par là que ce n'était pas ce qu'un livre avait dit que ce serait » (*ibid.*, p. 174). Cependant, on peut douter de l'effet que les études universitaires actuelles, postcoloniales, ou la réalité des guerres et révolutions qui ont déchiré la région peuvent avoir sur ces représentations communes. Des éléments purement fictionnels sont aujourd'hui encore à la base de l'imaginaire géographique de populations très différentes. Ovazza et Dewailly (2010) l'évoquent très bien au sujet du Liban quand ils écrivent, « avec la reprise du tourisme depuis la fin de la guerre, les pratiques et les attentes [des Arabes et des Européens] semblent toujours être fortement influencées par les souvenirs et les images que les Libanais ont su conserver ». Ainsi, « le territoire libanais possède un environnement assez exceptionnel pour que son image n'ait pas encore été définitivement entachée par sa réelle dégradation ». Les images sont alors plus fortes que le réel lui-même et tendent à s'imposer à lui. C'est pourquoi le centre de la capitale « a été reconstruit non pas sur un modèle occidental ou sur sa forme d'avant-guerre, mais à l'image de ce que doit être Beyrouth pour la clientèle arabe ».

Le livre, son imaginaire, qui vient s'ajouter à une prénotion déjà partagée, acquiert ainsi plus d'autorité que l'usage de la réalité qu'il décrit. Ainsi, on peut considérer que la bande dessinée, si habile à former des *espaces-créés*, si habile à créer des objets de découverte, va participer à l'intégration de références spatiales imaginaires. Ce d'autant plus que la bande dessinée semble plus à même de révéler l'inconnu, ce lointain temporel ou spatial, que des formes plus académiques de transmission des savoirs. Et également, pour reprendre l'approche d'E. Saïd, parce que la bande dessinée telle qu'elle est abordée dans notre corpus est couramment porteuse d'un regard très européocentré qui tend d'autant plus à être crédible qu'il ne fait que confirmer les idées dont nous sommes déjà façonnés.

En ce sens, on pourrait dire que cet imaginaire, si puissant, appauvrit la connaissance du monde. Il participe en effet à la mise en place d'un imaginaire global, d'un ensemble de représentations, que l'on tend à confondre avec le réel, voire à préserver du réel quand celui-ci menace de remettre en cause les mécanismes bien huilés d'un système maîtrisé et sécurisant de représentations. Mais que la découverte du réel ne corresponde pas à la découverte imaginaire, ne signifie pas pour l'individu une négation de la valeur du réel et de sa connaissance.

Quelles ouvertures sur la question de la connaissance ?

Si l'imaginaire offre des mondes à découvrir, parfois plus attirants que ceux produits par une normalité banale et usuelle, cela ne doit pas conduire à penser que l'imaginaire mène à une croyance qui s'opposerait à la connaissance. Que l'on ne trouve pas dans les villes d'Ouzbékistan, largement soviétisées, ce que Hugo Pratt esquissait de merveilleux et de mystérieux dans *La maison dorée de Samarcande* (Pratt, 1986), n'empêche en rien la découverte du réel tel qu'il existe à Khiva ou Boukhara ; l'*espace-créé* n'est pas en mesure de remplacer la connaissance du réel.

L'imaginaire ne s'oppose pas à la connaissance. Dans le cas d'un réel non fréquenté, inconnu, il en complète les vides et son caractère addictif pousse au contraire à la réalisation de la découverte du réel. Et si l'on a une connaissance du réel, qu'elle soit liée à une fréquentation ou à la médiatisation d'informations, l'imaginaire entre en relation avec nos connaissances donnant une profondeur à un réel que nous ne maîtrisons de toute façon que de façon incomplète et lacunaire. On peut ainsi connaître New York, avoir eu la chance d'y voyager, l'adaptation en bande dessinée sous la direction d'Art Spiegelman de *Cité de verre* de Paul Auster (Mazzucchelli, 1995) offre peut-être une meilleure compréhension de ce qu'est cette ville que la visite du Moma ou l'ascension de l'Empire State Building. Non pas parce que Paul Auster connaît mieux New York que nous, ce qui est sans doute le cas, non pas parce que sa bande dessinée serait alors une relation précise du réel, mais au contraire parce qu'elle est issue d'une œuvre de fiction, qu'elle relate un imaginaire dont l'épaisseur est beaucoup plus riche de compréhension que celle issue d'une fréquentation sommaire du réel.

Conclusion

On peut conclure en avançant que les mondes qu'offre la bande dessinée à la découverte ne s'opposent pas au réel et à sa connaissance. Si la bande dessinée permet de construire des mondes imaginaires, des *espaces-créés*, c'est en raison du langage qu'elle met en œuvre. En effet, c'est ce mode d'expression particulier qui permet à la narration d'illusionner le réel, de conférer à ces espaces aussi bien des composantes que des fonctionnements qui sont proches de ce que nous concevons comme le réel. Et si ce mécanisme est aussi efficace, c'est grâce à la participation active du lecteur, qui pour faire fonctionner la narration ne va cesser d'inférer et de référer, c'est-à-dire de puiser dans sa conscience de l'espace et du réel les éléments nécessaires à la vie imaginée.

C'est pourquoi l'imaginaire porté par la bande dessinée ne s'oppose pas au réel ; au contraire, il existe un enrichissement mutuel. Toute découverte d'un monde imaginaire conduit à former des liens avec le réel, tout comme nous comblons les lacunes de notre connaissance du réel par des éléments médiatisés et potentiellement imaginaires.

Comme le disait Pierre Fresnault-Deruelle, « la fascination que la BD peut opérer sur le lecteur repose, entre autres éléments, sur sa capacité à nous faire fantasmer tout autre chose qu'elle nous montre positivement » (Fresnault-Deruelle, 1989). En ce sens, elle conduit à faire espérer autre chose qu'elle-même, elle pousse vers un ailleurs, un plus loin, et que cette quête soit motivée initialement par l'imaginaire n'enlève rien à la découverte qu'elle implique. L'imaginaire est ainsi une porte qui ouvre sur des possibles multiples, fictifs ou non, qui sont autant de mondes à découvrir.

Bibliographie

Dewailly Bruno et Ovazza Jean-Marc, 2010, « Le tourisme au Liban : quand l'action ne fait plus système », *in* Berriane Mohamed (dir.), *Tourisme des nationaux, tourisme des étrangers. Quelles articulations en Méditerranée ?*, Rabat, Alta Plana.

Eco Umberto, 2004, *Lector in fabula. Le rôle du lecteur*, Paris, Grasset/Le Livre de poche.

Fresnault-Deruelle Pierre, 1977, *La chambre à bulles*, Paris, Union générale d'éditions, coll. « 10/18 ».

Fresnault-Deruelle Pierre, 1989, « Le phantasme de la parole », *Europe*, n° 720, p. 54-65.

Gracq Julien, 1985, *La forme d'une ville*, Paris, José Corti.

Groensteen Thierry, 1999, *Système de la bande dessinée*, Paris, Presses universitaires de France.

Rey Alain, 1978, *Les spectres de la bande. Essai sur la BD*, Paris, Les Éditions de Minuit.

Said Edward W., 2015, *L'orientalisme*, Paris, Points, coll. « Points-Essais ».

Sources et œuvres citées

Delisle Guy, 2000, *Shenzhen*, Paris, L'Association.
Delisle Guy, 2003, *Pyonyang*, Paris, L'Association.
Delisle Guy, 2007, *Chroniques birmanes*, Paris, Delcourt.
Giardino Vittorio, 2002, *Rio Sangre*, Grenoble, Glénat.
Hergé, 1956, *L'affaire Tournesol*, Bruxelles, Casterman.
McCloud Scott, 1999, *L'art invisible*, Paris, Vertige Graphic.
Pratt Hugo, 1986, *La maison dorée de Samarkande*, Tournai, Casterman.
Sacco Joe, 1996, *Palestine*, Paris, Vertige Graphic.
Sacco Joe, 2001, *Goradze*, Paris, Rackham.
Mazzucchelli David, Karasik Paul et Auster Paul, 1995, *Cité de verre*, Arles, Actes Sud.
Tardi Jacques, 1978, *Momies en folie*, Tournai, Casterman.
Zerocalcare, 2016, *Kobane Calling*, Paris, Cambourakis.

Planche 1. – Similitudes des figurés et représentations de mondes de fantasy, *entre la carte de Westeros et Essos (*ASOIAF*) et celle du monde de Troy (*Lanfeust de Troy*).*

Sources : Elena Krysova, [http://www.scififantasynetwork.com/heroes-of-might-and-magic-the-restoration-of-westeros/], d'après Georges R. R. Martin (*ASOIAF*) ; Julien Richard, [http://lanfeustdtroy.free.fr/carte.html], d'après la bande dessinée de Didier Tarquin et Christophe Arleston (*Lanfeust de Troy*).

Planche 2. – Cartes interprétatives des voyages des héros du Seigneur des Anneaux.

Sources : [https://www.reddit.com/r/lotr/] à partir de J. R. R. Tolkien, du *Trône de Fer*, [https://i.insider.com/5624fba7dd089593688b45db] à partir de l'œuvre de George R. R. Martin et de *Lanfeust de Troy*, [http://lanfeustdtroy.free.fr/carte.html], à partir de l'œuvre de Didier Tarquin et Christophe Arleston, aux éditions Soleil.

Planche 3. – Évolution de la géographie de la Terre du Milieu entre le 1er et le 3e Âge dans la saga de Tolkien.

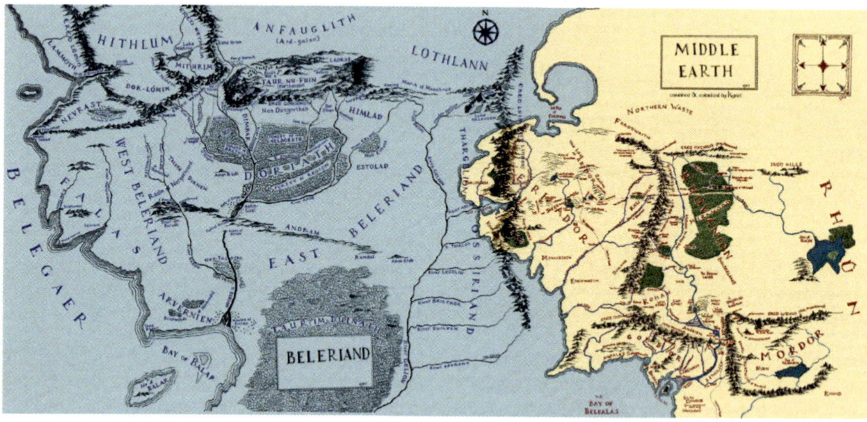

Source : carte de Beleriand submergé et de la Terre du Milieu adaptée par Kyriel, [http://www.councilofelrond.com/wp-content/uploads/modules/My_eGallery/gallery/maps/combomap.jpg].

Planche 4. – Cartographies spéculatives de l'ensemble de Westeros. De l'espace décrit et cartographié par George R. R. Martin.

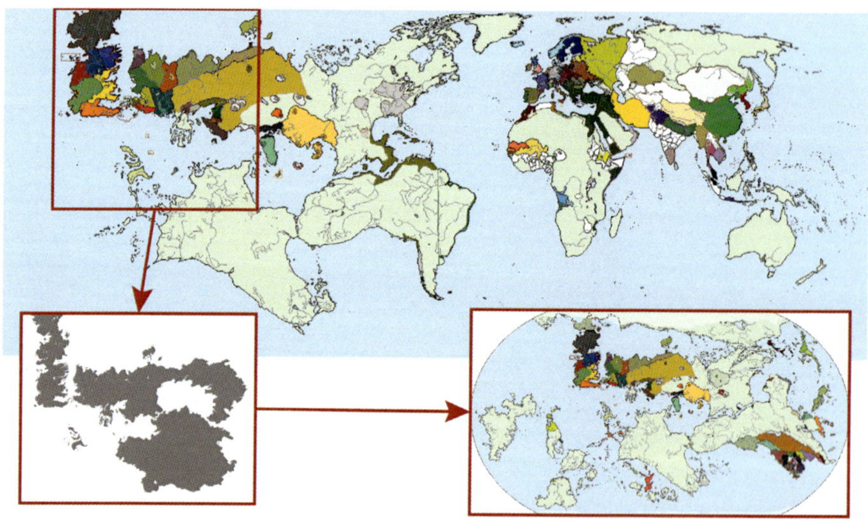

De l'espace décrit et cartographié par George R. R. Martin (cartouche en haut à gauche, Westeros et ouest d'Essos), on passe à la carte spéculative étendue à la totalité des continents d'Essos et Sothoryos (cartouche en bas à gauche) puis à la totalité du monde imaginaire (en bas à droite) inséré au monde réel.

Sources : [https://fr.wikipedia.org/wiki/G%C3%A9ographie_de_Game_of_Thrones] ; 33K7, [https://www.deviantart.com/33k7/art/a-song-of-ice-and-fire-game-of-thrones-map-654541592], Serafim, [https://www.alternatehistory.com/forum/threads/map-thread-xviii.448574/page-144#post-17743916].

Planche 5. – Extrait de la carte ferroviaire de Westeros réalisée par Michael Tyznik.

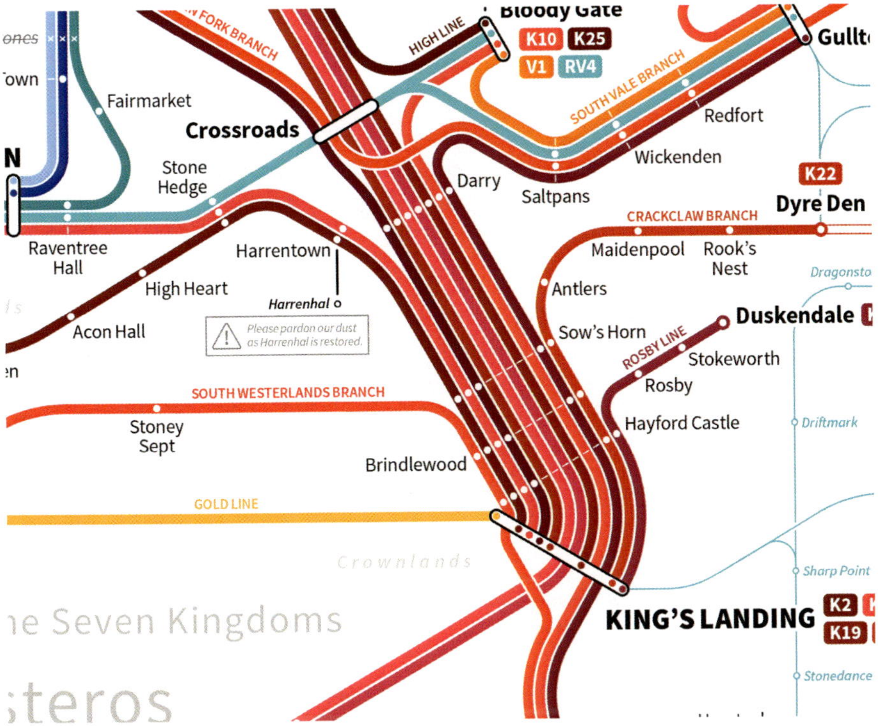

Source : [https://tyznik.com/work/thrones].

Planche 6. – Lieux de tournage des films et séries de fantasy.

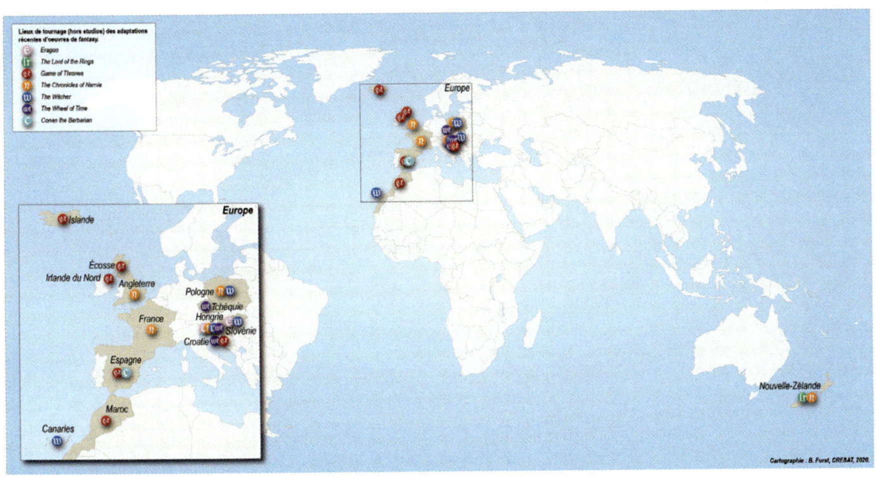

Source : Benjamin Furst, CRESAT, 2020.

Planche 7. – James Cook : carte des côtes de Nouvelle-Zélande.

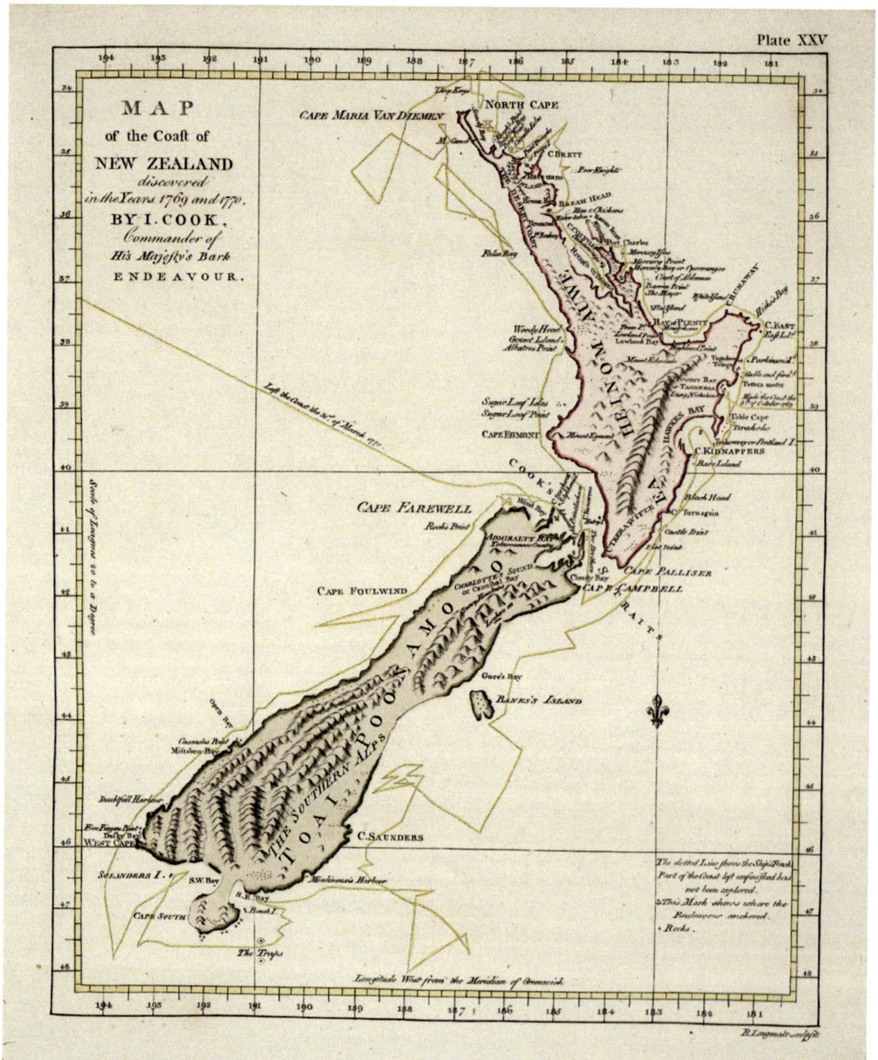

Source : Cook James, 1728-1779, *Map of the coast of the New Zealand discovered in the years 1769 and 1770, By I. Cook, Commander of His Majesty's Bark Endeavour*, B. Longmate sculpsit, [Londres, 1773]. Réf. : PUBL-0037-25, Alexander Turnbull Library, Wellington, Nouvelle-Zélande.

Planche 8. – Carte du Brésil, Atlas Miller, *1519.*

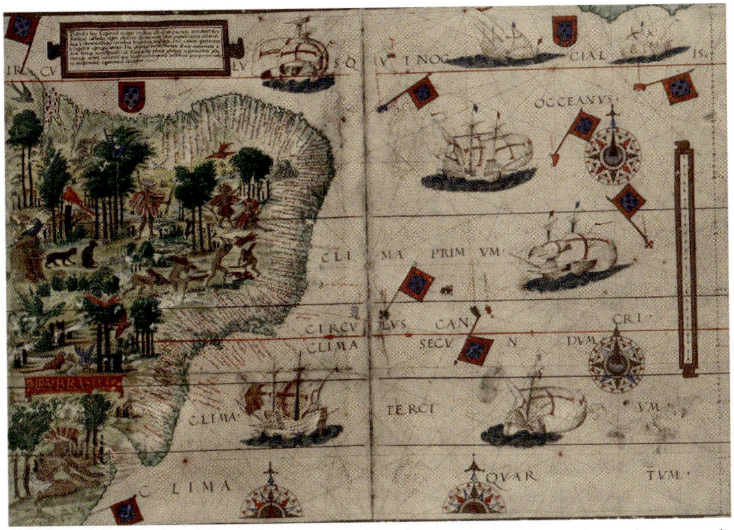

Source : Bibliothèque nationale de France, [https://pt.wikipedia.org/wiki/Pedro_Reinel#/media/Ficheiro:Brazil_16thc_map.jpg].

Planche 9. – Grão Vasco, L'Adoration des Mages, *1501-1506.*

Source : musée Grão Vasco, Viseu, [http://www.museunacionalgraovasco.gov.pt/galeria/piso_2/pecas/antigo_retabulo_capela_mor_se_viseu/2145.jpg].

Planche 10. – Victor-Adolphe Malte-Brun, Carte servant à présenter l'expédition de Gustave Lambert au pôle Nord, ca. 1868.

Source : Archives de la Société d'anthropologie de Paris, déposées au Muséum national d'histoire naturelle.

Planche 11 a, b, c et d. – Exemple de simplification de la carte : zone de Gao-Gao (1884, 1894, 1902).

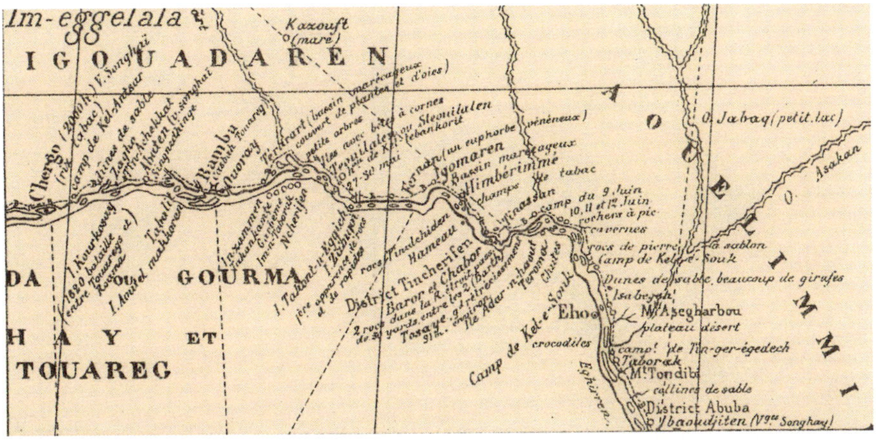

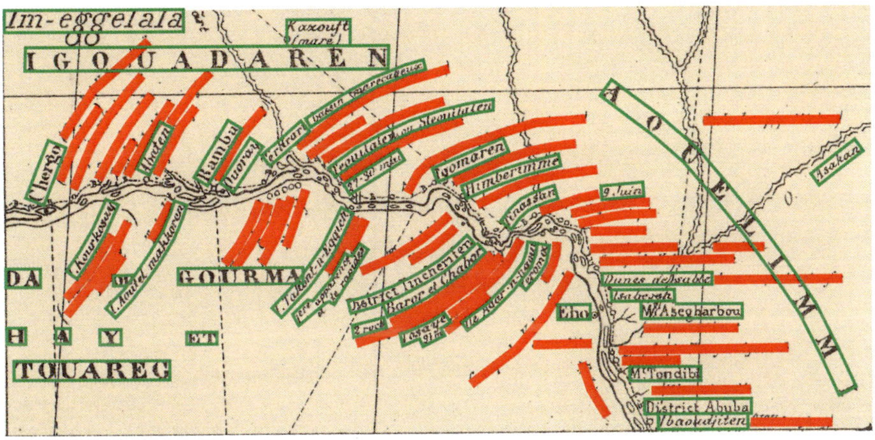

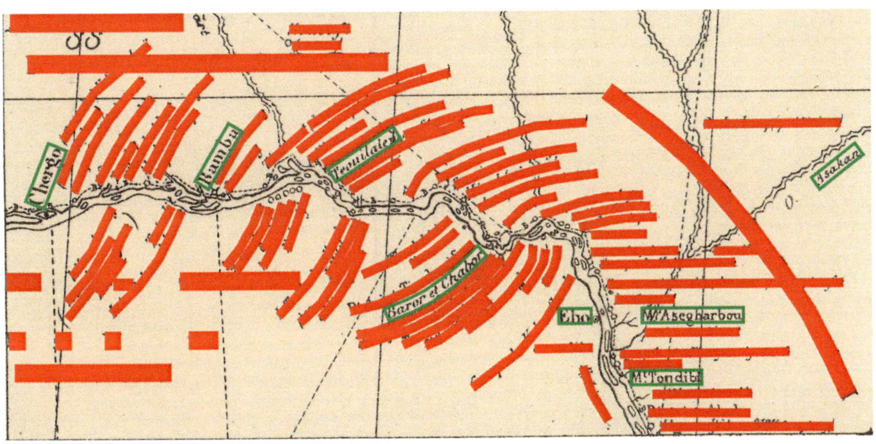

Planche 11 a, b, c et d (fin). – Exemple de simplification de la carte : zone de Gao-Gao (1884, 1894, 1902).

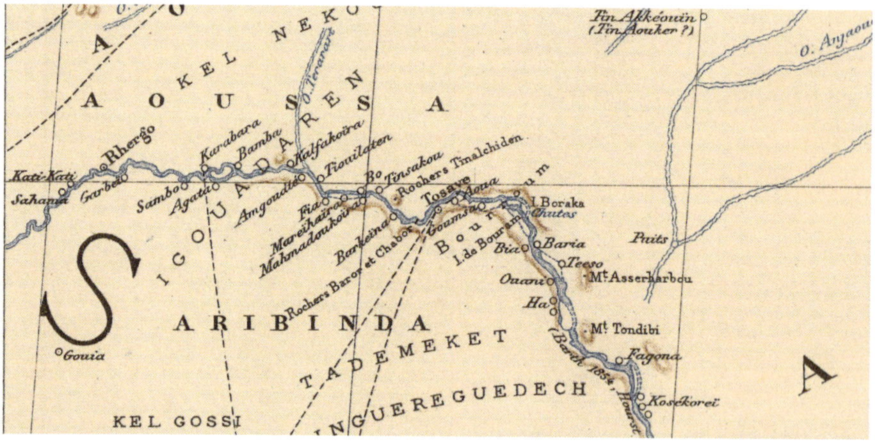

Source : carte d'Afrique de Lannoy de Bissy, extraits de la feuille n° 18, *Gao-Gao*, éditions de 1884, 1894 et 1902, documents IGN et dessins de l'auteur.

Planche 12. – Vue de la vallée du Zanskar.

Source : Salomé Deboos, 2015.

TROISIÈME PARTIE

Découvrir pour conquérir

8

Faire connaître le Brésil à travers les textes aux XVIe et XVIIe siècles

Paula ALMEIDA MENDES

« Bien que nuancée par de nombreuses situations particulières, l'affirmation selon laquelle la civilisation européenne est une civilisation isolée à la fin du XIVe siècle peut être considérée comme correcte. » C'est ainsi que José Mattoso commence le chapitre « Antecedentes medievais da Expansão portuguesa », tiré de l'œuvre *História da Expansão Portuguesa.*

Ce premier volume souligne plusieurs aspects liés à la transition du monde médiéval au monde moderne, soulignant le rôle des Portugais dans ce changement de paradigme (Mattoso, 1998, p. 12). L'expansion portugaise outre-mer, amorcée avec la conquête de Ceuta en 1415, se réalisa selon deux axes : celui de la conquête de places au nord de l'Afrique et celui des navigateurs et des Grandes découvertes. Nous savons que les découvertes ont permis de profonds changements dans le domaine de la représentation cartographique. Elles permirent en particulier la connaissance de sociétés et de cultures qui différaient des normes européennes, donnant ainsi naissance au « premier âge global ». Antonella Romano souligna récemment ce point (Romano, 2016).

L'expansion portugaise a permis un élargissement des connaissances géographiques, des îles de l'Atlantique et de la côte africaine à l'Inde, en passant par l'Orient et le Brésil. Si d'une part elle stimula la curiosité scientifique, elle alimenta également un mouvement d'évangélisation qui chercha à unir les continents par la foi. Un grand nombre d'œuvres ressortissant de la « littérature de voyage » diffusèrent à travers l'Europe une panoplie d'informations sur ces territoires éloignés. Ses rapports de naufrages et ses itinéraires maritimes firent profiter aux peuples du potentiel offert par l'émergence de l'imprimerie à caractères mobiles, en nourrissant le goût d'un lectorat avide de nouveautés exotiques, en établissant un cadre tendant à amplifier progressivement la circulation et la production de livres.

Ainsi, au Brésil, en plus de cette littérature qui diffuse des informations sur la géographie physique et naturelle de la région, mettant en valeur la beauté du territoire et construisant l'image d'un paradis terrestre, un autre ensemble de textes liés à l'évangélisation a été développé. Ces œuvres, qui s'inscrivent dans la veine de la littérature religieuse et hagiographique, font écho aux orientations des textes géographiques et historiographiques, mais investissent dans d'autres stratégies à caractère propagandiste, liées à l'évangélisation et à l'urgence de la conversion des Amérindiens. De cette manière, nous tenterons, dans cette étude, de comprendre les *topoi* qui structurent ces textes, afin de comprendre leurs objectifs et leurs fonctionnalités.

Le Brésil et ses premières mises en découverte : un paradis profane

L'armée de Pedro Álvares Cabral arrive à Terra de Vera Cruz en avril 1500. Le « monde connu » prend des contours de plus en plus larges et précis, grâce à la découverte de territoires jusqu'alors inconnus ou méconnus.

Il existe un compte rendu détaillé du voyage de Pedro Álvares Cabral à travers la Terra de Vera Cruz, qui sera connue plus tard sous le nom de Brésil. Il s'agit d'une lettre adressée par Pêro Vaz de Caminha au roi Emmanuel Ier du Portugal, lui expliquant la découverte du Brésil. Par conséquent, cette lettre est le premier texte établi sur le Brésil. Elle inaugure un filon littéraire qui s'enrichira d'autres textes sur le territoire brésilien. Parmi ces sources, il convient de souligner deux textes restés longtemps inédits : la *Relação do Piloto Anónimo ou Diário Anónimo da viagem de Pedro Álvares Cabral ao Brasil e à Índia* (1500), dont il existe une traduction italienne publiée par Giovanni Battista Ramusio en 1550[1], ainsi que le *Diário da Navegação de Pêro Lopes de Sousa*, dont l'auteur a participé à une expédition au Brésil, dirigée par Martim Afonso de Sousa et qui a quitté Lisbonne en décembre 1530. La production de ce rapport s'inscrit dans un cadre de rivalité avec les Français et les Castillans, qui avaient accru leur présence « envahissante » au Brésil.

Pêro de Magalhães de Gândavo, avec *História da província a que vulgarmente chamamos Brasil* (Lisbonne, par António Gonçalves, 1576), a inauguré l'historiographie et la géographie brésiliennes, en accordant plus d'attention à ce territoire récemment découvert. Cette tendance sera accentuée en 1587 avec les travaux de Gabriel Soares de Sousa, *Tratado descritivo do Brasil*, et du père Fernão Cardim, *Tratados da Terra e Gente do Brasil*. De même, *Historia dos Animais e Árvores do Maranhão* (vers 1627) est considérée comme un texte fondamental en ce qui concerne l'histoire naturelle et culturelle du Brésil. On peut aussi rappeler la « Carte » de Pedro Reinel et Lopo Homem (1519) [figure 1 et pl. 8 du cahier d'illustrations] et le *Roteiro de todos os sinais, conhecimentos, fundos, baixos, alturas e derrotas que há na costa do Brasil desde o cabo de Santo Agostinho até ao estreito de Fernão de Magalhães*, attribué à Luís Teixeira (vers 1586), qui comprend plusieurs cartes.

1. Ce texte sera édité par Mendes Trigoso, dans le nº 3 du tome II de la *Colecção de Notícias para a História e Geografia das Nações Ultramarinas* (Lisbonne, Academia Real das Ciências de Lisboa, 1812).

Figure 1. – Carte du Brésil, Atlas Miller, *1519.*

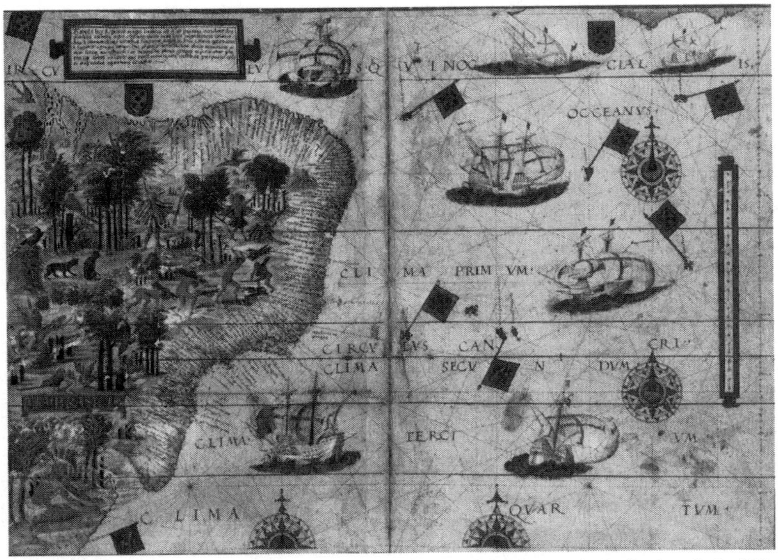

Source : Bibliothèque nationale de France, [https://pt.wikipedia.org/wiki/Pedro_Reinel#/media/Ficheiro:Brazil_16thc_map.jpg].

Ces textes, essentiellement descriptifs et informatifs, étaient construits de manière littéraire dans le but de diffuser en Europe des informations sur le Nouveau Monde. De cette façon, on ne sera pas surpris que leurs auteurs utilisent largement la technique de la description. De la même manière, plusieurs auteurs espagnols ont aussi composé des œuvres. Cela eut pour effet de faire connaître à une Europe en manque de renouveau les « merveilles » qui ont façonné les territoires des Amériques empreints d'exotisme (Lestringant, 1991). Malgré la fascination que ces espaces suscitèrent, d'autres aspects marquèrent fortement les esprits, comme le cannibalisme (Nóbrega, 1988, p. 64-65). De cette façon, ces textes montrent à l'Europe différentes réalités de la gestion de l'information, amplifiées grâce aux voyages maritimes et à l'apparition de l'imprimerie à caractères mobiles[2] (Blair, 2020).

Ces aspects traversent des œuvres telles que *De Orbe Novo Decades octo* (1530) de Pietro Martire d'Anghiera ; la *Verdadera Relacion de la Conquista del Peru* (1534) de Francisco Xerez ; l'*Historia Natural e General de las Indias* (1535) de Gonzalo Fernández de Oviedo ; l'*Historia General de las Indias* (1552) de Lopez Gómara ou des œuvres plus « généralistes », telles que celle du frère Jeronimo Román, *Tercera Parte de las Republicas del Mundo* (1595), incluant un chapitre sur *las Indias Occidentales*, qui partagent cet effort de construction à travers les mots de ce monde auparavant inconnu.

2. Blair (2020, p. 19) : « La découverte de textes anciens et de terres inconnues offrit, en plus de sources plus traditionnelles, une matière nouvelle à classer et à stocker. En arrière-plan, un facteur plus important encore peut être décelé : un appétit puissant d'informations. »

Malgré la dimension géographique physique et humaine, l'un des aspects qui traversent de nombreux textes est la conquête ; c'est une question qui deviendra peut-être plus compréhensible à la lumière d'une logique impériale (Frankl, 1963). Les oeuvres *Descubrimiento y conquista del Perú* de Pedro de Cieza de Leon ou la *Verdadera relación de la conquista del Perú* de Francisco de Xerez sont un exemple de l'influence des livres de chevalerie. Le cadre de l'héroïsme guidé par le « merveilleux » contribua à la cristallisation du mythe d'El Dorado (Aínsa, 1992 ; Gil, 1989).

Une large bibliographie historiographique a stimulé le débat sur la question de savoir si l'arrivée des Portugais au Brésil était un hasard ou une intentionnalité (Magalhães, 1998, p. 194-196). De plus, la réputation de découvreur du Nouveau Monde a finalement été attribuée (peut-être « injustement ») à Amerigo Vespucci, après la publication de la lettre *Mundus Novus*. Cette lettre a circulé anonymement dans toute l'Europe à partir de 1503. Les textes que nous avons énumérés ci-dessus auront une importance fondamentale car ils montrent des formes de « voir » le monde par les auteurs et leurs contemporains.

En dépit de la nouveauté de ces textes dans le domaine de la diffusion de l'information et de la connaissance générale, le nombre d'imprimés publiés au cours de la première moitié du XVIe siècle est peu élevé (Chaudhuri, 1998, p. 518). Cela signifie-t-il que le nombre de lecteurs était trop réduit pour justifier les dépenses de production de livres ou que la majorité de la population était analphabète ? Il est en effet difficile de répondre à ces questions de manière assurée et avec précision. Dans tous les cas, il est difficile d'évaluer l'importance du public en raison de divers aspects. Le premier concerne précisément la censure exercée au Portugal selon un système tripartite, constitué par l'Inquisition, l'« Ordinário da Diocese » (un tribunal diocésain) et le « Desembargo do Paço » (un tribunal du Palais royal), qui a conditionné l'impression et la circulation de divers textes (Rodrigues, 1980). Dans un second temps, la négligence des Portugais à enregistrer par écrit (et en format imprimé) leurs « actes héroïques » peut justifier le fait que de nombreuses « nouvelles » sur le Brésil ne furent pas diffusées. Par exemple, on peut rappeler les mots de Pêro de Magalhães Gândavo dans le « Prologue au lecteur » de l'*História da província a que vulgarmente chamamos Brasil* :

> « La principale cause qui m'a obligé à écrire cette histoire et la publier, c'est parce qu'il n'y avait personne pour l'entreprendre jusqu'à présent, [alors qu']il y a environ soixante-dix ans que cette province a été découverte. Cette histoire, je crois, a été enterrée dans un tel silence davantage à cause du peu de cas que les Portugais ont toujours fait de la même province, que par manque au Portugal de gens ingénieux et curieux qui avec un meilleur style et plus copieusement que moi l'auraient écrite[3]. »

3. Gândavo Pêro de Magalhães (1576), « Prologue au lecteur » : « *A causa principal que me obrigou a lançar mão da presente historia, & sair com ella a luz foy por nam auer ategora pessoa que a emprendesse, auendo ja setenta & tantos annos que esta prouincia he descuberta. A qual historia creyo que mais esteue sepultada em tanto silencio, pelo pouco caso que os Portugueses fezeram sempre da mesma prouincia, que por faltarem na terra pessoas de ingenho & curiosas, que per melhor estillo & mais copiosamente que eu a escreuessem.* »

D'autre part, la politique du secret quant à la découverte de nouveaux territoires peut également avoir conditionné la diffusion des textes. Ce sera la publication du premier volume de la grande collection de voyages de Giovanni Battista Ramusio en 1550, qui constituera le point de départ de l'intérêt de l'Europe pour l'expansion outre-mer, comme a souligné Kirti Chaudhuri (1998, p. 518). Quoi qu'il en soit, les œuvres réunies autour du Brésil et surtout celles qui ont été imprimées semblent décourager l'intérêt des imprimeurs et des lecteurs. Ceux-ci comprendraient divers publics, allant des marins aux marchands, en passant par les colons et les érudits. Ou simplement les curieux vis-à-vis du Nouveau Monde qui étaient passionnés par la diffusion des connaissances européennes sur ce territoire.

En règle générale, les descriptions des navigateurs et des missionnaires portugais partent de leur expérience, de l'observation d'autres modes de vie. Ils portent une attention particulière aux coutumes et à la ritualisation des formes de pouvoir. Mais ils soulignent également les dimensions liées à la géographie physique, la faune et la flore de la terre brésilienne. Ainsi en est-il de la *Carta* de Pêro Vaz de Caminha (1500), la description pionnière du territoire brésilien et de ses habitants, qui est un document appartenant au patrimoine mondial, selon l'Unesco[4]. Comme certains auteurs l'ont déjà affirmé (Pelúcia et Costa, 2018, p. 51), la *Carta* révèle une société différente de celles qui étaient jusque-là connues, en ce sens qu'y « régnait » là une sorte d'« innocence perdue » avec le péché originel. Elle est probablement la première représentation littéraire de ce que peut être un monde utopique.

La lecture de ces textes montre qu'il existe un ensemble de sujets, au sens rhétorique de *topoi*, couverts par tous les auteurs. Ils soulignent en général la beauté de la faune et de la flore d'un territoire configuré comme un paradis sur terre. Un « jardin de délices » habité par des peuples autochtones avec lesquels les Portugais et les Européens n'étaient jamais entrés en contact (*loc. cit.*). De cette façon, la description de Pêro Vaz de Caminha constituera un modèle pour l'écriture d'autres textes de nature similaire. Il étendra son influence sur le domaine des arts, en particulier l'iconographie. Hans Belting donna l'exemple du triptyque central du « Jardin des Délices » de Jérôme Bosch, dans lequel des hommes et des femmes de différentes couleurs sont représentés, nus, partageant une parfaite harmonie (Holanda, 1959 ; Belting, 2002 ; Costa, 2005, p. 199-203 ; Wachtel, 2019). Un autre domaine est décliné dans le tableau *L'Adoration des mages* (1501-1506) de Grão Vasco, car il inclut un Indien du Brésil, montrant ainsi une certaine tendance à valoriser un « exotisme » nouveau apprécié en Europe (figure 2 et pl. 9 du cahier d'illustrations).

4. Voir [http://www.unesco.org/new/fr/communication-and-information/memory-of-the-world/register/full-list-of-registered-heritage].

Figure 2. – Grão Vasco, L'Adoration des mages, *1501-1506.*

Source : Musée Grão Vasco, Viseu, [http://www.museunacionalgraovasco.gov.pt/galeria/piso_2/pecas/antigo_retabulo_capela_mor_se_viseu/2145.jpg].

Généralement, sur la base de l'autorité de Pline et de saint Isidore de Séville et de ses *Étymologies*, les différents textes évoqués insistent sur la valorisation de la géographie physique. Ils mettent en valeur la richesse des eaux des fleuves : l'Amazone, le Maranhão, le Rio da Prata. Ils décrivent également la végétation luxuriante, l'abondance de plantes et de fruits (nombre d'entre eux inconnus en Europe) : le manioc, la banane, la *pacobeira*, l'ananas, la noix de cajou, la canne à sucre, le coton, le bois-brésil, le *copaíba*.

Les auteurs font également l'éloge de l'abondance et de la variété des animaux exotiques, comme les perroquets (Gândavo, 1576, p. 25 v°-26 r°). Ces textes semblent fournir un effort d'organisation, de diffusion et de systématisation des connaissances disponibles à l'époque moderne (Olmi, 1997). Au vu de la diversité des sujets, il est compréhensible que ces textes se destinent à des publics très différents tels que des navigateurs, des commerçants, des hommes d'affaires, des soldats et des publics assoiffés de nouveauté et d'exotisme.

Les textes accordent également une attention toute particulière à la description des Amérindiens et de leurs coutumes (Todorov, 1991 ; Couto, 1997,

p. 39-117). Même si ni leur bellicisme, ni leurs croyances religieuses n'étaient compris (*loc. cit.*), l'existence d'une diversité humaine et culturelle imprègne les textes. En contrepartie, la question religieuse demeure centrale, justifiant la christianisation (Loureiro, 1990, p. 259-283). À titre d'exemple, le Père Fernão Cardim a souligné que les Amérindiens n'avaient aucune connaissance de Dieu, affirmant que le Brésil était une « terre à sauver » (Cardim, 1997, p. 165-167). Dans ce contexte, même s'ils relèvent de la soi-disant « littérature de voyage », ces textes assimilent des dimensions indissociables du contexte de l'évangélisation portugaise. Ces écrits reflètent la croyance en la proximité de la fin des temps, qui entraîne l'urgence de la conversion. Dans le cas portugais, elle est accentuée par la croyance en l'avènement du « cinquième empire », idée développée par le père António Vieira à partir d'une réinterprétation du rêve de Daniel, décliné dans l'Ancien Testament. Dans l'*História do Futuro*, celui-ci « prophétise » l'avènement d'un empire chrétien. Selon lui, il existerait un sauveur du royaume portugais, en même temps empereur chrétien du monde, qui serait le roi Jean IV (Marques, 2007). À ce sujet, João Francisco Marques soutient l'existence d'une stratégie pour légitimer la dynastie récemment inaugurée de Bragance, avec le roi Jean IV, après soixante ans pendant lesquels le Portugal a fait partie d'une « monarchie double » avec l'Espagne.

D'une manière générale, les textes montrent une vision paradisiaque du Brésil, une nouvelle conception du paradis sur Terre. Le thème des « jardins des délices » (Holanda, 1959) s'est installé dans la culture occidentale après les Découvertes, en particulier pour les Portugais après la découverte du Brésil. De plus, Jean Delumeau, qui a étudié le cours de ce mythe dans *Une histoire du paradis*, évoque le lien qui a été établi entre la découverte des Amériques et une nouvelle idée du paradis (Delumeau, 1994). La lecture d'un grand nombre de ces textes autour de la découverte du Brésil décline une vision « merveilleuse » de ce territoire tropical. Car la beauté et la richesse de sa nature le rapprochent de l'image du paradis rapportée dans la Genèse (2, 8-17) comme un jardin situé sur terre.

De nouvelles sources de description du Brésil, paradis profane à convertir : les écrits religieux et spirituels

Cependant, la littérature historiographique et géographique n'était pas le seul courant qui répandait en Europe des informations sur le Brésil. Certaines œuvres relevant de la littérature religieuse et de la spiritualité déclinent les descriptions de la terre brésilienne. Durant l'expansionnisme ibérique, cette variété visait à illustrer le binôme horatien, *prodesse ac delectare* (être utile et agréable).

La plupart de ces auteurs parlent de l'annonce préalable du Nouveau Monde et du providentialisme dans l'histoire. L'image et la conception de l'Amérique « sont basées sur l'adoption de mythes anciens d'origine classique, asiatique, médiévale » (Serna, 2015, p. 17). Les auteurs ont cherché à justifier la découverte du nouveau monde, en s'appuyant sur le concept d'*auctoritas*, ainsi que sur la

Bible et la patristique, « confondant les frontières entre la réalité et l'imagination » (Serna, 2015, p. 17). Selon Serge Grunzinski (2017), ces textes sont des discours codifiés qui persuadent les missionnaires de l'imminence de la fin des temps et de l'urgence de l'évangélisation. En outre, les gens de ce temps pensaient que l'ambiance religieuse et morale dans laquelle vivaient les Amérindiens était l'enfer, même s'ils vivaient dans un espace qui pouvait être assimilé au paradis…

Ces œuvres ont répandu une intense activité missionnaire au Brésil, une terre « sans foi, ni loi, ni roi » (Vasconcellos, 1672, p. 18). Celle-ci fut en majorité réalisée par des religieux « illustres en vertu » et décédés avec *fama sanctitatis*, « en odeur de sainteté ». Dans ce contexte, c'est surtout la Compagnie de Jésus qui a su utiliser la parole écrite associée à l'image, à des fins de propagande. Elle eut pour fin d'exalter l'activité évangélisatrice de ses membres et de promouvoir ses « saints » et ses hommes « illustres en vertu » : les pères José de Anchieta, João de Almeida ou António Vieira (Carvalho, 1995, p. 213-232). Voici les exemples de la *Chronica da Companhia de Jesus do estado do Brasil*, tome I (Lisbonne, Officina de Henrique Valente de Oliveira, 1663) [figure 3] de Simão de Vasconcellos, ou les « Vies » des jésuites José de Anchieta (Vasconcellos, 1672) et João de Almeida (Vasconcellos, 1656), présentés comme des modèles de « missionnaires parfaits ».

Figure 3. – Extrait de la rait de Simão de Vasconcellos,
Chronica da Companhia de Jesus do estado do Brasil…, *tome I.*

Source : Lisbonne, Officina de Henrique Valente de Oliveira, 1663) [Google Books].

Donc, la littérature hagiographique a connu un succès très important, visant à discipliner le comportement des fidèles. La stratégie a été de transmettre des modèles incarnés par les martyrs, évêques, missionnaires, religieux, etc. Ce filon littéraire a entraîné d'autres publications de ce type, toujours dans une stratégie quelque peu « propagandiste », prônant la beauté des paysages brésiliens et la nécessité de « sauver » les Amérindiens. Ces textes cherchaient ainsi à séduire les jeunes Européens afin qu'ils puissent devenir des missionnaires dans ce Nouveau Monde (Castelnau-L'Estoile, 2000 ; Santos, 2001, p. 145-178 ; Cantù, 2007, p. 23-63 et 289-363). En ce sens, nous pouvons interpréter les derniers mots de Simão de Vasconcellos dans *Nouvelles curieuses et nécessaires des choses du Brésil*, exaltant la beauté du territoire en tant que reflet de la création divine :

> « En conclusion de ce livre, et de la description du Brésil, dans laquelle nous avons écrit les qualités de la terre, le tempérament du climat, la fraîcheur des bosquets, la variété des plantes et l'abondance des fruits, les herbes médicinales, la diversité des hommes, donc dans les eaux comme sur la terre, comme des oiseaux pèlerins et des merveilles de la nature avec lesquelles son auteur a enrichi ce monde nouveau : nous pourrions faire une comparaison, ou une similitude, d'une partie d'elle avec ce paradis sur la terre, dans lequel Dieu notre Seigneur, comme dans un jardin, a mis notre premier père Adam » (Vasconcellos, 1663, p. 177-178).

Ce portrait peut être complété par la description du père Apolinário da Conceição dans son oeuvre *Primazia Serafica na regiam da America* (1733) :

> « C'est l'Amérique admirée comme un délicieux paradis de l'Orbe, dont les vallées spacieuses, habillées d'émeraudes, donnent des pâturages abondants à un innombrable bétail ; dont les champs fertiles nourrissent abondamment les Peuples, émaillés de fleurs différentes, de ruisseaux argentés et de rivières fluides ; dont l'agrément n'admet pas d'émulation avec les célèbres jardins de Chypre [...]. Ce Paradis [...] qui dépeint vif ses primeurs, est si abondant en biens, qu'il pourrait avec justesse être promu au nom de Trésor universel du Monde, parce qu'il est si opulent en richesses ! » (Conceição, 1733, p. 42-43).

Compte tenu du contexte évangélisateur des XVIe-XVIIe siècles au Portugal, différents ordres et congrégations religieux ont procédé à une sorte de revalidation de l'idéal du martyre. Selon eux, la mort n'est pas la même si elle se produit dans un naufrage ou entre les mains des protestants ou des « infidèles ». Cette dernière paraissait plus héroïque et renforçait le prestige de l'ordre auquel appartenaient ceux qui périssaient. L'une des nombreuses œuvres produites au sein de la Compagnie de Jésus et qui met en exergue ce sacrifice est la *Gloriosa coroa de esforçados religiosos da Companhia de Jesus, mortos pela fé católica nas conquistas dos reinos da coroa de Portugal* (1642) du père Bartolomeu Guerreiro. Elle met une nouvelle fois en évidence la richesse du Brésil :

> « L'air bénin et tempéré, sans les rigueurs du froid et de la chaleur, qui dans d'autres régions infestent le corps et le teint humains. Le domaine de la terre la plus fertile en sucre et la plus féroce en grands troupeaux de vaches et de

> chevaux […]. Il a une grande variété de fruits sauvages et domestiqués, que nous ne connaissons pas et que nous utilisons dans nos régions. Les coutumes des indigènes du Brésil sont celles qui peuvent répondre à une telle brutalité, qu'ils ne savent, ni croient, ni savent s'il y a la divinité suprême, qui gouverne ce monde. Avec les présages et une certaine sorcellerie, ils régissent l'intérieur de leurs pensées […]. Ils ne connaissent rien aux paroles, pas même à leurs éléments […]. Au début de nos relations, ils semblaient plus brutaux que des hommes rationnels » (Guerreiro, 1642, p. 302-303).

Le père Bartolomeu Guerreiro évoque les missionnaires qui sont morts en « odeur de sainteté » et qui ont brillé dans le cadre de l'évangélisation des peuples de cette terre si belle et féconde. Il est arrivé que certains de ces auteurs jésuites mettent en scène une propagande pour que les lecteurs achètent leurs œuvres, afin d'avoir plus d'informations sur le Brésil. À titre d'exemple, on peut rappeler les mots du père Simão de Vasconcellos dans la *Vida do veneravel Padre Jozé de Anchieta da Companhia de Jesus, thaumaturgo do Novo Mundo* :

> « Le curieux qui veut voir l'admirable façon dont ce nouveau monde a été découvert […] la description de ses rivières, ports, caps, criques, chaînes de montagnes […] le changement de leurs langues, de leurs couleurs, de leurs coutumes, de leur religion, et d'autres choses dignes d'histoire, voir les deux premiers livres de la première partie des Chroniques du Brésil, que j'ai imprimés en 1663, et il trouvera satisfaction en tout » (Vasconcellos, 1672, p. 15).

À son tour, l'œuvre *Frutas do Brasil* (1702) du père António do Rosário assimile la découverte du Brésil avec la conception du paradis terrestre. Il s'inscrit donc dans le cadre de l'évangélisation urgente des territoires d'outre-mer (Delumeau, 1994, p. 137; Moser, 1957, p. 288-304; Hatherly, 2002, p. 13).

On peut conclure que la nature luxuriante du Brésil a configuré ce territoire comme une sorte de paradis, « entaché » par des habitants non chrétiens. Ainsi, les discours propagandistes des jésuites et des franciscains peuvent servir de justification à l'urgence de la conversion. D'autre part, l'émergence de la « sainteté territoriale » brésilienne (Santos, 2008, p. 151-166) et d'autres territoires d'outremer (Mendes, 2019, p. 163-174) concerne un futur empire spirituel, qui réalisera la promesse du Christ faite à D. Afonso Henriques, à la veille de la bataille d'Ourique en 1139[5].

Conclusion

En somme, la découverte du Brésil a permis de continuer l'élaboration des connaissances sur le « Nouveau Monde ». Un noyau important de textes européens diffuse diverses informations : les techniques de navigation, la mission

5. Dans le cadre du processus de reconquête chrétienne, la bataille d'Ourique eut lieu en 1139 et opposa l'armée du roi Afonso Henriques à celle des rois maures de la péninsule. La première source écrite qui fait référence au miracle, selon lequel le Christ serait apparu à Afonso Henriques, lui promettant que le Portugal serait « la tête » d'un empire chrétien, est *De Ministerio Armorum* (1416).

évangélisatrice, la richesse du paysage brésilien et la population indienne. Ces documents ont contribué à l'élargissement des connaissances territoriales et géographiques par une mise en image claire. Les descriptions longues et détaillées de ces textes s'opposent aux descriptions vagues et inexactes des textes anciens ou médiévaux. Les textes soulignent la beauté du territoire brésilien – qui en fait un paradis terrestre –, mais les œuvres religieuses et hagiographiques soulignent surtout la nécessité de convertir les Amérindiens qui habitent dans ce paradis profane. De cette manière, ils investissent dans une stratégie de propagande, afin de séduire les jeunes jésuites à venir au Brésil et à devenir missionnaires. Ainsi, ces textes, produits principalement par des membres de la Compagnie de Jésus, remplissent une sorte de projet idéologique, partageant un souci d'affirmation de cet ordre religieux au Brésil. D'autre part, il est également important de souligner que ces œuvres contribuent à construire et à diffuser une image du Brésil et de l'action évangélisatrice de la Compagnie de Jésus, qui se répandra largement dans l'Europe catholique. Entre ces auteurs et nous, lecteurs actuels, il y a des différences profondes – parce que les périodes chronologiques sont différentes – liées aux manières de percevoir le monde. Mais ces différences ne dévalorisent pas ces œuvres, car elles continuent à constituer un témoignage fondamental dans le sens de la perception de « l'autre », favorisant un dialogue culturel entre deux univers distincts : l'Europe et le Nouveau Monde.

Bibliographie

Aínsa Fernando, 1992, *De la Edad de oro a El Dorado. Génesis del discurso utópico americano*, Mexico, FCE.

Almeida Mendes Paula, 2019, « A memória de varões e mulheres "ilustres em virtude" dos Açores e da Madeira à luz de fontes hagiográficas (séculos xvi-xviii): exemplos de uma "santidade insular"? », *in* Chaves Duarte Nuno (dir.), *Memória e Identidade Insular. Religiosidade, Festividades e Turismo nos Arquipélagos da Madeira e Açores*, Velas/São Jorge, Santa Casa da Misericórdia das Velas/CHAM - Humanities Center, p. 163-174.

Belting Hans, 2002, *Hieronymus Bosch: « Garden of earthly delights »*, Londres/New York, Prestel.

Blair Ann, 2020, *Tant de choses à savoir. Comment maîtriser l'information à l'époque moderne*, Paris, Éditions du Seuil.

Caminha Pêro Vaz de, 2018 (1500), « Carta de Pêro Vaz de Caminha », *in* Franco José Eduardo et Fiolhais Carlos (dir.), *Obras Pioneiras da Cultura Portuguesa*, vol. 4 : *Primeiros relatos de viagens e descobrimento*, Lisbonne, Círculo de Leitores, p. 369-395.

Cantù Francesca, 2007, *La Conquista spirituale. Studi sull'evangelizzazione del Nuovo Mundo*, Rome, Viella.

Cardim Fernão, 1997, *Tratados da Terra e Gente do Brasil* (transcription du texte, introduction et notes par Ana Maria de Azevedo), Lisbonne, Comissão Nacional para as Comemorações dos Descobrimentos Portugueses.

Castelnau-L'Estoile Charlotte, 2000, *Les ouvriers d'une vigne stérile. Les jésuites et la conversion des Indiens au Brésil (1580-1620)*, Paris, Centre culturel Calouste Gulbenkian.

Chaudhuri Kirti, 1998, « A recepção europeia da Expansão », *in* Bethencourt Francisco et Chaudhuri Kirti (dir.), *História da Expansão Portuguesa*, vol. I : *A Formação do Império (1415-1570)*, Lisbonne, Temas e Debates, p. 512-539.

Couto Jorge, 1997, *A construção do Brasil*, Lisbonne, Edições Cosmos.

Delumeau Jean, 1994, *Uma História do Paraíso: o Jardim das Delícias*, traduction par Teresa Perez, Lisbonne, Terramar ; original en français publié en 1992 : *Une histoire du paradis. Le jardin des délices*, Paris, Fayard.

Frankl Víctor, 1963, « Imperio particular e imperio universal en las Cartas de Relación de Hernán Cortés », *Cuadernos Hispanoamericanos*, nº 165, p. 443-483.

Freitas Carvalho José Adriano de, 1995, « La prima evangelizzazione del Brasile (1500-1550). Gli anni del silenzio », *in* Vaccaro Luciano (dir.), *Atti de l'Europa e l'evangelizzazione del Nuovo Mondo (Fondazione Ambrosiana Paolo VI, Villa Cagnola, Gazzada [Varese], Italia, 3-10 settembre 1992)*, Milan, Centro Ambrosiano, p. 213-232.

Gil Juan, 1989, *Mitos y utopias del Descubrimiento*, Madrid, Alianza Editorial.

Grunzinski Serge, 2017, *La machine à remonter le temps. Quand l'Europe s'est mise à écrire l'histoire du monde*, Paris, Fayard.

Hatherly Ana, 2002, « Apresentação a Rosário António », in *Frutas do Brasil numa nova, e ascetica Monarchia, consagrada à Santissima Senhora do Rosario de António do Rosário*, Lisbonne, Biblioteca Nacional, p. 9-25.

Lestringant Frank, 1991, *L'atelier du cosmographe ou l'image du monde à la Renaissance*, Paris, Albin Michel.

Lopes de Sousa Pêro, 1968, *Diário de navegação de Pêro Lopes de Sousa 1530-1532*, Lisbonne, Agência Geral do Ultramar.

Loureiro Rui Manuel, 1990, « A visão do índio brasileiro nos tratados portugueses de finais do século xvi », *in* Ferronha António Luís (dir.), *O Confronto do Olhar. O encontro dos povos na época das navegações portuguesas*, Lisbonne, Caminho, p. 259-283.

Magalhães Joaquim Romero, 1998, « O reconhecimento do Brasil », *in* Bethencourt Francisco et Chaudhuri Kirti (dir.), *História da Expansão Portuguesa*, vol. I : *A Formação do Império (1415-1570)*, Lisbonne, Temas e Debates, p. 192-221.

Marques João Francisco (dir.), 2007, *A Utopia do Quinto Império e os Pregadores da Restauração*, Vila Nova de Famalicão, Quasi Edições.

Mattoso José, 1998, « Antecedentes medievais da Expansão Portuguesa », *in* Bethencourt Francisco et Chaudhuri Kirti (dir.), *História da Expansão Portuguesa*, vol. I : *A Formação do Império (1415-1570)*, Lisbonne, Temas e Debates, p. 12-25.

Moser Gerald, 1957, « "Frutas do Brasil": uma obra ignorada na história dum lugar-comum », *Revista da Faculdade de Letras de Lisboa*, vol. 23, nº 1, p. 288-304.

Nóbrega Manuel da, 1988, *Cartas do Brasil (1549-1570)*, Belo Horizonte/São Paulo, Itatiaia/Editora da Universidade de São Paulo.

Oliveira e Costa João Paulo, 2005, *D. Manuel I*, Lisbonne, Círculo de Leitores.

Olmi Giuseppe, 1997, *L'inventario del mondo: catalogazione della natura e luoghi del sapere nella prima età moderna*, Bologne, Il Mulino.

Pelúcia Alexandra et Oliveira e Costa João Paulo, 2018, « Introdução. A Carta de Pêro Vaz de Caminha », *in* Franco José Eduardo et Fiolhais Carlos (dir.), *Obras Pioneiras da Cultura Portuguesa*, vol. 4 : *Primeiros relatos de viagens e descobrimento*, Lisbonne, Círculo de Leitores, p. 46-52.

RODRIGUES Graça Almeida, 1980, *Breve História da Censura Literária em Portugal*, Lisbonne, Instituto de Cultura e Língua Portuguesa.

ROMANO Antonella, 2016, *Impressions de Chine. L'Europe et l'englobement du monde (XVIe-XVIIe siècle)*, Paris, Fayard.

SANTOS Zulmira C., 2001, « Em busca do paraíso perdido: a Chronica da Companhia de Jesu do Estado do Brasil de Simão de Vasconcellos S.J. », *in* DE FREITAS CARVALHO José Adriano (dir.), *Quando os Frades faziam História. De Marcos de Lisboa a Simão de Vasconcellos*, Porto, CIUHE, p. 145-178.

SANTOS Zulmira C., 2008, « A literatura "hagiográfica" no Brasil do tempo do P[e]. António Vieira: da "*Chronica da Companhia de Jesu do Estado do Brasil e do que obrarão seus filhos nesta parte do Novo Mundo*" [1663] às biografias devotas de Simão de Vasconcellos », *Românica*, vol. 17, p. 151-166.

SERNA Mercedes, 2015, « Introducción », in *Crónicas de Indias*, Madrid, Cátedra, p. 13-113.

SOARES DE SOUSA Gabriel, 1971, *Tratado descritivo do Brasil em 1587*, São Paulo, Editora da Universidade de São Paulo.

TODOROV Tzvetan, 1991, *A conquista da América: a questão do outro*, São Paulo, Livraria Martins Fontes Editora; original publié en français en 1982 : *La conquête de l'Amérique. La question de l'autre*, Paris, Éditions du Seuil.

WACHTEL Nathan, 2019, *Paradis du Nouveau Monde*, Paris, Fayard.

SOURCES

ANGHIERA Pietro Martire d', 1530, *De Orbe Novo Decades octo*, Compluti, apud *Michaelem* d'Egina.

CIEZA DE LEON Pedro, 1986 (1553), *Descubrimiento y conquista del Perú*, éd. de Carmelo Sáenz de Santa María, Madrid, Historia 16.

CONCEIÇÃO Padre Apolinário da, 1733, *Primazia Serafica na regiam da America, novo descobrimento de santos, e veneráveis religiosos da Ordem Serafica, que ennobrecem o Novo Mundo, com suas virtudes, e acçoens*, Lisbonne Occidental, na Officina de Antonio de Sousa da Sylva.

FERNÁNDEZ DE OVIEDO Gonzalo, 1535, *Historia Natural e General de las Indias*, Séville, J. Cromberger.

GÂNDAVO Pêro Magalhães de, 1576, *História da província a que vulgarmente chamamos Brasil*, Lisbonne, par António Gonçalves.

GUERREIRO P[e]. Bartolomeu (S. J.), 1642, *Gloriosa coroa de esforçados religiosos da Companhia de Jesus, mortos pela fé católica nas conquistas dos reinos da coroa de Portugal*, Lisbonne, par António Álvares.

HOLANDA Sérgio Buarque de, 1959, *Visão do Paraíso. Os motivos edénicos no Descobrimento e Colonização do Brasil*, Rio de Janeiro, Livraria José Olympio Ed.

LÓPEZ DE GOMARA Francisco, 1552, *Primera y segunda parte de la Historia general de las Indias con todo el descubrimiento y cosas notables que han acaecido*, Saragosse, Agustin Millan.

ROMÁN Jeronimo, 1595, *Republicas del Mundo divididas en tres partes. Tercera Parte*, Salamanque, Iuan Fernandez.

Rosário António do, 2002 [1702], *Frutas do Brasil* (présentation de Ana Hatherly), Lisbonne, Biblioteca Nacional.

Trigoso Mendes, 1812, *Colecção de Notícias para a História e Geografia das Nações Ultramarinas*, vol. 2, Lisbonne, Academia Real das Ciências de Lisboa.

Vasconcellos Pe. Simão (S. J.), 1656, *Vida do P. João de Almeida da Companhia de Jesus da provincia do Brasil*, Lisbonne, na Oficina Craesbeeckiana.

Vasconcellos Pe. Simão de (S. J.), 1663, *Chronica da Companhia de Jesus do estado do Brasil*, vol. 1, Lisbonne, na Officina de Henrique Valente de Oliveira.

Vasconcellos Pe. Simão de (S. J.), 1672, *Vida do veneravel Padre Jozé de Anchieta da Companhia de Jesus, thaumaturgo do Novo Mundo*, Lisbonne, par João da Costa.

Xerez Francisco de, 1891 [1534], *Verdadera Relación de la conquista del Perú*, Madrid, Juan Cayetano Garcia.

9

L'apport de l'expédition Lewis et Clark à la connaissance du territoire américain

Pierre-François PEIRANO

Lorsque, le 20 juin 1803, Thomas Jefferson, alors président des États-Unis, écrivit au capitaine Meriwether Lewis les instructions officielles pour le voyage de découverte qu'il devait faire conjointement avec le capitaine William Clark, il stipula clairement le but de ce périple qui devait être entrepris à travers les territoires de l'ouest du continent nord-américain : découvrir « la voie navigable la plus directe et la plus praticable à travers le continent, à des fins commerciales[1] » (20 juin 1803, cité par Paterson, 1984, p. 1127). Cependant, derrière le masque assez étroit de cette formulation, se dissimulaient à la fois des enjeux stratégiques considérables, ainsi qu'une image préconçue du territoire, qui devaient conférer à cette entreprise une tout autre dimension. L'expédition Lewis et Clark, composée d'une trentaine de membres, principalement des militaires[2], partit de Saint-Louis, en mai 1804, remonta d'abord le cours du Missouri et, après avoir passé l'hiver à proximité du village des Mandans[3], se remit en route au printemps 1805, dans l'espoir d'atteindre l'océan Pacifique en quelques semaines. Les territoires traversés se révélèrent fort inhospitaliers et beaucoup plus étendus qu'escompté, mais le *Corps de la découverte*[4] finit par atteindre le fleuve Columbia et, en descendant son cours, la côte du Pacifique, en décembre 1805. Sur le chemin du retour, entrepris au printemps 1806, l'expédition se sépara pendant quelques semaines, ce qui permit à Clark d'explorer la région désormais connue sous le nom de Yellowstone, et ses membres arrivèrent à Saint-Louis, en septembre de la même année. Ce périple, qui dura donc presque deux ans et demi, fut décisif dans la connaissance de cette partie du continent nord-américain, mais ce fut, justement, l'image préconçue du territoire qui, initialement, détermina le regard porté sur ses

1. Toutes les citations originales ont été traduites de l'anglais par l'auteur.
2. Parmi les autres membres, on comptait York, l'esclave de William Clark, deux interprètes nommés Drouillard et Charbonneau, sans oublier l'épouse de ce dernier, une Amérindienne de la nation des Shoshones connue sous le nom de Sacagawea.
3. La nation des Mandans était connue des colons d'origine européenne depuis le XVIIIe siècle et habitait sur les rives du Missouri. Les membres de l'expédition Lewis et Clark construisirent, près de leur village, un fort où ils s'installèrent pendant l'hiver 1804-1805 et qu'ils baptisèrent « Fort Mandan ».
4. Cette expression (en anglais, *The Corps of Discovery*) était employée par Thomas Jefferson pour désigner l'expédition Lewis et Clark.

apports. En effet, au début du XIXe siècle, les terres à l'ouest du Mississippi demeuraient méconnues et plusieurs mythes circulaient encore, aussi bien pour la faune et la flore que pour la topographie du territoire et sa véritable nature. La découverte de la voie navigable devait coïncider avec celle du légendaire « Passage du Nord-Ouest », moyen naturel de communication jusqu'au Pacifique, dont l'expédition contribua à prouver qu'il n'existait pas. Cela fit passer dans l'ombre les découvertes essentielles d'une expédition qui se situait dans la lignée de l'esprit des Lumières et de celles entreprises, quelques décennies plus tôt, par la France ou la Grande-Bretagne[5], alors qu'il était prévu de faire connaître ses péripéties et sa contribution au progrès scientifique, aussi bien auprès des milieux savants que du grand public, par le biais de réseaux bien structurés, principalement par Thomas Jefferson, l'initiateur de l'expédition. Cependant, la révélation du véritable caractère de ces régions et les diverses péripéties qui ponctuèrent le retour de l'expédition contribuèrent même à remettre ses apports en question – ou, du moins, à les occulter pendant plusieurs décennies. Afin de retracer le parcours de ces apports, à la croisée de l'histoire et du mythe, cette contribution sera divisée en trois parties. Après avoir étudié les origines et les buts de l'expédition, sans oublier les moyens de faire connaître ses apports, la moindre importance accordée aux découvertes elles-mêmes fera l'objet de la seconde partie. Pour cela, plusieurs extraits des journaux alternativement rédigés par Lewis et par Clark tout au long de leur périple seront cités[6]. Enfin, la troisième partie sera consacrée à la reconnaissance tardive de l'expédition, également par le biais du mythe.

Les origines et les buts de l'expédition

À l'orée du XIXe siècle, les territoires situés à l'ouest du Mississippi avaient déjà fait l'objet de nombreuses explorations, sans qu'une connaissance exhaustive de ces régions n'ait pu être constituée. Les explorations espagnoles du XVIe siècle – dont les plus connues sont celles de Hernando de Soto (entre 1539 et 1543), sans doute le premier Européen à voir le fleuve Mississippi, en mai 1541, ainsi que celle de Coronado (1540-1542), dans les montagnes Rocheuses et jusqu'à l'actuel Kansas – avaient parcouru le sud du continent nord-américain, à la recherche d'une civilisation immensément riche. Un siècle plus tard, les Français explorèrent les régions plus au nord, en remontant le Mississippi, puis le Missouri. Les différents journaux publiés à la suite de ces voyages de découverte contribuèrent à véhiculer une image différente du continent. Il n'était plus question d'y trouver des quantités de métaux précieux : la nature y était décrite comme hospitalière et les terres cultivables, ce qui permettrait à des communautés migrantes de s'y établir. Parmi ces journaux, citons celui de Jean-Bernard Bossu, qui fut même traduit en anglais : « Le sol est si fertile, [qu'il] produit du blé venu d'Europe,

5. Il est possible de citer, parmi elles, celles de Bougainville, Cook ou La Pérouse.
6. Comme il le sera mentionné à la fin de cette contribution, les journaux ont fait l'objet de plusieurs compilations et éditions. Les larges extraits choisis par l'historien américain Bernard DeVoto et édités en 1953 ont été utilisés pour indiquer les références.

ainsi que d'autres sortes de fruits et de légumes encore inconnus en France » (Bossu, 1771, p. 61).

Cependant, le territoire entre les sources du Missouri et l'océan Pacifique restait inexploré par les Européens et, à la fin du XVIIIe siècle, suscitait déjà les convoitises des puissances établies en Amérique du Nord. En effet, le territoire des États-Unis, officiellement indépendants depuis 1783, comprenait la côte de l'Atlantique et le sud de la région des Grands Lacs, tandis que l'Espagne administrait encore l'immense territoire de la Louisiane. Plus au nord, la Russie avait déjà établi des possessions en Amérique[7] et la Grande-Bretagne, qui maintenait sa domination sur le Canada, souhaitait étendre sa sphère d'influence par l'intermédiaire de ses compagnies commerciales, comme celles de la baie d'Hudson (Hudson's Bay Company) ou du Nord-Ouest (North West Company). Cette vue de l'échiquier géopolitique ne doit pas faire oublier que la volonté de connaître les territoires inexplorés demeurait indissociable d'une image préconçue du territoire, que la découverte et l'exploration étaient censées confirmer. Cette image reposait toujours, à l'époque, sur l'existence du « Passage du Nord-Ouest », un fleuve ou un bras de mer permettant d'accéder directement à l'océan Pacifique – et, donc, d'établir des relations commerciales avec l'Asie[8]. Les rêves qui animaient les scientifiques et les gouvernants de la fin du XVIIIe siècle demeuraient donc proches de ceux de Christophe Colomb et, chose intéressante, le mythe du « Passage du Nord-Ouest » avait été forgé, lorsqu'il était apparu que l'Amérique et l'Asie étaient séparées par un océan – comme si le besoin de croire en une voie de communication naturelle entre les deux continents demeurait nécessaire. Au cours des décennies précédentes, les cartes de géographie avaient livré des représentations différentes de ce passage. Il s'agissait soit d'une mer intérieure, soit d'un fleuve qui prenait sa source au cœur du continent nord-américain et s'écoulait au milieu de vastes plaines jusqu'au Pacifique. Les géographes britanniques, dont Peter Fidler, qui établit des cartes pour le compte de la Compagnie de la Baie d'Hudson, avaient également postulé la notion de « symétrie géographique[9] » (Allen, 1991, p. 18), selon laquelle la distance entre les montagnes Rocheuses et le Pacifique était équivalente à celle qui séparait, à l'est, les Appalaches de l'Atlantique. L'image du territoire ouvrait donc la porte à des visées expansionnistes et le rôle prépondérant joué par les activités commerciales dans cette possible extension de la sphère d'influence de chaque pays faisait du Passage du Nord-Ouest une sorte de nœud gordien : le pays qui le découvrirait deviendrait maître du commerce avec l'Asie. Dans les dernières décennies du XVIIIe siècle, deux explorateurs britanniques s'étaient déjà vu confier la mission

7. Les premières expéditions d'exploration de la côte du Pacifique financées par le gouvernement russe, dont celles menées par le navigateur Vitus Bering, eurent lieu dans les années 1720. À la fin du XVIIIe siècle, des comptoirs commerciaux permanents avaient été établis par des compagnies russes dans le nord de l'Amérique.

8. Le géographe et aventurier sir Humphrey Gilbert avait été le premier, en 1576, à tenter de démontrer son existence dans son ouvrage intitulé *Discours sur la découverte d'un nouveau passage vers Cathay*.

9. « *As early as the 1720s British promotional literature on North America had introduced the concept of symmetrical geography.* »

de le découvrir : James Cook, au cours de son troisième voyage (1776-1779)[10], ordonné par l'Amirauté, explora les côtes du Pacifique Nord et, quelques années plus tard, Alexander MacKenzie, mandaté par la Compagnie du Nord-Ouest, tenta par deux fois de rejoindre l'océan Pacifique en partant du lac Athabasca, au centre du Canada, en 1789 et 1792. Si ces explorations jouèrent déjà un grand rôle dans la meilleure connaissance du territoire, elles se soldèrent, à l'époque, par des échecs, puisqu'aucune n'avait réussi à découvrir le fameux passage. Certes, MacKenzie avait réussi à atteindre la côte de l'Oregon, mais sans emprunter de grand fleuve navigable : le mythe du Passage du Nord-Ouest était si vivace que l'espoir de le découvrir supplantait les doutes qui auraient pu être formulés à l'aune des résultats de ces précédentes expéditions.

Après l'indépendance des États-Unis, les scientifiques américains se penchèrent davantage sur cette question et demeuraient influencés par l'image du territoire qui prévalait jusqu'alors : « Les puissances coloniales européennes n'avaient cessé de chercher une voie qui permette de traverser le continent nord-américain et les États-Unis s'intéressaient également au passage vers les Indes. Cependant, ses raisons étaient autant liées à la politique et à l'extension du territoire qu'au commerce[11] » (Allen, 1991, p. 48). Au premier rang de ces personnes, figurait Thomas Jefferson, homme des Lumières dont les intérêts s'étendaient, précisément, de la politique à la science. Sa volonté de dresser un inventaire aussi exhaustif que possible du territoire américain et de ses ressources s'était déjà manifestée dans les *Observations sur l'État de Virginie* (*Notes on the State of Virginia*), publiées en 1785. Dans cet ouvrage, Jefferson décrit, entre autres choses, les habitants, les cours d'eau, la faune et la flore de cet État, suivant le système de classification hérité du biologiste suédois Carl von Linné. Une telle démarche devait également être entreprise pour l'ensemble du continent et, à deux reprises, Jefferson avait déjà tenté de lancer un corps d'expédition. En 1785, alors qu'il occupait la fonction d'ambassadeur des États-Unis en France, il avait rencontré John Ledyard, un aventurier originaire du Connecticut, qui s'était proposé de rallier la côte du Pacifique en traversant la Russie puis, de là, faire le trajet d'ouest en est. Ce projet fut interrompu par la tsarine Catherine II, qui donna l'ordre d'arrêter Ledyard, alors qu'il se trouvait en Sibérie. Une seconde tentative, une nouvelle fois inaboutie, fut ébauchée en janvier 1793. Cette fois, il était question d'un corps d'expédition devant être mené par le biologiste français André Michaux.

Jefferson ne se découragea pas pour autant et, au cours de son premier mandat en tant que président des États-Unis, lança un projet d'expédition qui, cette fois-ci, vit le jour. Si les côtes du Pacifique étaient désormais connues, l'intérieur

10. James Cook ne put mener ce voyage à terme, puisqu'il fut tué par les habitants des îles Sandwich, l'actuel archipel de Hawaii, le 14 février 1779. Après sa mort, le commandement de l'expédition, qui rejoignit la Grande-Bretagne en octobre 1780, échut à Charles Clerke, puis à John Gore et James King.

11. « *The European colonial powers had sought a way through the continent of North America, and the United States was also interested in the Passage to India. But her motives were just as political and territorial as they were commercial.* »

du territoire restait à découvrir, ainsi que le réseau hydrographique. C'est ce défi que Jefferson souhaitait relever. Dans ses écrits et les instructions officielles qu'il rédigea à l'intention du capitaine Meriwether Lewis, il mit davantage l'accent sur la découverte du territoire américain que sur l'expansion vers l'Asie et les buts scientifiques semblaient prendre le pas sur les impératifs commerciaux :

> « D'autres éléments qui retiendront votre attention seront :
> – le sol et l'apparence de ce territoire, les végétaux qui y poussent, en particulier, ceux que l'on ne trouve pas sur le territoire des États-Unis ;
> – de manière générale, les animaux de ce territoire et, en particulier ceux que l'on ne trouve pas aux États-Unis ;
> – les restes et les traces de n'importe quelle espèce que l'on pourrait qualifier de rare ou d'éteinte ;
> – les productions minérales de toutes sortes ; mais, plus particulièrement, les métaux, le calcaire, le charbon et le salpêtre ;
> – les eaux salines et minérales, en notant la température de ces dernières, et telles circonstances qui pourraient indiquer leur caractère ;
> – la présence de volcans[12] » (cité par Paterson, 1984, p. 1128).

En cela, Thomas Jefferson fut bien l'initiateur de l'expédition, tandis que Lewis et Clark devaient répondre à ses requêtes. La volonté d'expansion implicitement contenue dans chacun de ces projets ne devait cependant pas être occultée, d'autant que Jefferson avait, dans deux lettres respectivement adressées à George Washington et Archibald Stuart, exprimé le souhait d'étendre le territoire des États-Unis vers l'ouest, à plus ou moins long terme, ainsi que de développer des relations commerciales avec l'Asie :

> « Notre propre voie est encore à ouvrir. C'est alors que le commerce avec l'Ouest commencera à se mettre en marche et à prendre sa direction. Il nous appartiendra alors d'ouvrir nos portes à celui-ci » (cité *ibid.*, p. 787-788).

> « Notre confédération doit être considérée comme le nid à partir duquel toute l'Amérique, aussi bien du Nord que du Sud, doit être peuplée » (*ibid.*, p. 844).

Ces extraits de sa correspondance montrent que la connaissance du territoire restait liée, dans son esprit, à l'expansion des États-Unis et de son commerce, au détriment des autres puissances – les Britanniques, en particulier. Jefferson avait lu le compte rendu de voyage d'Alexander McKenzie et cela le conforta dans son intention d'organiser une expédition américaine. Si ce projet s'inscrivait dans un contexte géopolitique, le besoin de faire connaître ses futurs apports scientifiques servait également les volontés des États-Unis. Pour cela, Thomas Jefferson s'appuyait sur l'*American Philosophical Society*, une institution savante qu'il présida de 1797 à 1814. Fondée en 1743 par Benjamin Franklin, son siège se trouvait (et se trouve toujours) à Philadelphie et elle avait pour buts d'explorer

12. Thomas Jefferson caressait également l'espoir que Lewis et Clark découvrent, dans ces régions, des restes de mammouths, voire des spécimens vivants de cette espèce préhistorique.

le continent nord-américain, d'établir des cartes des côtes et de l'intérieur, ainsi que d'encourager et de subventionner les voyages de découverte, comme le stipulait sa charte, rédigée en 1780. L'expédition Lewis et Clark s'inscrivait donc dans ses projets et la société regroupait les plus grands scientifiques américains de l'époque : ces derniers jouèrent un rôle fondamental dans la préparation de l'expédition, car Lewis était un militaire, non un homme de science, même s'il avait de bonnes notions en mathématiques et en astronomie. En revanche, Clark était un excellent cartographe. Les deux capitaines ont, de plus, bénéficié des conseils d'hommes tels que le naturaliste Benjamin Smith Barton, le mathématicien Robert Patterson, l'éminent médecin Benjamin Rush, ou Albert Gallatin, naturaliste et cartographe d'origine suisse qui, à l'époque, occupait également le poste de secrétaire du Trésor dans le gouvernement de Jefferson et donna son accord pour le financement de cette expédition.

Le but, une fois l'expédition revenue, était également de faire connaître ses découvertes par la publication des journaux que devaient respectivement tenir Lewis et Clark. C'est pour cela que Jefferson avait choisi des hommes qui appartenaient à son premier cercle et en lesquels il pouvait avoir une grande confiance : Meriwether Lewis était son secrétaire particulier et il connaissait la famille Clark depuis longtemps – en particulier, George Rogers Clark, le frère de William. Cette démarche s'inscrivait dans la continuité d'expéditions précédentes, dont les comptes rendus avaient été publiés pour être portés à la connaissance d'un public aussi large que possible : le *Voyage autour du monde* (1771) de Bougainville en demeure l'exemple le plus célèbre (Bougainville, éd. 1982), mais il est également possible de citer les journaux de James Cook, publiés sous la direction de John Douglas, en 1784 (Douglas, Beaglehole, éd. 1967). Les visées impérialistes rejoignaient ainsi les buts scientifiques, puisque « découverte valait presque titre », pour ainsi dire.

Une autre perspective doit également être mentionnée : dans les relations avec les Amérindiens, il s'agissait de faire connaître les États-Unis, nouvelle puissance indépendante sur le continent, car les Amérindiens avaient l'habitude de commercer avec les Britanniques ou les Espagnols, voire les Russes. Les instructions de Jefferson ne laissaient aucune ambiguïté sur ce point : « Informez-les [les Amérindiens] de la situation, de l'étendue, du caractère des États-Unis, ainsi que de leurs dispositions à la paix et au commerce » (cité par Paterson, 1984, p. 1129). Sur le côté face des médailles que Lewis et Clark étaient censés donner aux chefs qu'ils rencontraient, figurait un portrait du président, accompagné de la date à laquelle il avait officiellement commencé son mandat – 1801, en l'occurrence. Jefferson fondait de grands espoirs dans l'apport de connaissances scientifiques précises et son projet répondait aussi au besoin de mieux connaître un territoire qui pourrait, dans un futur lointain, voir l'épanouissement d'une civilisation proprement « américaine ».

De nombreuses déceptions au retour

Il est possible d'affirmer que le véritable voyage de découverte commença au printemps de l'année 1805, puisque l'explorateur français La Vérendrye avait, dès 1738, atteint la région du haut Missouri et établi des relations avec les Mandans. En quittant ces lieux, l'expédition Lewis et Clark se lançait dans la traversée de régions inexplorées, hormis des Amérindiens. Alors que le Corps de la découverte était sur le point d'entamer cette traversée qui les mènerait, en peu de temps, pensaient-ils, à la découverte de la *Grande Rivière de l'Ouest* et à l'océan Pacifique, Lewis donna libre cours à son enthousiasme, tout en soulignant l'importance de l'expédition, destinée à rendre concret un rêve vieux de plusieurs siècles :

> « Nos seules embarcations étaient six petits canoës, ainsi que deux grandes pirogues. Nous considérions cette petite flotte, bien qu'inférieure en nombre à celles de Colomb ou du capitaine Cook, avec autant de plaisir que le firent ces aventuriers, dont les noms, à juste titre, sont demeurés célèbres [...]. Nous étions sur le point de pénétrer dans un pays qui s'étendait, au moins, sur une largeur de deux mille miles, sur lequel l'homme civilisé n'avait jamais posé le pied » (M. Lewis, 7 avril 1805, cité par DeVoto, 1953, p. 92).

Les membres de l'expédition avaient également tenté d'obtenir des Amérindiens des informations à propos de la géographie des terres inexplorées, ainsi que de la distance qui les séparait de l'océan Pacifique. Au cours de l'hiver 1804-1805, ils s'étaient entretenus avec des membres de la nation des Hidatsas, dont les incursions à l'ouest des montagnes Rocheuses étaient déjà connues. Ils obtinrent, non sans quelque difficulté, quelques informations générales sur la nature des régions qu'ils devaient traverser – en particulier, celle de Yellowstone – mais, de manière générale, il est possible d'affirmer que la contribution des Amérindiens aux connaissances de l'expédition en matière de géographie fut réduite. Ils ne disposaient, en effet, d'aucun guide et, au cours de leurs conversations avec les Amérindiens, eurent recours aux interprètes Drouillard et Charbonneau, sans oublier Sacagawea, l'épouse de ce dernier. Celle-ci fut sans doute d'une grande aide, mais ni Lewis, ni Clark ne font mention de cela dans les journaux. En revanche, ils leur donnèrent des renseignements précieux sur les diverses nations qui peuplaient ces territoires – parmi elles, les Crows, les Flatheads, les Shoshones et les Nez Percés – et la contribution des Hidatsas dans ce domaine se révéla capitale pour la suite de l'expédition, car il s'agissait d'une autre forme de connaissance de territoire. L'aide des Shoshones, nation à laquelle appartenait Sacagawea, doit également être soulignée, car ils leur procurèrent des chevaux pour traverser une partie du territoire qui les séparait des sources de la Columbia, dont ils descendirent le cours jusqu'au Pacifique. Les relations avec les Amérindiens, malgré plusieurs épisodes tendus, furent généralement cordiales : en plus de deux ans, un seul incident grave, au cours duquel Lewis tua un membre de la nation des Blackfeet, en juillet 1806, fut à déplorer.

Figure 1. – Détail de la carte de l'expédition de Lewis et Clark, 1814.

Source : *A Map of Lewis and Clark's Track across the Western Portion of North America, from the Mississippi to the Pacific Ocean: By Order of the Executive of the United States in 1804, 5 & 6*, établie par William Clark en 1814, The Library of Congress, Washington, D.C.

Le territoire que l'expédition traversa entre avril et octobre 1805, lorsqu'elle était à la recherche d'une voie d'eau navigable, était d'une tout autre nature que celui précédemment imaginé (figure 1). Il s'agissait de terres arides et de chaînes de montagnes élevées, difficiles à traverser. Si l'on en croit les entrées des journaux rédigées au cours de cette étape, Lewis et Clark précisent que « les hommes [...] sont très fatigués » (12 et 14 septembre 1805, cité par DeVoto, 1953, p. 238 et 239), sans doute pour ne pas écrire « découragés ». Malgré le bref moment d'enthousiasme que souleva la vue de l'océan Pacifique – « Une grande joie dans le camp. Nous sommes en vue de l'océan, cet immense océan Pacifique que nous étions tellement impatients de voir » (7 novembre 1805, cité *ibid.*, p. 279) –, l'expédition connut un hiver plus rude encore, puisque la côte qu'ils avaient atteinte à grand-peine était battue par la pluie et les vents. Même si les membres du Corps de la découverte avaient atteint le but qui leur avait été assigné, le territoire qu'ils avaient traversé s'était révélé beaucoup plus inhospitalier et plus étendu qu'on ne le pensait à l'époque. Surtout, le fleuve Columbia ne correspondait, en aucune façon, à la « Grande Rivière de l'Ouest » attendue : son cours accidenté, ses rapides, les hautes falaises qui le bordaient rendraient bien difficile l'établissement d'une route commerciale. Au cours de l'hiver 1805-1806, Clark coucha dans les journaux l'acte de décès du mythe du Passage du Nord-Ouest : « le passage le plus praticable et le plus navigable à travers le continent nord-américain » (14 février 1806, cité *ibid.*, p. 320-321) avait bien été découvert, mais cette affirmation allait, bien entendu, à l'encontre des précédents mythes ancestraux. Le plus court chemin praticable vers l'océan Pacifique était semé d'embûches, révélant la véritable nature des territoires jusqu'alors méconnus du Nord-Ouest. Dans cette même entrée, Clark détailla également ses calculs relatifs à la distance effective qui séparait le haut Missouri de l'océan Pacifique, deux fois plus grande, selon lui, que lors des estimations précédentes – c'est-à-dire, environ quatre mille *miles*, ce qui était remarquable de précision pour l'époque.

Même si le retour de l'expédition à Saint-Louis, en septembre 1806, souleva l'enthousiasme de la population, les apports scientifiques allaient totalement à l'encontre des attentes, liées à représentations échafaudées jusqu'alors et dont les fondations étaient trop fragiles, car procédant de simples hypothèses. Tout d'abord, la nature de ces découvertes fut portée à la connaissance du président Jefferson, qui n'avait reçu aucune nouvelle information depuis avril 1805 et le départ de Fort Mandan. Dans un premier rapport, Lewis décrivit les régions traversées et traduisait un certain optimisme. Bien que le cours du fleuve Columbia fût accidenté, il tenta de mettre l'accent sur l'avantage que procurerait la découverte d'un cours d'eau vers le Pacifique : « Nous considérons ce passage à travers le continent comme un immense avantage en vue du commerce des fourrures » (M. Lewis, cité par Lavender, 2001, p. 373-374). Le compte rendu officiel de Jefferson ne tranchait pas avec ces affirmations. Lors de son sixième message annuel au Congrès, le 2 décembre 1806, le président déclara :

> « L'expédition de Messieurs Lewis et Clark, dans le but d'explorer la rivière du Missouri et la meilleure communication à partir de là jusqu'à l'océan Pacifique, a eu tout le succès qui pouvait en être attendu. Ils ont presque remonté le Missouri jusqu'à sa source, ont descendu le cours de la Columbia jusqu'à l'océan Pacifique, établi avec certitude la géographie de cette intéressante voie de communication qui traverse notre continent, appris la nature du pays, de son commerce, et de ses habitants » (cité par Paterson, 1984, p. 527).

Ce discours apportait, pour la première fois, des informations à un large public, mais dans la sphère politique. Si Lewis et Clark s'étaient acquittés avec succès de la plupart des missions qui leur avaient été confiées, l'idée d'une grande voie de communication vers le Pacifique ne fut pas mentionnée dans ce discours.

Ici réside l'une des causes principales de l'occultation des résultats l'expédition tout au long du XIXe siècle. Le constat relatif à la nature des territoires représentait un trop grand décalage avec les conceptions antérieures. L'expédition Lewis et Clark avait plutôt contribué à mettre à bas les mythes précédents et proposer une nouvelle image, bien plus objective, du territoire américain – mais si objective, même, qu'elle fut décevante. Pourtant, ses apports scientifiques étaient indéniables : les cartes des régions traversées, dressées par Clark, donnèrent une image très précise de leur relief et du réseau hydrographique. La nature du sol fut tout aussi soigneusement répertoriée, ainsi que les minéraux, la faune et la flore, comme en attestent les nombreux croquis dessinés dans les journaux de l'expédition. Ces derniers sont également à classer parmi les apports et le besoin de Jefferson dans ce domaine était tel que, lorsque le Corps de la découverte repartit de Fort Mandan, en avril 1805, un bateau fut renvoyé à Saint-Louis pour emporter plusieurs spécimens, comme le président le mentionne dans une lettre :

> « Les dernières nouvelles du capitaine Lewis que nous avons reçues sont qu'il a atteint le Haut Missouri [...]. Avec sa carte, il nous a envoyé des spécimens et des renseignements sur les animaux suivants, dont on ignorait auparavant la présence sur le continent nord-américain. 1. Les cornes de ce qui est peut-être une espèce d'Ovis Ammon. 2. Une nouvelle variété de cerf avec une queue noire. 3. Une antilope. 4. Le blaireau, que l'on ne connaissait pas en dehors d'Europe auparavant. 5. Une nouvelle espèce de marmotte. 6. Une fouine blanche. 7. La pie. 8. Le coq de prairie, qui ressemble, dit-on, à la pintade. 9. Un lézard hérissé de piquants » (cité *ibid.*, p. 1159).

La « nouvelle espèce de marmotte » est, en fait, le chien de prairie, dont l'expédition put décrire les caractéristiques et le comportement en détail.

Une autre cause de l'occultation de l'expédition Lewis et Clark dans les années qui suivirent son retour réside dans la difficile publication des journaux. À l'époque, ce projet demeura inabouti et empêcha la révélation de ces mondes en découverte à un plus large public. En mars 1807, Lewis se rendit à Philadelphie et s'attacha les services de l'éditeur C. and A. Conrad & Co. Il demanda également au naturaliste Benjamin Smith Barton de diriger la rédaction du volume scientifique et sollicita la collaboration d'une équipe d'artistes, afin d'illustrer les espèces animales et végétales commentées dans ce futur volume. Cependant, ce projet ne fut jamais achevé car, en mars 1807, le sergent Patrick Gass, ancien membre de l'expédition, fit publier ses propres journaux à Pittsburgh, sans qu'il en ait reçu l'autorisation de Lewis ou de Clark, une initiative ressentie comme une trahison par les deux capitaines. Les journaux de Gass, plus courts, livraient parfois une version différente des événements et du rôle de chaque membre de l'expédition, ce qui pouvait contredire la version « officielle » des deux capitaines. Le probable suicide de Lewis, le 11 octobre 1809, dans une taverne du Tennessee, rendit la publication encore plus difficile et, après quelques années, le projet échut donc à Nicholas Biddle, un banquier, membre de l'American Philosophical Society. Les journaux furent finalement publiés à Philadelphie en 1814, sous le titre *History of the Expedition under the Command of Captains Lewis and Clark, to the Sources of the Missouri, thence Across the Rocky Mountains and Down the River Columbia to the Pacific Ocean.* Cependant, Biddle les avait *compilés* et sa version, très narrative, n'est qu'une transposition des écrits de Lewis et de Clark. La volonté était bien de tenter de perpétuer le souvenir du Corps de la découverte et de rendre la lecture plus facile[13], mais la question du succès de l'ouvrage fait encore débat et les historiens américains affirment qu'il

13. Les journaux de Lewis et Clark, en effet, livrent parfois des versions fragmentées des événements et comportent, en outre, de nombreuses fautes d'orthographe.

ne fut pas au rendez-vous : les 1 417 exemplaires « se vendirent lentement[14] » (Ambrose, 1997, p. 480). Dans les décennies qui suivirent, les *Voyages aux régions équinoxiales du Nouveau Continent,* d'Alexander von Humboldt[15], suscitèrent l'engouement des scientifiques européens et l'on mesure ainsi, par effet de miroir, le peu d'engouement suscité par l'expédition Lewis et Clark aux États-Unis, alors que son apport scientifique était capital et indiscutable.

Reconnaissance et réinterprétation

L'échec initial de la vulgarisation du périple de l'expédition ne doit pas faire oublier le rôle fondamental joué par l'American Philosophical Society dans la promotion de la connaissance scientifique. Dans l'édition des journaux de 1814, une *Carte des territoires de l'Ouest* dressée par William Clark fut jointe à l'ouvrage. Remarquable de précision, elle révèle, pour la première fois, le véritable relief de ces régions et leur étendue, mais ce document précieux n'en comportait pas moins un détail extrêmement révélateur. Les sources de la Multnomah, l'un des affluents de la Columbia, sont placées, sans aucune raison plausible, dans une région plus au sud, toujours inexplorée. Cela permettait d'entretenir l'espoir de découvrir le Passage du Nord-Ouest, après tout – bien que la réalité soit tout autre. Cette carte se révéla fort utile aux explorateurs qui, par la suite, continuèrent à arpenter ces régions, mais n'était pas destinée à un large public. Les connaissances capitales apportées par l'expédition doivent cependant être nuancées sur un point, car l'image des Amérindiens demeurait incomplète : leurs mœurs et leurs coutumes furent finalement peu décrites et Lewis et Clark se contentèrent de décrire leur attitude au cours des conversations ou des manifestations censées les impressionner[16]. « Il faudra attendre des artistes du XIXe siècle comme George Catlin ou Karl Bodmer, ainsi que des explorateurs comme le prince Maximilien, pour élargir cette image étroite », note James P. Ronda[17] (Ronda, 2002, p. 123).

La marginalisation de l'expédition Lewis et Clark continua pendant la majeure partie du XIXe siècle, même si ses apports furent utilisés indirectement. Le meilleur exemple est fourni par l'ornithologue et illustrateur John James Audubon, dont l'œuvre majeure est *Les oiseaux d'Amérique* (*The Birds of America,* 1840). Il entretenait, en effet, des relations privilégiées avec Clark, qui avait dessiné de nombreux croquis d'espèces animales dans les journaux de voyage. Audubon

14. « *In 1814, the book appeared [...]. Bradford and Inskeep printed 1,417 copies and priced them at six dollars. They sold slowly.* »

15. Il est à préciser qu'au cours de son voyage en Amérique, Humboldt fit étape aux États-Unis entre mai et juin 1804. Il s'entretint, à Philadelphie, avec des membres de l'American Philosophical Society et se rendit à Washington, où il rencontra le président Jefferson.

16. Les membres de l'expédition tiraient, par exemple, plusieurs coups de feu en l'air.

17. Le prince allemand Maximilien De Wied-Neuwied, qui partit de Saint-Louis en 1833 et revint l'année suivante, suivit le trajet emprunté par Lewis et Clark près de trente ans auparavant et remonta le Missouri jusqu'au village des Mandans. Il fut accompagné par Karl Bodmer, peintre d'origine suisse, dont la tâche consistait à peindre les paysages et les rencontres avec les nations amérindiennes.

le rencontra même en 1832 : « J'aimerais nommer ici les personnes qui [...] se sont proposées pour rendre notre séjour chez elles agréable [...]. Les Croghan, les Clark (y compris notre grand voyageur) » (Irmscher, 1999, p. 534). Il serait même possible d'établir une filiation indirecte entre ces deux personnes : Clark et Audubon, en effet, se souciaient de décrire en détail la faune du continent nord-américain, ainsi que de transmettre ces connaissances à un public aussi large que possible. Cependant, le tournant se produisit après 1890 et la fermeture officielle de la Frontière[18] par les autorités fédérales, preuve que le territoire des États-Unis était « domestiqué » dans son ensemble. L'historien Frederick Jackson Turner avait affirmé, en 1893, que cet événement correspondait à la clôture de la « première période de l'histoire américaine » (Turner, 2010, p. 38) et, dans l'historiographie, l'expédition Lewis et Clark allait être gratifiée d'un rôle bien plus important dans la période qui allait suivre, sans doute parce qu'elle avait été la première à avoir atteint l'océan Pacifique par voie de terre. Ce regain d'intérêt correspondit à une transformation profonde du *sens* de l'expédition, l'expansion prenant le pas sur l'exploration. D'une expédition à visées scientifiques, elle devenait le prélude à la Conquête de l'Ouest, dans la continuité de l'idéologie de la « Destinée Manifeste ». Alors qu'elle se situait dans la lignée des voyages de la fin du XVIIIe siècle, elle prenait la signification historique de la période suivante, comme si elle avait été greffée d'un « cycle » à l'autre en acquérant, par là même, d'autres traits caractéristiques. Même les hommes politiques louèrent le rôle du Corps de la découverte, comme le président Theodore Roosevelt, qui, en 1905, déclara qu'il avait « préparé le chemin pour [l']essor du commerce dans le plus grand des océans » (cité par Spencer, 2004, p. 165).

La redécouverte des journaux fut concomitante de cet intérêt renouvelé pour l'expédition. Dès 1893, la compilation de Nicholas Biddle fut rééditée par Eliott Coues et, quelques années après, Reuben Gold Thwaites, membre de l'American Philosophical Society, dirigea la parution de la version originale des journaux en huit volumes, entre 1904 et 1905. Leur longueur fut, sans doute, la principale raison pour laquelle ils demeuraient destinés à un public restreint, mais la volonté de revenir à la source des textes originels témoignait de l'importance dont jouissait toujours ce périple dans le domaine scientifique. Cependant, sa vulgarisation auprès d'un public plus large se fit sur un mode différent, celui de la célébration *a posteriori* de l'expansion américaine, que Lewis et Clark auraient contribué à déclencher. Deux expositions universelles, l'une à Saint-Louis, en 1904, consacrée à l'achat de la Louisiane, l'autre à Portland, en 1905, pour célébrer le centenaire de l'expédition, demeurent des témoignages de cette exaltation, qu'il est possible de qualifier de pompeuse, tandis que le fossé entre son apport scientifique et sa signification dans le « roman national » des États-Unis commençait à se creuser.

La mise en avant de l'Amérindienne Sacagawea, désormais présentée comme le véritable guide de l'expédition, date également du début du XXe siècle. Alors

18. La « Frontière » désignait la ligne imaginaire marquant la zone limite de l'implantation de la population américaine et l'avancée de la « civilisation » vers l'ouest.

qu'elle n'est mentionnée que dans quelques passages des journaux, elle devint celle qui fit découvrir la véritable nature de ces régions à l'ensemble des membres de l'expédition et leur indiqua le bon chemin vers le Pacifique. Certes, son rôle avait peut-être été passé sous silence par Lewis ou par Clark – particulièrement, dans les relations avec les nations amérindiennes –, mais aucune source ne permet vraiment d'établir son importance au sein de l'expédition. Cette « découverte » de Sacagawea répond sans doute à la volonté de réhabiliter les nations amérindiennes, tout en faisant pencher la balance vers la dimension épique de ce périple – au détriment, une fois encore, de ses apports scientifiques. Néanmoins, ces derniers n'ont jamais été totalement occultés, comme en témoignent les nombreux tableaux inspirés par les épisodes marquants de l'expédition[19] : Lewis et Clark y sont représentés comme des trappeurs ou des explorateurs, non des militaires, et portent leurs instruments de mesure à la ceinture, preuve de l'oscillation constante entre exploration et expansion. Le caractère expansionniste de cette entreprise mérite toujours d'être débattu, car le recul historique contribue à fausser le jugement et à interpréter les souhaits de Jefferson ou d'autres Pères Fondateurs à l'aune de la spectaculaire expansion qui allait suivre. En considérant les événements dans leur contexte, l'expansion des États-Unis à plus long terme constitue une préoccupation plausible. Il serait, à ce sujet, facile d'établir un lien de cause à effet entre le lancement officiel de l'expédition Lewis et Clark et l'achat de la Louisiane à la France, deux événements qui eurent lieu en 1803, mais les deux projets précédents de Jefferson invalident cette hypothèse. De plus, l'achat de la Louisiane fut décidé rapidement par Jefferson, qui voyait là une occasion unique d'annexer ce territoire aux dépens des puissances européennes qui le convoitaient également.

Au fil des décennies, la vulgarisation de cet événement s'est poursuivie sous plusieurs formes, qu'il s'agisse de monuments, de statues, d'œuvres de fiction ou d'objets commémoratifs, tout en privilégiant une approche mythifiée que l'historien Stephen Aron a récemment qualifiée d'« histoire de la Frontière qui aide la nation à se sentir bien » (Aron, 2007, p. 71). Les nombreux ouvrages récemment publiés par des historiens, lesquels sont plus ou moins romancés, rencontrèrent un véritable succès auprès du public, comme *Undaunted Courage*, de Stephen E. Ambrose, paru en 1997. En parallèle avec la popularité acquise par l'expédition Lewis et Clark, une approche strictement historique se poursuivit, avec la publication d'une sélection des entrées des journaux, en 1953, sous la direction de l'historien Bernard DeVoto, mais le retour aux sources et à une véritable reconnaissance des apports scientifiques de l'expédition trouva sa forme la plus accomplie dans la publication des journaux en ligne – ainsi que des illustrations, des croquis et des cartes – par l'université du Nebraska, sous la direction

19. Il est possible de citer les toiles de Charles Marion Russell (1864-1924), un célèbre peintre et illustrateur de l'Ouest, en exemple, mais l'expédition Lewis et Clark est également considérée comme l'un des principaux événements dans l'histoire d'États tels que le Montana ou l'Oregon. Plusieurs fresques ayant pour thème des épisodes marquants du périple ornent les murs de bâtiments officiels, comme le Capitole d'État de l'Oregon, dans la ville de Salem.

de Gary E. Moulton, en 2005, une année après les célébrations du bicentenaire. Désormais, l'importance capitale du Corps de la découverte est à la portée de tous et c'est une étape décisive qui a été franchie, ouvrant la voie à une nouvelle approche de l'expédition et de ses richesses : en plus des entrées, les cartes et les croquis sont désormais accessibles au plus grand nombre et permettent d'élaborer la synthèse entre les caractères scientifique et expansionniste de ce périple.

Il apparaît donc, à la lumière du regain d'intérêt pour l'expédition Lewis et Clark depuis le début du XXe siècle, que l'histoire a cédé la place au mythe et que son apport dans la connaissance du territoire semble moins importer que le fait d'avoir été le premier corps expéditionnaire à atteindre le Pacifique par voie de terre, première légitimation – *a posteriori* – de la spectaculaire expansion américaine dans les décennies qui suivirent. Le fait que l'expédition ait été « greffée », pour ainsi dire, sur un cycle historique postérieur au lieu d'être comprise dans la continuité des voyages d'exploration scientifique de la fin du XVIIIe siècle a diminué le poids de ses indéniables apports dans la description des régions inexplorées. Cependant, la publication des journaux sous leur forme originelle, presque un siècle plus tard, ainsi que les travaux universitaires régulièrement publiés depuis, ont grandement contribué à réhabiliter les différents apports scientifiques de l'expédition Lewis et Clark, dont l'image, aux yeux d'un public plus large, reste différente et fortement influencée par les mythes de la Frontière et, déjà, de la Conquête de l'Ouest.

Pour revenir à son contexte historique précis, elle se situe, en fait, à un tournant dans le regard porté sur les territoires à l'ouest du Mississippi : si elle a contribué à réfuter le mythe du « Passage du Nord-Ouest », elle a révélé – ainsi que d'autres expéditions ultérieures, dont celles menées par des explorateurs tels que Zebulon Pike (1806-1807) ou, encore, Kit Carson et Frémont (1842) – un autre territoire, rude, où se dressait la barrière des montagnes Rocheuses. Désormais, il ne s'agissait plus, pour la nation américaine et le gouvernement fédéral, d'un monde à découvrir mais, à plus ou moins long terme, à conquérir.

Bibliographie

ALLEN John L., 1991, *Lewis and Clark and the Image of the American Northwest*, New York, Dover Publications.

AMBROSE Stephen E., 1997, *Undaunted Courage: Meriwether Lewis, Thomas Jefferson and the Opening of the American West*, New York, Simon & Schuster Paperbacks.

ARON Stephen, 2007, « The Afterlives of Lewis and Clark », *in* JONES Jacqueline (dir.), *The Best American History Essays 2007*, New York, Palgrave-Macmillan, p. 71-88.

BOUGAINVILLE Louis-Antoine de, 1982, *Voyage autour du monde par la frégate du Roi* La Boudeuse *et la flûte* L'Étoile (1771), Paris, Gallimard, coll. « Folio ».

DEVOTO Bernard, 1998 (1953), *The Course of Empire*, Boston/New York, Houghton Mifflin Company.

Douglas John et Beaglehole John C. (dir.), 1967, *The Journals of Captain James Cook* (1784), Cambridge, Cambridge University Press/The Hakluyt Society, 4 vol.

Lavender David, 2001, *The Way to the Western Sea: Lewis and Clark across the Continent*, Lincoln/Londres, The University of Nebraska Press.

Ronda James P., 2002, *Lewis and Clark among the Indians*, Lincoln/Londres, The University of Nebraska Press.

Spencer John, 2004, « "We are not dealing entirely with the Past": Americans remember Lewis and Clark », *in* Fresonke Kris et Spence Mark (dir.), *Lewis and Clark: Legacies, Memories, and New Perspectives*, Berkeley/Los Angeles, University of California Press, p. 161-178.

Turner Frederick J., 2010, *The Significance of the Frontier in American History* (1893), *in* Bogue Allan (dir.), *The Frontier in American History*, New York, Dover Publications, Inc., p. 1-38.

Sources

Bossu Jean-Bernard, 1771, *Travels Through that Part of North America Formerly Called Louisiana*, Londres, T. Davies.

DeVoto Bernard (dir.), 1997 (1953), *The Journals of Lewis and Clark*, Boston/New York, Houghton Mifflin Company.

Irmscher Christoph (dir.), 1999, *John James Audubon: Writings and Drawings*, New York, The Library of America.

Lewis Meriwether et Clark William, 1814, *History of the Expedition under the Command of Captains Lewis and Clark, to the Sources of the Missouri, thence Across the Rocky Mountains and Down the River Columbia to the Pacific Ocean*, Philadelphie, Bradford et Inskeep.

Moulton Gary E. (dir.), 2005, *The Journals of the Lewis and Clark Expedition*, [https://lewisandclarkjournals.unl.edu/], consulté le 22 juin 2023.

Paterson Merrill D. (dir.), 1984, *Thomas Jefferson: Writings*, New York, The Library of America.

10

Un nationalisme apolitique ? Gustave Lambert et son projet d'expédition au pôle Nord (1865-1871)

***Alexandre* SIMON-EKELAND**

Peut-on organiser l'exploration de mondes en découverte sans appui politique[1] ? La plupart des « grands noms » canoniques de l'histoire des explorations françaises sont avant tout des personnages envoyés par l'État, quand ils ne font pas tout simplement partie de l'armée ou, plus souvent, de la Marine française. On peut penser à Jacques Cartier, La Pérouse, Dumont d'Urville, ou encore à Marchand. Ce lien avec l'État paraît d'autant plus incontournable que ces voyages d'exploration sont lointains et coûteux, comme ceux envoyés vers le pôle Nord, ou vers le Pacifique, étudiés par Hélène Blais. Elle souligne que, si les institutions scientifiques sont incontournables dans la préparation de ces voyages, « la préparation politique, matérielle et financière revient en grande partie au ministère de la Marine et des Colonies » (Blais, 2005, p. 62).

Les projets d'expéditions vers le pôle Nord se multiplient dans la seconde moitié du XIXe siècle. Les dizaines d'expéditions anglaises et américaines envoyées au secours de l'explorateur anglais Franklin – parti avec 130 hommes à la recherche du Passage du Nord-Ouest en 1845 et disparu – renouvellent l'intérêt du public anglais pour les régions polaires (Potter, 2007) et cet intérêt traverse la Manche. Le Passage du Nord-Ouest, entre l'Atlantique et le Pacifique par le nord de l'Amérique, est franchi par McClure entre 1850 et 1854 : bien que celui-ci n'ait pas accompli toute la traversée en navire, l'intérêt pour le Passage diminue et c'est le pôle Nord qui devient l'objectif le plus courant des expéditions polaires suivantes (Berton, 1989 ; Felsch, 2013).

Cette contribution s'intéresse à un projet français d'expédition au pôle Nord dont le promoteur, Gustave Lambert, a voulu qu'il soit organisé sans l'État. Un journaliste affirmait de lui en 1895 qu'« à côté des explorateurs du pôle Nord [...], l'histoire devra placer un jour un des nôtres, Gustave Lambert[2] ». Le moins que l'on puisse dire est que ce journaliste n'a pas été écouté : Lambert

1. Je remercie les éditeurs de l'ouvrage, mes directeurs de thèse Ulrike Spring et Peder Roberts, ainsi qu'Alexandre Audard qui m'ont tous donné des conseils pour améliorer ce texte.

2. « Ce qui se passe », *Le Gaulois*, 21 avril 1895.

est à peu près inconnu aujourd'hui. Son expédition au pôle Nord n'a jamais eu lieu car il est mort pendant la guerre franco-prussienne (1870-1871). Il était pourtant très connu à la fin des années 1860 car il avait réussi à recueillir des financements considérables pour son projet : il venait enfin de réunir assez d'argent quand la guerre a éclaté.

Lambert veut se rendre au pôle Nord et affirme explicitement à plusieurs reprises sa volonté de le faire sans l'aide de l'État. Il présente son projet en 1866, sous forme de lettres envoyées au journal *L'Économiste français*, puis publiées en volume en 1867. Il y distingue trois possibilités de financement, en commençant par celle qu'il rejette : l'action de l'État. Il évoque ensuite l'éventualité d'une souscription privée avec perte du capital, et termine par une autre possibilité, qu'il appelle « l'union entre la science et l'industrie » : c'est à cette dernière que va sa préférence (Lambert, 1867, p. 33-34). Pendant les quatre années qui suivent, il est pourtant amené à utiliser ces trois possibilités dans l'ordre inverse de celui dans lequel il les présente en 1866.

Une « union de la science et de l'industrie »

La première modalité de financement utilisée par Lambert est donc son « union de la science et de l'industrie », une idée qu'il défendait déjà avant son projet polaire. Ancien élève de Polytechnique et fils d'un notaire de Grièges, il travaille en 1864 comme professeur d'hydrographie à Bayonne[3]. Cette année-là, il publie son deuxième livre, intitulé *De la locomotion mécanique dans l'air et dans l'eau* (Lambert, 1864). Il y présente, à grand renfort de calculs complexes, ses idées pour améliorer les systèmes de transport. Lambert n'y fait aucune allusion au pôle Nord ; en revanche, il y propose déjà le mode de financement qu'il voudra mettre en place pour son expédition deux ans plus tard (*ibid.*, p. 86-89). Ce professeur d'hydrographie souhaite créer une société par actions qui – c'est imprimé en italique – « serait fort lucrative ». Cette société aurait pour but de tester les inventions proposées par tous les inventeurs et de commercialiser celles qui en valent la peine, en reversant 60 % des profits aux inventeurs. Sans fausse modestie, Lambert affirme que « ce projet n'est rien moins qu'une tentative d'organisation libre de la France scientifico-industrielle ». Il fait ici allusion à la concurrence internationale des Anglais et des Américains, qu'il faut battre : Lambert est nationaliste et veut défendre la place de la France dans le monde. De manière étonnante, il entend toutefois le faire sans aucun lien avec le pouvoir politique, qu'il ne mentionne même pas.

Présenté dans un livre obscur par un auteur qui ne l'est alors pas moins, ce projet n'a pas de suite immédiate. Lambert reste pourtant attaché à son idée d'« union de la science et de l'industrie ».

3. Doublet Édouard, 1929, « Gustave Lambert. Ses travaux. Son projet de voyage au pôle Nord. Sa mort », *Bulletin de l'Observatoire de Lyon*, t. XI, n° 2, p. 19-46.

La science

Ancien élève de Polytechnique, dont il a été expulsé pour indiscipline[4], Lambert fait partie des nombreux hommes du XIXe siècle qui participent à l'essor de « la science » (Fureix et Jarrige, 2015, p. 49-59 ; Carnino, 2015). Si la discipline de l'*X* ne lui a pas réussi, la formation lui convenait : il avait plus de 15 de moyenne en physique, chimie, géométrie, ou encore en analyse mécanique[5]. Sa vision de la science est relativement nouvelle, sans être vraiment originale : il fait partie des nombreuses personnes influencées par Auguste Comte. Comme lui, Lambert définit en effet la science comme fondée sur la rationalité, et la recherche de « lois » expliquant tous les phénomènes, physiques, mais aussi sociaux.

Le projet d'expédition au pôle Nord de Lambert, dès sa première présentation en 1866, s'inscrit bien dans « la science », par son programme et par ses objectifs puisqu'il compte emmener des scientifiques et effectuer de nombreuses mesures une fois sur place. Au-delà du programme, c'est la conception même de l'expédition qui repose sur « la science », et c'est ainsi que Lambert argumente pour défendre la faisabilité de son projet. Il fait partie des défenseurs de la théorie de la mer libre, comme l'américain Kane, ou surtout le géographe allemand Petermann (Robinson, 2006 ; Felsch, 2013). Pour eux, le pôle Nord n'est pas situé sur un continent ou une île comme d'autres le pensent, ni sur une banquise, mais au milieu d'une mer libre de glaces. Cette théorie était bien sûr erronée, et nous savons à présent que c'étaient les opposants à cette idée qui avaient raison. Il faut pourtant la prendre au sérieux si on veut comprendre l'expédition de Lambert : il s'agit bien de science pour lui, comme pour Petermann, comme pour tous ceux qu'ils ont convaincus (Robinson, 2007).

Les défenseurs de la mer libre partagent tous certains arguments, dont une partie repose sur des témoignages. Des explorateurs russes signalent l'existence d'une mer non gelée dans les années 1820. Plus proches de Lambert, des traductions françaises des récits de voyages arctiques des explorateurs américains Kane et Hayes paraissent respectivement en 1860 et 1868 : les deux mentionnent la mer libre de glaces qui les a empêchés d'avancer plus loin avec leurs traîneaux, et elle est représentée par des illustrations (Hayes, 1868).

Ces témoignages issus du terrain ne peuvent suffire à un théoricien revendiqué comme Lambert ; pour lui, la preuve ultime de l'existence de la mer libre est à trouver dans des « lois » qui permettent de déterminer par avance ce qui se trouvera à ce point que personne n'a encore atteint. Il s'agit en premier lieu des courants marins, indiqués par des flèches noires sur la carte distribuée pendant ses conférences (figure 1 et pl. 10 du cahier d'illustrations).

4. « Procès-verbaux des séances du conseil de discipline 1845 », Archives de l'École polytechnique.

5. « Notes d'interrogation, 2e division, 1843-1844 », Archives de l'École polytechnique.

Figure 1. – Victor-Adolphe Malte-Brun, carte servant à présenter l'expédition de Gustave Lambert au pôle Nord, vers 1868.

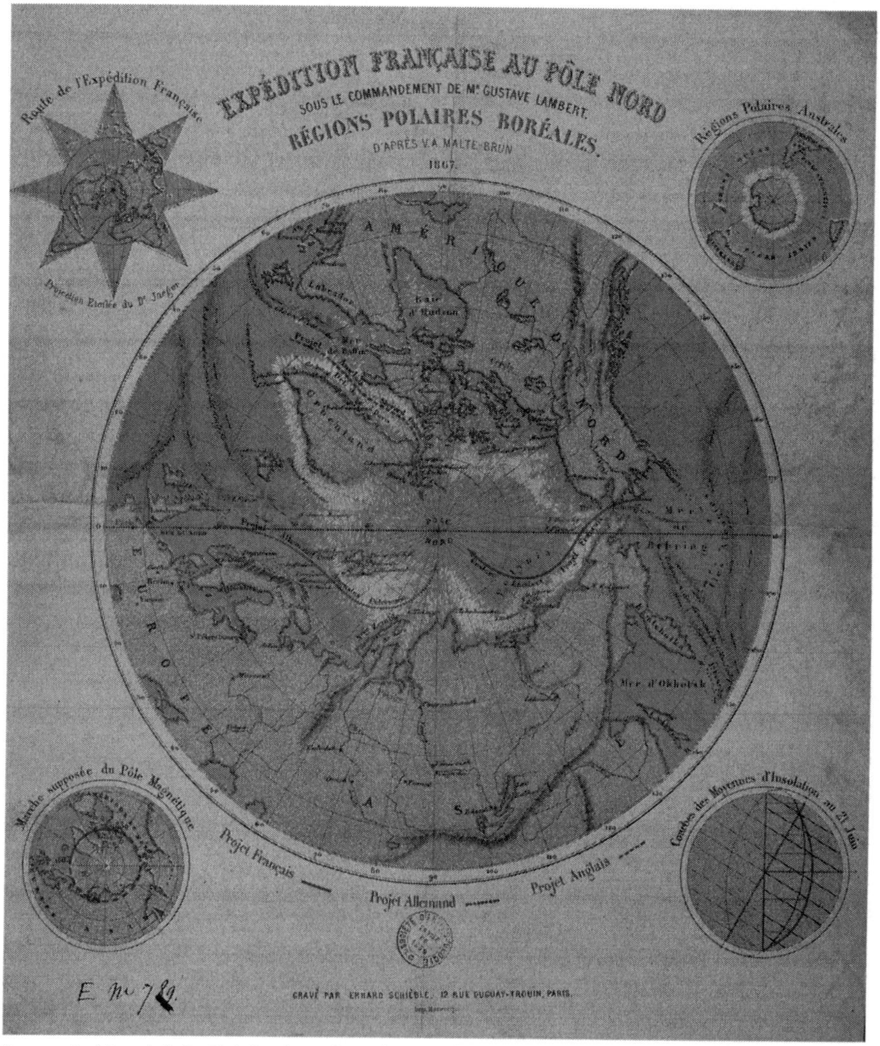

Source : Archives de la Société d'anthropologie de Paris, déposées au Muséum national d'histoire naturelle.

Les courants représentés sont des courants chauds qui, pour les défenseurs de la mer libre, font fondre les glaces sur leur passage. Lambert partage l'argument des courants avec Petermann, mais les routes qu'ils recommandent divergent. Comme la carte le montre, là où Petermann préconise de passer par le Spitzberg puis la Nouvelle-Zemble, Lambert défend le détroit de Béring.

Lambert est plus original en justifiant de l'existence de la mer libre par l'insolation, c'est-à-dire la quantité de soleil reçue (Lambert, 1870). Son argument – présenté graphiquement en bas à droite de la carte – est que, compte tenu de la déclinaison de la Terre, ce n'est pas au pôle Nord qu'il fait le plus froid, mais vers le 80e degré. Lambert ne nie pas l'évidence – la mer est gelée vers le 80e degré – mais affirme que, plus au Nord, ce n'est plus le cas. Cet espace non gelé est donc supposé navigable, et exploitable.

L'industrie

Lambert fait aussi partie de ces nombreuses personnes pour qui « la science » doit naturellement avoir partie liée avec ce qu'il appelle « l'industrie », c'est-à-dire l'activité économique en général. D'où son éloge permanent de l'« union » entre les deux : il emploie l'expression extrêmement souvent, et elle est reprise sans guillemets après lui par de nombreux journalistes[6]. Lambert voit cette union comme tout à fait réalisable dans le cas de son projet d'expédition. Ce qui l'intéresse au pôle Nord, ce n'est pas seulement l'honneur (pour lui et pour la France) d'y arriver le premier et de faire avancer la science ; c'est également la mer polaire libre comme espace riche en ressources, et notamment en cétacés – son obsession. Dans la première version de son projet, il met même en avant la possibilité de bénéfices pour les bailleurs de fonds. Son plan originel est de chasser toutes les baleines qu'il croisera, et de vendre leur huile dans tous les ports sur sa route pour financer son expédition. Ainsi, il ne demande pas de subventions, mais bien des investissements, qui amèneraient des bénéfices pour les investisseurs.

Cela a des conséquences directes sur l'organisation et le déroulement possible de l'expédition. Dans les premières versions de son projet, présentées en 1866, Lambert considère ainsi qu'en un mois dans la mer polaire son navire sera trop chargé de produits et ne pourra donc pas hiverner au pôle, ce qui empêchera de réaliser des séries de mesures sur une longue période[7]. Son « union » ne manque donc pas d'être critiquée dès qu'il la propose. On l'accuse même, comme il le dit, de faire « déroger » la science ; il répond en justifiant de son pragmatisme : « Je cherche un moyen de réalisation, c'est tout » (Lambert, 1867, p. 41). Pourtant, il doit renoncer à son « union » lorsqu'il obtient le soutien officiel de la Société de géographie de Paris.

La souscription et les conférences

Au moment où Lambert présente son projet en 1866, la Société de géographie vit une période importante, qu'Alfred Fierro considère comme le début de son âge d'or (Fierro, 1983, p. 51-88). Tout d'abord, les dirigeants changent : Prosper de Chasseloup-Laubat est président de 1864 à 1873, et Charles Maunoir devient assistant secrétaire général, puis secrétaire général de 1867 à 1897. Ces deux hommes partagent les mêmes idées : ils veulent augmenter l'influence

6. Par exemple La Forge Anatole de, 1867, « Variétés : la question du pôle Nord », *Le Siècle*, 8 avril.
7. Lambert Gustave, 1867, « Projet de voyage au pôle Nord. Note lue à la Société de géographie dans sa séance publique du 14 décembre 1866 », *Bulletin de la Société de géographie*.

de la Société de géographie et le nombre de ses membres. Ils y parviennent par la suite, notamment en soutenant l'expansion coloniale.

Parmi leurs projets, Chasseloup-Laubat et Maunoir ont la volonté de modifier le rapport de la Société de géographie aux expéditions. Traditionnellement, elle récompensait les voyageurs revenant d'exploration, mais ne participait pas à leur financement en amont, comme le faisaient ses concurrentes étrangères (Surun, 2018, p. 57-105). Cependant, la Société de géographie n'a pas de fonds suffisants pour financer elle-même des expéditions : la solution proposée par Chasseloup-Laubat est l'organisation de souscriptions gérées par la Société et bénéficiant de son influence. Le premier à bénéficier de ce système est l'explorateur François Le Saint, qui part en Afrique en 1866[8] et meurt en 1868.

Gustave Lambert présente son projet à la fin de l'année 1866 à la Société de géographie, et ses dirigeants reconnaissent en lui un bon candidat pour ce type de financement. L'assemblée générale du 14 décembre 1866 officialise le soutien à son projet[9]. La mise en marche du réseau de la Société de géographie est cependant très lente et ce n'est qu'en juillet 1867 que le premier comité de soutien se réunit à Paris. Un comité de surveillance est constitué, qui est officiellement responsable de la bonne organisation de l'expédition. Ce comité de dix personnes (dont six membres de l'Institut) comprend Chasseloup-Laubat et Maunoir qui en est le trésorier.

Dès lors, Lambert doit abandonner la partie commerciale de son projet pour renforcer son aspect scientifique. En contrepartie, la Société de géographie met tout son poids au service de Lambert : Charles Maunoir envoie une lettre à tous les présidents de sociétés savantes de France, dans laquelle il écrit que « les Sociétés savantes sont sœurs[10] » et leur demande d'organiser une conférence de Lambert dans leurs villes respectives. Des comités de soutien sont rapidement créés dans de nombreuses villes. Ils servent non seulement à organiser la venue de Lambert, mais aussi à collecter l'argent avant de le renvoyer vers la Société de géographie.

Cette souscription va donc de pair avec les conférences que Lambert donne pour présenter son projet, et qui connaissent un grand succès : toutes les sources s'accordent sur son charisme, et c'est alors une pratique courante que d'assister à ce genre de conférences (Lee, 2016). Il donne en tout, entre 1866 et 1870, plusieurs centaines de conférences, mais elles ne rapportent pas autant d'argent ni aussi rapidement qu'il l'espérait. Leur succès tend cependant à montrer que Lambert arrive à se passer du soutien de l'État, bien que le politique ne soit jamais très loin.

Gustave Lambert fait ainsi une erreur à la fin de l'année 1867, au risque de mettre en danger la souscription : il entre dans le débat sur la place respective de la science et de la religion dans la société (Carnino, 2015, p. 61-86). Nous l'avons vu, Lambert lui-même partage dans l'ensemble les idées exprimées par

8. Le Saint cherchait à traverser une partie de l'Afrique, du Tchad actuel jusqu'à la côte du Gabon.
9. « La Société de géographie 1821-1921 », *La Géographie*, juin 1921.
10. Lettre de Charles Maunoir aux présidents de sociétés savantes, janvier 1868 (BnF, SG50, 4158).

Auguste Comte avant 1848 : pour eux, la science doit remplacer la religion. Lambert annonce qu'il nommera son navire *La Foi Scientifique*[11]. C'est une erreur car tous ne partagent pas ses vues, et de nombreux membres du clergé concilient alors leur foi et leur intérêt pour la science. Monseigneur Darboy, l'archevêque de Paris, donne par exemple 500 francs pour l'expédition[12] et, montrant ainsi l'exemple, joue un grand rôle dans le succès de la souscription. Le clergé est divisé sur ces questions et Darboy est alors, au sein de l'Église française, un représentant du courant qui accepte davantage la modernité et l'héritage de la Révolution (Yon, 2012, p. 160). En nommant son navire ainsi, Lambert attise ces tensions en provoquant les catholiques conservateurs, qui ne veulent pas voir associées « foi » et « science » – le nom n'est d'ailleurs pas mieux vu par de nombreux scientifiques, qui rejettent l'utilisation du mot « foi » comme renvoyant à autre chose que la rationalité pure qu'ils appellent de leurs vœux. En s'inscrivant maladroitement dans ce débat national et politique, Gustave Lambert risque de perdre un grand nombre de souscripteurs potentiels. Il rattrape son erreur en annonçant que le nom de son navire sera finalement *Boréal* – un choix beaucoup plus neutre. Cela fonctionne, et on trouve finalement dans la liste de ses souscripteurs de nombreux fonctionnaires, comme des loges maçonniques et des écoles catholiques et des évêques[13].

L'hiver suivant, en 1868, c'est à nouveau autour du navire que se cristallisent des tensions qui mettent en danger la souscription. Cette fois, elles ne sont pas politiques, mais elles montrent la difficulté de Lambert à accepter d'être subordonné à l'autorité d'un autre, une difficulté qui contribue peut-être à expliquer son rejet d'une aide étatique. En novembre 1868, il achète un navire avec l'argent de la souscription et le baptise comme prévu *Boréal*. Le navire lui coûte 150 000 francs, et Lambert compte le modifier pour un coût supplémentaire de 120 000 francs : le comité de surveillance s'oppose à l'achat car d'après leurs comptes la souscription n'a alors récolté que 200 000 francs. Ils refusent de payer le navire[14]. Après des échanges de lettres plus ou moins aimables, et une menace de plainte de Lambert, le comité de surveillance décide de se dissoudre. Bien que ses membres soulignent qu'ils continuent à soutenir le projet de Lambert, ils ne veulent plus en assumer la responsabilité car ils ne sont pas d'accord avec sa façon de le gérer. Cela aurait pu signifier la mort du projet de Lambert, car le comité de surveillance publie dans les journaux une lettre proposant aux gens qui le souhaitent de récupérer leur argent – ce que personne ne semble avoir fait.

Pourtant, le projet de Lambert survit à ce nouvel obstacle car il reste soutenu, d'un peu plus loin, par la Société de géographie, mais aussi par de nombreuses personnalités liées plus ou moins directement au pouvoir politique.

11. « Chronique », *Les Tablettes des Deux-Charentes*, 7 novembre 1867.
12. Giraud Léopold, 1868, « Bulletin politique », *Le Journal des villes et des campagnes*, 8 juillet.
13. Voir par exemple « Expédition au pôle Nord », *Le Moniteur Universel*, 10 mars 1868.
14. Décision du comité de surveillance, 5 novembre 1868 (BnF, SG50, 4158).

L'action de l'État

En effet, l'action de l'État se révèle très vite indispensable au financement de l'expédition. Plus encore, elle s'impose à Lambert, qu'il le veuille ou non, à cause de la façon dont il présente son projet.

Dès le départ, il présente son expédition comme patriotique. Comme la carte le montre en indiquant les projets concurrents, il veut défendre la place de la France dans le monde, ce qui intéresse forcément le gouvernement. Sa carte ne montre d'ailleurs que deux projets concurrents : le « projet allemand » et le « projet anglais », sans montrer les projets américains alors proposés. Cette présentation présente un double intérêt. D'abord, l'Allemagne (bien que non unifiée) et le Royaume-Uni sont les principaux concurrents de la France à ce moment. Que la France soit en rivalité avec eux pour le pôle paraît donc logique et, s'ils ont leurs projets, il faut que la France ait le sien. Lambert prévoit de revendiquer le pôle pour la France, bien que cela paraisse compliqué du fait de la théorie de la mer polaire libre : sans terre ni même glace, où planter son drapeau ? En 2007, un sous-marin a planté un drapeau russe au fond de l'océan Arctique. À l'époque de Gustave Lambert, Jules Verne, dans *Les aventures du Capitaine Hatteras*[15], place une île avec un volcan situé précisément au pôle : Hatteras peut donc le gravir pour planter son drapeau. Notons que Jules Verne, membre de la Société de géographie, a participé à la souscription pour le projet de Lambert[16]. Celui-ci prévoyait plus simplement de jeter une bouée avec un drapeau français, ce qui manquait de précision mais permettait de revendiquer l'intégralité de la mer polaire pour la France[17].

Alors que d'autres projets sont débattus en Angleterre, le « projet anglais » de Osborn et le « projet allemand » de Petermann sont présentés sur la carte comme les seuls de leurs pays respectifs. Celui de Lambert que la carte leur associe est donc aussi implicitement présenté comme le seul projet français possible. L'éventualité d'une concurrence venue d'un autre projet français est ainsi écartée : non seulement il faut que la France ait son expédition au pôle Nord, mais celle-ci ne peut être que celle de Lambert.

Au-delà de la compétition de prestige pour être la nation qui arrivera la première au pôle Nord, l'Angleterre et les États allemands sont aussi des partenaires et concurrents commerciaux pour la France. Le rêve d'exploitation économique du pôle que Lambert agite ne peut pas non plus manquer d'intéresser le pouvoir politique.

Au vu de l'importance géopolitique potentielle de son projet, l'État ne peut donc faire autrement que de s'intéresser à Lambert et n'attend pas le succès des conférences. Dès le début de la souscription, Napoléon III donne 50 000 francs

15. Paru en feuilleton dans le *Magasin d'éducation et de récréation* de 1864 à 1865, et en volume chez Hetzel en 1866.
16. « Expédition au pôle Nord », *Le Moniteur Universel*, 5 mai 1868. Sur Jules Verne et les mondes polaires, voir Paumier (2005, p. 190-203), et Rémy (2019).
17. « Chronique », *Le Temps*, 22 janvier 1868.

et est inscrit en tête de la liste des souscripteurs[18]. Il donne néanmoins « en tant que personne privée », un procédé courant qui permet d'éviter d'engager trop officiellement l'État, tout en mettant tout le poids du chef de l'État au profit du projet.

C'est d'abord pour soutenir la souscription que le pouvoir politique intervient, à l'échelle locale notamment. La Rochelle constitue un cas extrême puisque c'est la commune qui prend en charge la souscription ; trouvant d'ailleurs ses administrés trop lents à participer, le maire envoie des employés de la mairie faire du porte-à-porte pour les pousser à donner[19]. Ce genre de pression ne doit pas être sous-estimé car les maires étaient encore choisis par le pouvoir politique national ; ils en étaient donc des représentants. Cela étant, ce type de pression directe semble avoir été rare et c'est plutôt indirectement, en montrant l'exemple, que la pression politique est exercée.

Les notables de chefs-lieux sont ainsi très présents dans les comités locaux de soutien à Gustave Lambert. Le président ou président d'honneur de ces comités est le plus souvent le maire, ou le préfet ou sous-préfet s'il y en a un. Ces listes sont très longues, avec souvent plusieurs dizaines de noms, et comptent beaucoup de fonctionnaires nommés par l'État[20].

Ainsi, le politique n'était pas évitable et le plus efficace était donc de devancer l'intervention de l'État pour mieux la guider. Lambert le réalise moins vite que ses soutiens : en 1867, la Société de géographie a déjà traversé avec succès quatre régimes politiques. Ses dirigeants savent qui contacter, et comment. Dès le début de la souscription, Charles Maunoir écrit ainsi aux conseillers généraux pour leur demander de participer[21]. La lettre qu'il leur envoie ne compte qu'une dizaine de lignes, dont l'essentiel est consacré au fait que l'empereur soutient le projet : implicitement, ils sont donc poussés à faire comme lui.

La Société de géographie n'est pas seule à faire appel au politique au profit de Lambert : à la demande de Daubrée, de l'Académie des sciences, le ministère de l'Agriculture, du Transport et des Travaux publics envoie en février 1868 une lettre aux chambres de commerce pour les inciter à souscrire[22]. Cette lettre a un effet considérable puisque les diverses chambres de commerce donnent à la souscription plus de 50 000 francs.

L'appel à l'État permet donc de mobiliser de fortes sommes, et Lambert lui-même finit par se rendre à l'évidence, en 1869. Il est alors désespéré : sa souscription n'est toujours pas complète. Lui-même finit par appeler à l'aide le pouvoir politique. Il n'a pas pour autant perdu sa volonté d'en rester détaché autant que possible. Par une fierté qui paraît rétrospectivement bien vaine, il ne demande que des sommes assez faibles. En octobre 1869, il demande ainsi

18. *Le Moniteur Universel*, 7 août 1867, p. 1 ; « Expédition au pôle Nord », *Le Moniteur Universel*, 13 septembre 1867.

19. « Nouvelles locales et départementales », *L'Écho Rochelais*, 16 septembre 1868.

20. Ces listes se trouvent dans le dossier sur Gustave Lambert des Archives de la Société de géographie (BnF, SG50, 4158).

21. Lettre de Charles Maunoir aux conseillers généraux, 25 août 1867 (BnF, SG50, 4158).

22. Dossier « Lambert », AN F17/7290.

500 ou 1 000 francs au ministère de l'Instruction, qui lui en donne 1 000 sans hésiter[23]. Il aurait certainement pu demander plus.

Fin décembre 1869, il écrit aux maires pour demander que les conseils municipaux lui votent des subventions : Lambert explique que si chaque chef-lieu pouvait voter 50 francs, sa souscription serait complète[24]. Finalement, en février 1870, c'est aux députés qu'il écrit. Il leur demande de proposer et voter une loi pour lui donner une subvention de 20 000 francs ; ici encore, il demande une somme faible. En juillet 1870, la loi est débattue. La commission qui l'a rédigée défend le vote de 20 000 francs, car c'est ce que demandait Lambert. Mais Stephen Liégeard, député et ami de Lambert, défend à la tribune une subvention de 100 000 francs, qui permettrait de compléter totalement le financement de l'expédition.

La loi est votée le 14 juillet 1870, après un bref débat. Après les interventions de Liégeard et du président de la commission des lois, le député de Jouvencel se lance dans un historique des explorations polaires qui ennuie l'hémicycle : plusieurs députés crient pour réclamer un vote immédiat. Une seule intervention négative a lieu, celle du marquis du Piré qui trouve injuste de voter de l'argent pour ce projet quand la Chambre a refusé d'en voter pour les arènes de Paris, mais qui est quand même favorable au vote de 20 000 francs[25]. Cette presque unanimité montre encore une fois que le pouvoir politique était très disposé à soutenir le projet : Lambert aurait pu y avoir recours plus tôt.

La loi est adoptée avec l'amendement de Liégeard : la souscription de Lambert peut donc être considérée comme complète. Il ne recevra pourtant jamais cet argent car la guerre contre la Prusse éclate quelques jours plus tard, le 19 juillet. Lambert s'engage comme volontaire et est blessé mortellement pendant le siège de Paris.

Conclusion

Cet engagement volontaire de Lambert pendant la guerre franco-prussienne est révélateur : il montre, s'il en était encore besoin, son patriotisme. La baronne du Pagès, son infirmière pendant ses derniers jours, rapporte qu'il aurait dit en mourant :« Merci [...] de m'avoir aidé à mourir. Hélas ! Ce n'est pas ce voyage-là que j'avais rêvé ; mais ce qui me console, c'est que je le fais aussi pour la France[26]. » Bien qu'elle ait probablement embelli la formulation, il ne fait guère de doute que c'est ainsi – comme un transfert de patriotisme – que Lambert pensait son engagement militaire, après son projet scientifique. Lambert était indéniablement un Français nationaliste mais, homme du « siècle des révolutions » qui avait vu la fin de trois régimes politiques, il se méfiait du pouvoir politique et cherchait à garder ses distances avec l'État. Cette méfiance était renforcée par ses difficultés à tolérer l'autorité.

23. Dossier « Lambert, Gustave », AN F17/3172.
24. « Chronique locale », *Mémorial de la Loire et de la Haute-Loire*, 4 janvier 1870.
25. Débats reproduits dans les journaux, par exemple dans « Corps législatif », *Le Temps*, 16 juillet 1870.
26. *Le Journal des voyages*, 12 février 1888.

Finalement, organiser son expédition sans l'État n'était pas possible. On peut même se demander si cela aurait vraiment été souhaitable : l'aide financière apportée à Lambert par l'État lui était donnée quasiment sans condition.

Étonnamment pour quelqu'un qui s'efforçait autant de rester à l'écart de l'État, c'est au ministère de la Marine que Gustave Lambert (qui n'a pas d'enfant) lègue son navire et l'argent de la souscription, à condition qu'ils soient utilisés pour une expédition vers le pôle Nord. On peut y voir la reconnaissance par Lambert, à la fin de sa vie, du fait que l'État était nécessaire à un projet de cette ampleur.

La Marine refuse pourtant le legs, expliquant que le coût d'une telle entreprise serait trop élevé dans le contexte de l'après-guerre. Pourtant, le ministère de l'Instruction avait été contacté par un homme qui souhaitait remplacer Lambert, et qui avait presque le même nom : Gustave Ambert n'a pas inspiré suffisamment confiance aux fonctionnaires du ministère de l'Instruction. Il prétendait avoir participé à plusieurs expéditions avec Lambert, un mensonge évident. Les archives du ministère de l'Instruction soulignent aussi que Lambert, lui, avait mérité sa subvention par ses centaines de conférences et sa souscription[27]. Le ministre refuse de transférer la subvention à Ambert, et les suspicions s'avèrent justifiées : Ambert est un escroc qui finit par s'enfuir de France[28].

À partir des années 1870, il devient pourtant plus facile d'explorer sans passer par l'État : les journaux, à commencer par ceux des États-Unis, financent des expéditions en échange d'informations exclusives (Riffenburgh, 1993). Ce cas de figure est pourtant resté peu courant en France, et le genre d'union des explorateurs et des industriels sans l'État que Lambert imaginait est resté très rare lui aussi, surtout pour les régions polaires. C'est bien l'État qui a financé une série d'expéditions mineures dans l'Arctique dans les années 1880 et 1890, et qui a par la suite fourni la majeure partie du financement nécessaire aux expéditions antarctiques de Jean-Baptiste Charcot dans les années 1900.

Faire connaître les mondes en découverte est un processus qui, dans le cas de Gustave Lambert, a été interrompu avant même son départ de France. Cela permet paradoxalement de mieux comprendre ce que ce processus implique avant un départ : il faut à quelqu'un qui se veut découvreur des stratégies pour obtenir des financements, et des outils pour gagner, d'avance, la légitimité indispensable pour qu'un projet soit pris au sérieux. Ces dimensions sont souvent occultées par les différents médias et les explorateurs eux-mêmes, qui préfèrent après coup insister sur ce qu'il se passe sur le terrain.

27. Archives nationales, ANF17/2933-1.

28. BnF, SG13, 2423.

Bibliographie

Berton Pierre, 1989, *The Arctic Grail. The Quest for the North West Passage and the North Pole, 1818-1909*, New York, Penguin Books.

Blais Hélène, 2005, *Voyages au Grand Océan. Géographies du Pacifique et colonisation 1815-1845*, Paris, Comité des travaux historiques et scientifiques.

Carnino Guillaume, 2015, *L'invention de la science. La nouvelle religion de l'âge industriel*, Paris, Éditions du Seuil.

Felsch Philipp, 2013, *Comment August Petermann inventa le pôle Nord*, Paris, Éditions de la Maison des sciences de l'homme.

Fierro Alfred, 1983, *La Société de géographie 1821-1946*, Genève/Paris, Droz.

Fureix Emmanuel et Jarrige François, 2015, *La modernité désenchantée. Relire l'histoire du XIXe siècle français*, Paris, La Découverte.

Hayes Isaac, 1868, *La mer libre du pôle : voyage de découvertes dans les mers arctiques exécuté en 1860-1861*, Paris, Hachette.

Lambert Gustave, 1864, *De la locomotion mécanique dans l'air et dans l'eau. Théorie et pratique*, Paris, Arthus Bertrand.

Lambert Gustave, 1867, *La question du pôle Nord. Lettres adressées à M. Jules Duval*, Paris, Arthus Bertrand.

Lambert Gustave, 1870, *Note sur la quantité de chaleur versée par le soleil aux divers parallèles d'une planète*, Lons-le-Saulnier, Gauthier Frères.

Lee Eunyoung, 2016, *Au plaisir de savoir. L'invention des conférences populaires, Paris 1860-1914*, thèse en histoire et civilisation, sous la direction de Christophe Prochasson, Paris, EHESS.

Paumier Jean-Yves, 2005, *Jules Verne : voyageur extraordinaire. Les mondes connus et inconnus*, Grenoble, Glénat.

Potter Russell A., 2007, *Arctic Spectacles. The Frozen North in Visual Culture, 1818-1875*, Seattle/Londres, University of Washington Press.

Rémy Frédérique, 2019, « Les voyages polaires de Jules Verne », *Cybergeo: European Journal of Geography*, E-Topiques, [https://journals.openedition.org/cybergeo/32455], consulté le 11 juin 2019.

Riffenburgh Beau, 1993, *The Myth of the Explorer: The Press, Sensationalism and Geographical Discovery*, Londres/New York, Belhaven.

Robinson Michael F., 2006, *The Coldest Crucible: Arctic Exploration and American Culture*, Chicago, The University of Chicago Press.

Robinson Michael F., 2007, « Reconsidering the Theory of the Open Polar Sea », *in* Benson Keith R. et Rozwadowski Helen M. (dir.), *Extremes: Oceanography's Adventures at the Poles*, Sagamore Beach, Science History Publications, p. 15-29.

Surun Isabelle, 2018, *Dévoiler l'Afrique ? Lieux et pratiques de l'exploration (Afrique occidentale, 1780-1880)*, Paris, Éditions de la Sorbonne.

Yon Jean-Claude, 2012, *Le Second Empire : politique, société, culture*, Paris, Armand Colin, 2e éd.

Sources

Aux Archives Nationales de France

ANF17/2933-1, dossier « Ambert, Gustave ».
AN F17/3172, dossier « Lambert, Gustave ».
AN F17/7290, dossier « Lambert ».

À la Bibliothèque nationale de France (fonds de la Société de géographie)

SG13, 2423.
SG50, 4158.

À l'École polytechnique

« Procès-verbaux des séances du conseil de discipline 1845 ».
« Notes d'interrogation, 2e division 1843-1844 ».

11

D'une initiative privée à une opération nationale
Dresser une carte de l'Afrique à la fin du XIXe siècle

Jean-Luc ARNAUD

La carte d'Afrique publiée à partir du début des années 1880 sous la direction d'Henri Regnault de Lannoy de Bissy constitue alors une pièce d'exception. En effet, à ce moment-là, les meilleures cartes du continent africain, aussi bien en France qu'à l'étranger, sont des dérivés de celle dressée par Jean-Baptiste Bourguignon d'Anville au milieu du XVIIIe siècle (Surun, 2004, p. 124). Composée de quatre feuilles, son assemblage mesure environ un mètre de côté et, suivant son échelle de réduction (1:8 000 000), un centimètre sur la carte correspond à 80 kilomètres sur le terrain. La carte la plus récente serait alors celle publiée par Keith Johnston en 1866 en quatre feuilles à l'échelle 1:5 500 000. En 1880, il existe aussi de nombreuses cartes locales ou régionales à plus grande échelle mais elles sont trop disparates quant à leurs modes de projection, leurs échelles ou encore leurs factures pour permettre de construire une image un tant soit peu générale du continent. Ces cartes, en une ou deux feuilles seulement, sont d'autant moins détaillées que la région considérée est plus vaste. Par ailleurs, elles présentent des lacunes pour les dizaines de milliers de kilomètres carrés encore inexplorés (de Martonne, 1927 et 1936).

Pour sa part, la carte de Lannoy ne compte pas moins de 63 feuilles ; leur assemblage de 4 mètres de côté comporte plus de 10 mètres carrés de cartographie à une échelle suivant laquelle un centimètre correspond à « seulement » 20 kilomètres sur le terrain[1]. À ce titre, elle constitue bien un document d'exception (figure 1).

1. Par ailleurs, pour chaque feuille, Lannoy prépare une notice de deux à trente pages qui en présente le contenu suivant une organisation systématique. L'auteur commence par énumérer les pays couverts par la feuille, il en dresse ensuite une description géographique, indique la liste des sources exploitées et note les difficultés rencontrées au cours de la rédaction. *In fine*, lorsque plusieurs hypothèses étaient envisageables pour figurer une information, il indique les choix qu'il a effectués. Seulement trente-cinq notices ont été publiées, les autres sont conservées sous forme de manuscrits plus ou moins complets par la Bibliothèque nationale de France.

Figure 1. – Tableau d'assemblage de la carte de Lannoy, en 63 feuilles.

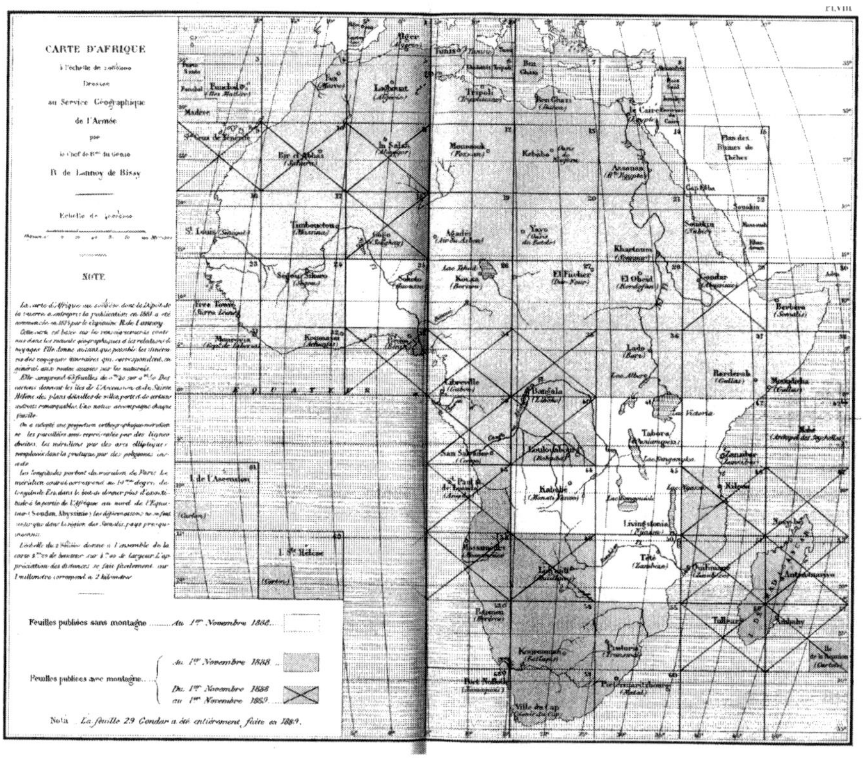

Source : rapport du Service géographique de l'armée pour l'année 1889, Paris, 1890, pl. VIII, document IGN.

Convergence d'intérêts

La carte de Lannoy est publiée à partir de 1881 par le Service cartographique de l'armée française. L'Afrique est alors le terrain de jeu favori de plusieurs pays d'Europe. À la faveur d'un demi-siècle d'exploration, le continent a révélé des richesses telles que des mines de diamant au Transvaal, des mines d'or en Rhodésie ou encore des gisements de cuivre en Zambie… Les effets de l'expansionnisme se précisent ; on passe d'une période d'explorations ponctuelles à une période d'installation. Ainsi, la Belgique occupe le bassin du Congo à partir de 1878, l'année suivante, la Grande-Bretagne conforte son implantation en Afrique australe en gagnant une guerre contre les Zoulous. Plus au nord, la France étend son aire d'influence sur le Maghreb en annexant la Régence de Tunis, sous la forme d'un Protectorat, dans le cadre d'un accord avec la Grande-Bretagne qui met la main sur l'Égypte en 1882. Ces deux pays se ménagent des portes d'entrée en Afrique vers le sud, du côté ouest pour la France, à l'est pour la Grande-Bretagne.

Depuis les années 1860, les expéditions scientifiques deviennent de plus en plus stratégiques, la France, la Grande-Bretagne et la Belgique ne cachent pas leur volonté d'étendre leurs emprises respectives à la faveur des découvertes générées par les explorations. Jusqu'au milieu des années 1870, le continent africain est assez vaste pour que cette politique se développe sans frein. Ce n'est plus le cas à la fin de la décennie avec deux expéditions simultanées et concurrentes en Afrique centrale : celle d'Henri Morton Stanley, commanditée par le roi des Belges Léopold II, et celle de Savorgnan de Brazza, depuis la France. C'est dans ce contexte que le chancelier allemand, Otto von Bismarck, organise à la fin de l'année 1884 une conférence internationale dont l'objectif est de définir les principes de partage du continent africain entre les puissances européennes (Pourtier, 1986; Korinman, 1986). Une quinzaine de pays participent à cette conférence, au cours de laquelle les feuilles déjà publiées de la carte de Lannoy constituent une base idéale pour conduire les arbitrages.

Quoi de plus logique dans ce contexte que de dresser une carte rassemblant dans un document unique des informations alors très dispersées. Cette hypothèse est confortée par la publication au même moment d'une autre carte d'Afrique, anglaise celle-là. À partir de 1881, la Société royale de géographie de Londres publie en effet les premières feuilles d'une carte d'Afrique de l'Est, qui, comme celle de Lannoy, se propose de réunir les connaissances relatives à cette région. La publication de ses vingt-cinq feuilles est achevée en 1883; elle figure une étendue cinq à six fois inférieure à celle de l'ensemble du continent mais, par son échelle – un centimètre correspond à 10 kilomètres sur le terrain – elle est plus détaillée que celle de Lannoy.

L'examen de ces deux cartes montre que le parallèle n'est pas aussi pertinent qu'il le semble *a priori*. La carte de la Société royale de géographie couvre la région des Grands Lacs, le Kilimandjaro, une partie du bassin du Zambèze…, c'est-à-dire la région de prédilection des explorateurs et missionnaires britanniques. Elle rassemble des informations acquises au cours des dernières décennies à travers des expéditions qui intéressent directement la Société royale de géographie et l'impérialisme britannique. La carte de Lannoy est assez différente; en prenant pour cadre l'ensemble du continent africain, l'auteur se propose de réunir un vaste corpus de connaissances dont le niveau est très disparate. Alors que le Nord – Égypte et Algérie en particulier – est bien documenté[2], des dizaines de milliers de kilomètres carrés restent totalement inexplorés. Entre ces deux extrêmes, la documentation disponible comporte des exemples pour tous les niveaux de connaissance intermédiaires. L'auteur se trouve donc confronté à deux difficultés : remplir ce qui n'est pas documenté, d'une part, et réduire l'information pour ce qui l'est mieux, au risque d'être accusé d'un nivellement par le bas, d'autre part. Suivant cette analyse, le périmètre de la carte anglaise et son échelle de réduction présentent plus de cohérence avec l'état des connaissances que celle de Lannoy. Elle ne s'aventure pas là où l'information manque et elle ne dépense pas d'énergie à couvrir les régions déjà cartographiées. Ce n'est pas un

2. L'Égypte est représentée par une carte au 1:100 000 dressée dans le cadre de l'expédition d'Égypte et publiée au début du XIXe siècle; pour sa part, la topographie de l'Algérie est bien documentée dès le milieu des années 1870 comme en témoigne une carte publiée en quatre feuilles à l'échelle 1:800 000 par le Dépôt de la guerre à ce moment-là.

hasard si cette carte ne figure pas le nord de la vallée du Nil qui, pourtant, constitue alors une chasse gardée de la Grande-Bretagne. Ainsi, les deux cartes publiées au même moment à Londres et à Paris, à la veille du congrès de Berlin, sont fondamentalement différentes quant à leur mise en œuvre et, de fait, quant aux objectifs qu'elles poursuivent. Leur confrontation montre que la carte française est au moins autant une opération de prestige qu'une production scientifique.

Henri Reynault de Lannoy de Bissy est avant tout polytechnicien, il a complété sa formation initiale en suivant les cours de l'école d'application du Génie de Metz où les enseignements relatifs à la cartographie sont particulièrement poussés. Ainsi, l'auteur de la carte d'Afrique dispose de toutes les compétences nécessaires pour préparer sa publication, depuis le choix d'un mode de projection jusqu'aux détails de la topographie en passant par la mise en place d'un canevas géodésique. À l'issue de sa formation, il est envoyé en Algérie où il est chargé de travaux de génie civil. À son retour en métropole en 1874, il est alors âgé de 29 ans, il commence à rassembler la documentation pour sa carte alors qu'au titre de son affectation militaire, il est chargé de relevés topographiques dans les Alpes et de travaux administratifs en région parisienne ; autant d'activités qui n'ont rien à voir avec l'Afrique[3].

En fait, Lannoy est un lecteur assidu de relations de voyages et il regrette qu'elles ne comportent pas les cartes qui permettraient de suivre les itinéraires des auteurs. Sa frustration est assez forte pour qu'il décide, à titre individuel, de préparer une carte d'Afrique qui rassemble tous les savoirs alors disponibles. Pendant six ans, il consacre tout son temps libre à la préparation de cette carte. L'ampleur de la tâche est considérable[4]. Il parvient cependant à achever la rédaction de quelques feuilles en 1881. À l'invitation de Charles Maunoir, qui cumule alors les fonctions de chef des cartes au Dépôt de la guerre et de secrétaire général de la Société de géographie, les manuscrits de Lannoy sont présentés à la Société. Ses membres manifestent leur intérêt pour l'entreprise qui est signalée aux ministres de l'Instruction publique et de la Guerre. L'auteur est alors encouragé à poursuivre son œuvre. Pour lui permettre de s'y consacrer entièrement, il est détaché à l'état-major où il intègre la section de cartographie du Dépôt de la guerre qui est alors chargé de la plus grande part des travaux cartographiques de l'armée (Lefebvre, 2015, p. 171). Lannoy ne pouvait pas rêver d'une meilleure position dans la mesure où le Dépôt de la guerre, producteur et éditeur de la célèbre carte de France à l'échelle 1:80 000, dite carte d'état-major, dispose alors de moyens logistiques importants et des savoir-faire nécessaires à la publication de sa carte[5].

3. Pour plus de détails sur le parcours de Lannoy, voir Loiseaux, 2004.

4. La compilation dans laquelle Lannoy s'engage au milieu des années 1870 est d'autant plus difficile à mettre en œuvre que le nombre des explorations ne cesse alors d'augmenter et que le volume des connaissances suit cette progression. L'auteur doit à la fois compiler des données et assurer la mise à jour des éléments cartographiques déjà rédigés. Or, les nouvelles explorations ne donnent pas seulement lieu à de nouvelles informations ponctuelles à ajouter à la carte, les relevés de coordonnées géodésiques, qui modifient les positions relatives des lieux, nécessitent le plus souvent de reprendre des pans entiers de la rédaction.

5. L'atelier de reproduction photographique du Dépôt de la guerre (fondé en 1859) assure la réduction des cartes sources à grande échelle tandis que le service de reproduction se charge de la gravure des plaques de

Ainsi, le Dépôt de la guerre devient-il « naturellement » l'éditeur de la carte d'Afrique. Avec ce transfert, une initiative individuelle privée devient un programme d'État. Par ailleurs, cela confère aussi une nouvelle mission au Dépôt de la guerre. Ses activités ont pour objectif de produire la cartographie nécessaire aux armées. Il s'agit tout d'abord de cartes de France, d'Algérie et de Tunisie à différentes échelles. Au milieu des années 1880, le premier catalogue des publications du Dépôt donne aussi la liste de quelques représentations de pays étrangers, il s'agit de cartes en quelques feuilles seulement ou bien de documents anciens hérités des campagnes napoléoniennes telles que la carte de Souabe ou celle de Russie. Dans cette liste, la carte d'Afrique apparaît par son ampleur comme un objet à part. Ce caractère est conforté par le fait qu'il s'agit d'une carte géographique qui, compte tenu de son échelle, serait tout à fait inutile dans le cadre d'un conflit armé. Les cartes militaires les plus générales, dites cartes d'étapes, qui sont exploitées pour le déplacement des troupes, sont bien plus détaillées que celle de Lannoy[6]. Enfin, alors que la plupart des cartes publiées par le Dépôt de la guerre sont des œuvres collectives dont les auteurs ne sont pas cités, toutes les feuilles de la carte d'Afrique sont affectées à Henri Regnault (t ou d, selon les versions) de Lannoy de Bissy, capitaine du Génie. Cette particularité contribue aussi à renforcer le caractère exceptionnel de la carte en question.

En ajoutant la carte d'Afrique à son catalogue, le Dépôt de la guerre diversifie sa production et ses missions. La cartographie dont il est chargé n'est plus seulement celle nécessaire à l'organisation des affrontements militaires sur le terrain, la carte de Lannoy est destinée à d'autres catégories de conflits – conflit d'influence, conflit diplomatique – qui s'ouvrent dans le cadre du début d'une course-poursuite avec la Belgique et la Grande-Bretagne pour le partage du continent. Dans ces formes de conflit, la carte d'Afrique joue un double rôle. C'est tout d'abord une source d'informations, une somme de connaissances jamais rassemblées auparavant suivant une facture homogène. Comme en témoigne son tableau d'assemblage, cette carte est organisée suivant un découpage géographique facile à exploiter et ses 63 feuilles sont aisées à diffuser grâce à la technique de reproduction adoptée (zincographie). Mais la publication de cette carte revêt aussi d'autres aspects, plus politiques. Elle est comptabilisée à l'actif de dix années de politique expansionniste[7] ; la représentation cartographique constitue en quelque sorte une preuve synoptique de connaissances, elle se donne à voir dans son ensemble et, en ce sens, elle devient un mode d'appropriation de l'espace d'autant plus puissant que le continent est alors réputé comme largement inconnu. Enfin, la carte de Lannoy est aussi une opération de prestige qui magnifie le savoir-faire français.

zinc et de l'impression de la version finale des feuilles de la carte. Au tournant des années 1880-1890, alors que la reproduction de planches de grand format en plusieurs couleurs est encore difficile à maîtriser, la carte d'Afrique bénéficie des nouvelles presses acquises quelques années plus tôt, elles permettent de publier une deuxième édition en trois couleurs.

6. Ainsi, pour la France, la carte des étapes militaires publiée à partir de 1890 par le Service géographique de l'armée est à l'échelle 1:800 000, elle succède alors à une carte du milieu du siècle à l'échelle 1:1 200 000 (Arnaud, 2022, chap. F1890).

7. Au lendemain de la guerre de 1870, l'expansionnisme de la France devient une politique publique portée par Gambetta (Comte, 1990, p. 35).

Sa présentation à l'exposition universelle de 1889, sous la forme d'un assemblage de plus de 4 mètres de côté, témoigne bien de ce caractère. Suivant ce mode de présentation, les détails cartographiques sont *de facto* illisibles ; ce qui est alors exposé, ce ne sont pas tant les informations portées par le document qu'une preuve synoptique de connaissance de l'Afrique et l'ampleur de l'œuvre réalisée.

Ainsi, la France publie la plus grande, la plus détaillée, la plus complète... carte du continent africain. Ce faisant, elle se positionne en acteur privilégié des négociations relatives à la répartition des souverainetés. En intégrant l'auteur au Dépôt de la guerre, l'autorité publique française constitue sa carte en instrument de la politique d'expansion du gouvernement. Les effets sont quasi immédiats ; la carte de Lannoy constitue le document de référence pour le congrès de Berlin de 1884.

Un projet encyclopédique

Les premières feuilles de la carte sont publiées à partir de 1881, l'édition initiale de l'ensemble de la série est disponible neuf ans plus tard. Ensuite, dès le début des années 1890, le Service géographique de l'armée, qui a succédé au Dépôt de la guerre quelques années plus tôt, s'engage dans une nouvelle édition dont la publication est achevée au tournant du siècle. À partir de ce moment-là, la carte d'Afrique n'est plus tenue à jour, on procède cependant à la réimpression des feuilles épuisées jusqu'au milieu des années 1920.

Pour rédiger sa carte, Lannoy ne réalise pas de relevés de terrain, il travaille en atelier à partir des informations rassemblées par des tiers, au cours des décennies précédentes, à la faveur des explorations scientifiques et des expéditions militaires ou diplomatiques. Sa première activité consiste tout d'abord à rassembler cette documentation. Les résultats, conservés à la médiathèque municipale de Chambéry, sont considérables. L'auteur transcrit ou traduit des articles de revues publiées aussi bien à Londres, à Bruxelles qu'à Berlin, il entretient une abondante correspondance avec des explorateurs, des militaires, des géographes, des diplomates... Il collecte et/ou recopie de multiples documents cartographiques partiels, il consulte des archives... La collection conservée à Chambéry témoigne d'un caractère particulièrement boulimique. En marge de la documentation nécessaire à la préparation de sa carte, Lannoy rassemble aussi de multiples textes et notes relatifs à l'ethnologie, à la répartition des souverainetés, aux ressources naturelles ou encore à l'histoire de telle ou telle région. En matière de cartographie, son fonds regroupe des documents qui, par leur échelle, ne sont pas exploitables pour sa carte. Par exemple, il dispose d'une importante collection de plans du cours du fleuve Congo à l'échelle 1:10 000. Sachant qu'une figure d'un mètre de longueur à cette échelle est représentée par 5 millimètres à l'échelle de la carte d'Afrique et qu'il existait alors des cartes plus générales du cours du fleuve, cette collection n'a sans doute pas été d'un grand secours.

Ainsi, la documentation rassemblée par Lannoy donne l'impression d'un intérêt pour tout ce qui concerne l'Afrique, quel qu'en soit l'objet, quel qu'en soit le niveau de détail. L'auteur organise une compilation véritablement encyclopédique. Cet aspect se retrouve dans sa carte qui porte un maximum d'informations, de natures et de niveaux très différents, Ainsi, le long de certains fleuves ou de certains itinéraires bien documentés, les toponymes et les autres indications se succèdent sans aucune discontinuité. Courant le risque de nuire à leur lisibilité, Lannoy accumule les informations jusqu'à saturation du champ de la carte. Par exemple, sur la feuille *Sokoto* (n° 25), le long du tracé d'un itinéraire suivi par Heinrich Barth en 1853, l'auteur reporte une foule de renseignements. Ils sont aussi divers que variés ; ainsi, en suivant l'itinéraire entre Champagor et Zébra (actuel nord du Burkina Faso), il ne note pas moins de quarante-trois indications (encadré 1). Sur le terrain, elles sont réparties le long d'une piste d'environ 180 kilomètres, mais, sur la carte, elles sont concentrées dans huit bons centimètres seulement. Cette liste compte de multiples informations relatives à la végétation et aux animaux. Mais toute la carte d'Afrique n'est pas aussi bien documentée dans ces deux domaines. Lannoy compose avec les renseignements disponibles, de telle manière que les désignations portées sur sa carte renvoient à des objets très variables en fonction des régions – c'est-à-dire en fonction des sources disponibles. Par exemple, sur la feuille *Loulouabourg* (n° 40), le long du fleuve Congo, il exploite un auteur qui ne partage pas l'intérêt de Barth pour la biologie mais semble plus attentif aux aspects topographiques du paysage (encadré 2).

Encadré 1. – De Champagor à Zébra, le long d'un itinéraire suivi et décrit par Barth en juillet 1853 (feuille n° 25, *Sokoto*, tirage de novembre 1884).

Champagor / Villages / R. Gorébi / Champalaouel / Village Gourma / Nombreux hameaux / Ch. de millet / Fourneau à fondre / Bnagapelée / Kalgo et Talha / Forêts de beaux arbres et éléphants / Sol de sable rouge / 30 juin / Emplacement de Koté / Sol sablonneux / Marécage / Éléphants / Singes, arbres à pain / Marécage / Champ de blé / Épais fourrés / Village Songhai / 1er juillet / Bossébangou / Vallée / Forêt épaisse / 2 juillet / Rivière Sirba / Nombreux éléphants et buffles / Luxuriante végétation / Beaux pâturages / Épaisse forêt / Terrain rocheux / Indigo, Coton, Tamarinien / Boundoré / Ville Yagda / Forêt d'acacias / Forêt épaisse inondée / Denga (5 juillet) / Gongoungo (b. de cultures) / Rarbo / Djinsango / Zebra.

Encadré 2 . – Le long du fleuve Congo, Lannoy exploite des sources qui s'intéressent plutôt à la topographie (feuille n° 40, *Loulouabourg*, tirage de novembre 1885). Liste des mentions, sans les toponymes.

Première cataracte / Largeur 1 100 m / Bords élevés raides et herbeux/ Vestiges / Largeur 2 500 m / Forêts / Villages hostiles / 900 m de large / Vestiges Yinkaya / Vestiges Maringé / Rives en pente / Forêt / Bords raides / Largeur 450 m / Rive basse.

Les exemples sont multiples et témoignent de la diversité des sources que Lannoy reporte sur sa carte. Si les toponymes et les hydronymes sont les plus nombreux, ils sont accompagnés par des indications géographiques telles que : « Dunes de sable, Marécage, Plaine élevée »… ; des données géologiques : « Granit en larges cailloux, Mine de fer, Fossiles jurassiques »… ; des mentions de lieux remarquables : « Caverne, Vestiges, Arbre ancien »… ; des informations botaniques et zoologiques : « Arbre à pain, Aloès, Palmiers, Éléphants, Oies, Antilopes »… ; des coordonnées géographiques et des indications d'altitude ; des ressources en eau : « Citerne, Puits, Source »… ; des lieux d'activités humaines : « Marchés, Fourneau à fondre, Limite du parcours des tribus »… ; des établissements humains : « Camp fortifié, Village, Hameau »… ; des renseignements utiles : « Route peu fréquentée, Village hostile, Vallée riche en herbages »… ; des types de culture : « Indigo, Coton, Tamarinier »… ; des indications de souveraineté ou encore des données sur les voyageurs accompagnées des dates de leur passage dans les lieux considérés.

Au milieu des années 1880, une telle diversité d'information reportée sur un même document cartographique constitue une exception. Le modèle semble venir d'une période révolue au cours de laquelle les catégories d'organisation du savoir étaient encore dans les limbes. Ainsi, la carte de Lannoy apparaît comme une bizarrerie dans le paysage de la production cartographique contemporaine. Elle n'a pas d'équivalent, c'est un document expérimental unique en son genre. Il semble qu'en choisissant l'échelle de réduction 1:2 000 000, échelle détaillée compte tenu de la documentation, l'auteur de la carte d'Afrique pensait être en mesure d'y consigner toute l'information alors disponible. En ce sens, sa carte inaugure un genre nouveau. Il ne s'agit pas d'une carte de l'Afrique mais d'une carte de ce que l'on connaît de l'Afrique. Les fortes différences de densité de chaque feuille témoignent de cette particularité, bien adaptée à la figuration d'un monde en découverte[8]. Cette forme de cartographie est en contradiction avec les pratiques alors en vigueur au Dépôt de la guerre dont les dessinateurs produisent des cartes sans incertitude, suivant des normes de rédaction et d'homogénéité adoptées pour la production cartographique militaire de la France dès le début du XIXe siècle (Palsky, 2005).

Le programme de Lannoy est bien encyclopédique mais il achoppe au carrefour de l'hétérogénéité de la répartition géographique des informations avec les réalités matérielles de la rédaction cartographique. Entre les vastes étendues inconnues (en blanc sur la carte), les zones côtières fréquentées depuis longtemps par les Européens, les itinéraires balisés par les voyageurs, les fleuves remontés depuis leurs embouchures et explorés jusqu'à la limite de leur navigabilité, quelques régions sont bien documentées. Le report sur la carte de la forte concentration d'informations qui caractérise ces lieux est en quelque sorte facilité par les lacunes documentaires voisines. Le long des fleuves et des itinéraires en

8. Vers 1830, Edme Jomard (ingénieur géographe au Dépôt de la guerre) estime que les Occidentaux connaissent seulement 2 % de l'Afrique intérieure (Surun, 2004, p. 131). Cinquante ans plus tard, malgré les multiples explorations récentes, cette connaissance reste sans doute inférieure à 10 %.

particulier, l'auteur inscrit les informations, de manière qu'elles occupent les zones moins bien documentées des environs. Ce faisant, il meuble les blancs de la carte en affectant à chaque tracé (voie de communication ou cours d'eau), une largeur bien plus importante que celle qu'il occupe effectivement. Par exemple, feuille 40, le fleuve Congo, accompagné des mentions placées de part et d'autre de la figuration de son lit, n'occupe pas moins de 4 à 6 centimètres de largeur, ce qui correspond à une centaine de kilomètres en moyenne sur le terrain.

Par ailleurs, Lannoy porte aussi sur sa carte quelques informations historiques. Elles prennent parfois la forme de véritables notices, mais il est remarquable qu'elles soient réservées aux régions mal documentées. Ainsi, il utilise les données anciennes comme une sorte de variable d'ajustement, là où il lui semble nécessaire d'occuper les blancs.

Cette particularité illustre le fait que l'auteur, au même titre que tous les cartographes de son époque, semble nourrir une forte appréhension pour le vide. Cependant, l'abondance des informations qu'il porte sur sa carte n'a pas pour objectif principal d'occuper les vides. Elle semble inhérente au caractère encyclopédique de son projet. Sa représentation du delta du Nil en témoigne. Cette région est alors assez bien documentée, pas seulement le long des principales voies de communication mais aussi pour l'ensemble du territoire compris entre Alexandrie, Le Caire et Port-Saïd, soit un triangle d'environ 200 kilomètres de côté. Dans cette zone Lannoy place le maximum d'informations de telle manière que le résultat est assez confus. La densité des toponymes est telle qu'il n'est pas toujours aisé d'établir la correspondance entre chaque nom et le lieu qu'il désigne. De toute évidence, l'auteur s'affranchit des règles élémentaires de la rédaction cartographique ; il ne cherche ni à plaire ni à faciliter l'investigation de sa carte. Au milieu des années 1880, Lannoy sollicite Gaston Maspero – égyptologue, alors directeur du musée du Caire –, pour identifier des erreurs ou bien des lacunes sur sa carte de la région. À ce titre, il lui expédie un exemplaire de la première édition de la feuille *Le Caire* (n° 8) qui figure le delta du Nil (figure 2). La réponse de Maspero est élogieuse et elle souligne l'intérêt du travail de Lannoy. Pour améliorer une deuxième édition, il joint à sa lettre une liste de corrections à apporter et de suggestions de compléments[9]. Cette liste comporte des noms de carrières, d'usines, de couvents, de stations de chemin de fer ou encore de sites archéologiques… Autant de lieux ponctuels qui, suivant les règles élémentaires de la cartographie, ne trouvent pas leur place sur une carte à l'échelle 1:2 000 000 et ont surtout pour effet de la surcharger. La réaction de Maspero est cependant intéressante en ce sens qu'elle témoigne de son point de vue sur le rôle de la carte. Lui non plus ne cherche pas à plaire et, alors que l'exemplaire envoyé par Lannoy est déjà très chargé, il n'hésite pas à lui suggérer des compléments. Pour l'un comme pour l'autre, la carte est considérée comme un moyen de rassembler un maximum d'indications, quelle que soit leur échelle de pertinence.

9. Médiathèque municipale de Chambéry, dossier n° 52, correspondance adressée par la Société khédiviale de géographie à Lannoy de Bissy – 1885-1899, MSS C 001.500-052.

Figure 2. – Le delta du Nil, une région alors assez bien documentée.

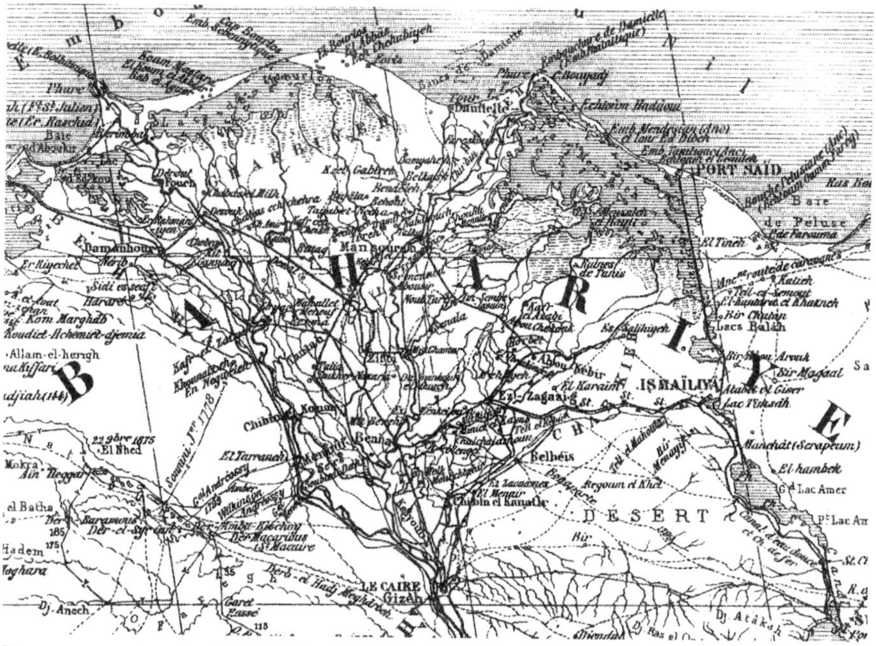

Dans cette zone, Lannoy place le maximum d'informations de telle manière que le résultat est assez confus. La densité des toponymes est telle qu'il n'est pas toujours aisé d'établir la correspondance entre chaque nom et le lieu qu'il désigne.
Source : carte d'Afrique de Lannoy de Bissy, extrait de la feuille n° 8, *Le Caire*, édition de 1886, document IGN.

Cette pratique ne correspond pas à la production contemporaine et encore moins à celle du Service géographique de l'armée qui, exaspéré par la surcharge de la carte d'état-major, procède alors à de multiples essais de nouvelles chartes graphiques dont l'objectif est d'alléger les documents pour en améliorer la lisibilité[10]. Autrement dit, Lannoy travaille au sein du Service géographique de l'armée mais il y prépare une carte que tout éloigne de la production régulière de l'établissement et de ses principes. Ce décalage perdure jusqu'à la fin des années 1880 et la publication de l'ensemble des feuilles de la première édition. Ensuite, la préparation d'une deuxième édition, en couleurs, qui nécessite de procéder à une nouvelle rédaction de la carte, offre au Service géographique l'opportunité d'évincer l'auteur de la version initiale et de faire entrer la carte d'Afrique dans le giron de ses pratiques habituelles.

10. C'est à la fois le début de l'impression en couleurs de cartes de grand format, la mise au point de la nouvelle carte qui doit remplacer celle de l'état-major et l'introduction de la figuration du modelé du terrain par des courbes de niveau plutôt que par des hachures (*Le Service géographique...*, 1938).

Changement de statut, changement d'objectif

Au cours de la guerre de 1870, la fameuse carte d'état-major, dont les militaires français se sont enorgueillis pendant une quarantaine d'années après la publication de ses premières feuilles, révèle toutes ses faiblesses, aussi bien en ce qui concerne sa facture, sa précision que son mode de reproduction. Une longue crise anime alors le Dépôt de la guerre, elle donne lieu à plusieurs réorganisations pour déboucher en 1887 sur la mise en place du Service géographique de l'armée. Mais, dès la fin des années 1870, plusieurs expériences s'attachent à définir la facture de la future carte de France à l'échelle 1:50 000. Il s'agit de produire un document plus détaillé mais moins chargé – et donc plus lisible – que la carte d'état-major.

La plus grande part des choix à l'origine de la nouvelle charte graphique adoptée par les militaires français est déterminée par la lisibilité des documents. Par ailleurs, à ce moment-là, trois nouvelles cartes de France, à trois échelles différentes, voient le jour en moins de dix ans[11]. Cette multiplication des échelles et la complémentarité qui s'ensuit entre les cartes de référence, engagent les rédacteurs à mettre en place une hiérarchie entre les informations et leurs représentations graphiques en cohérence avec les échelles de réduction. Si ce principe, d'organisation et de sélection des données, est acquis, les exemples manquent et on ne dispose alors d'aucune référence à l'échelle de celle de l'Afrique. Autrement dit, la liste des informations pertinentes pour une figuration à l'échelle 1:2 000 000, reste à établir.

La deuxième édition de la carte de Lannoy constitue à cet égard une opportunité. Dans la mesure où elle doit être imprimée en couleurs, sa rédaction est confiée à des spécialistes qui partagent leur travail entre autant de planches que la carte doit comporter de couleurs. Cette technicisation de la production a pour effet d'évincer Lannoy de son processus. Alors que chaque feuille de la première édition indique qu'il en est l'auteur, son nom disparaît avec l'édition en couleurs. La carte d'Afrique est transformée en œuvre collective, elle échappe à son créateur pour devenir un produit du Service géographique de l'armée. Cette transformation renforce le caractère politique et stratégique de la carte ; ce faisant, elle n'est pas sans incidence sur les aspects encyclopédiques de l'édition initiale.

Les rédacteurs du Service géographique de l'armée procèdent à l'intégration des nouvelles informations. Ainsi, certaines zones figurées en pointillé dans la première édition, sont entièrement recomposées (figure 3). Mais leur intervention ne s'en tient pas seulement à des ajouts. Dans la mesure où la carte est entièrement redessinée, ils procèdent aussi à un allègement graphique, en ce qui concerne les écritures en particulier. Comme ils ont appris à le faire avec les cartes militaires, ils retiennent seulement les toponymes ; la plupart des autres indications, qui constituent la richesse et la particularité de la carte de Lannoy,

11. Une carte au 1:500 000 à partir de 1873 (armée), une au 1:100 000 en 1879 (ministère de l'Intérieur) et une dernière au 1:200 000 en 1880 (armée) [Arnaud, 2022, chap. F1873, F1879 et F1880].

sont supprimées. Les comptes sont éloquents, pour un territoire de 280 par 135 kilomètres situé le long du Niger au centre du Mali, l'édition originale de la feuille *Gao-Gao* (n° 18) – 1884 – compte 73 mentions. Après être passée entre les fourches caudines des rédacteurs professionnels, il en reste seulement 36 sur l'édition de 1894 et 8 en 1902 (figure 4 et pl. 11 du cahier d'illustrations). Cette chronologie montre que le travail d'élimination est conduit par étapes successives. Ainsi, la première version de la seconde édition conserve-t-elle encore de nombreuses indications chères à Lannoy. Elles sont finalement éradiquées dans les versions suivantes, publiées à partir du milieu des années 1890. Le contexte est alors renouvelé dans la mesure où, depuis 1894 l'auteur, devenu lieutenant-colonel, est affecté à la garnison de Grenoble. Cet exemple ne constitue pas une exception, toutes les feuilles subissent le même sort. À l'issue de cette opération, la carte ne semble pas pour autant avoir subi une épuration. La suppression des indications non toponymiques améliore effectivement la lisibilité de celles qui perdurent. Elle laisse aussi place aux compléments apportés à la connaissance du réseau des voies de communication, de l'hydrographie et de la topographie du terrain que la nouvelle édition figure par un estompage imprimé en bistre.

Figure 3. – Zone de Ségou Sikoro : comparaison entre l'édition de 1882 (gauche) et de 1896.

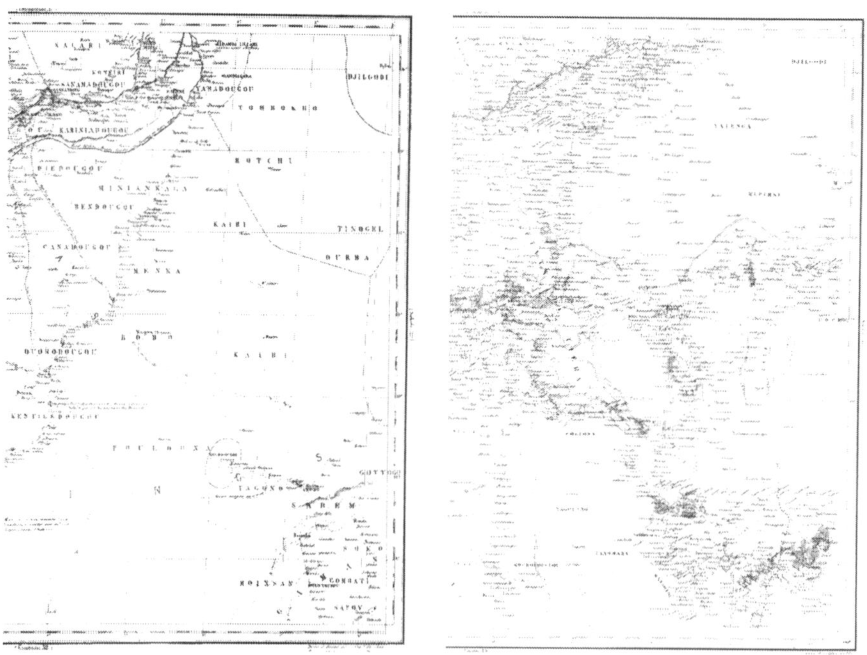

Les versions successives de chaque feuille rendent compte des nouvelles connaissances.
Source : carte d'Afrique de Lannoy de Bissy, extraits de la feuille n° 24, documents IGN.

Figures 4 a, b, c, d. – Exemple de simplification de la carte :
la zone de Gao-Gao (1884, 1894, 1902).

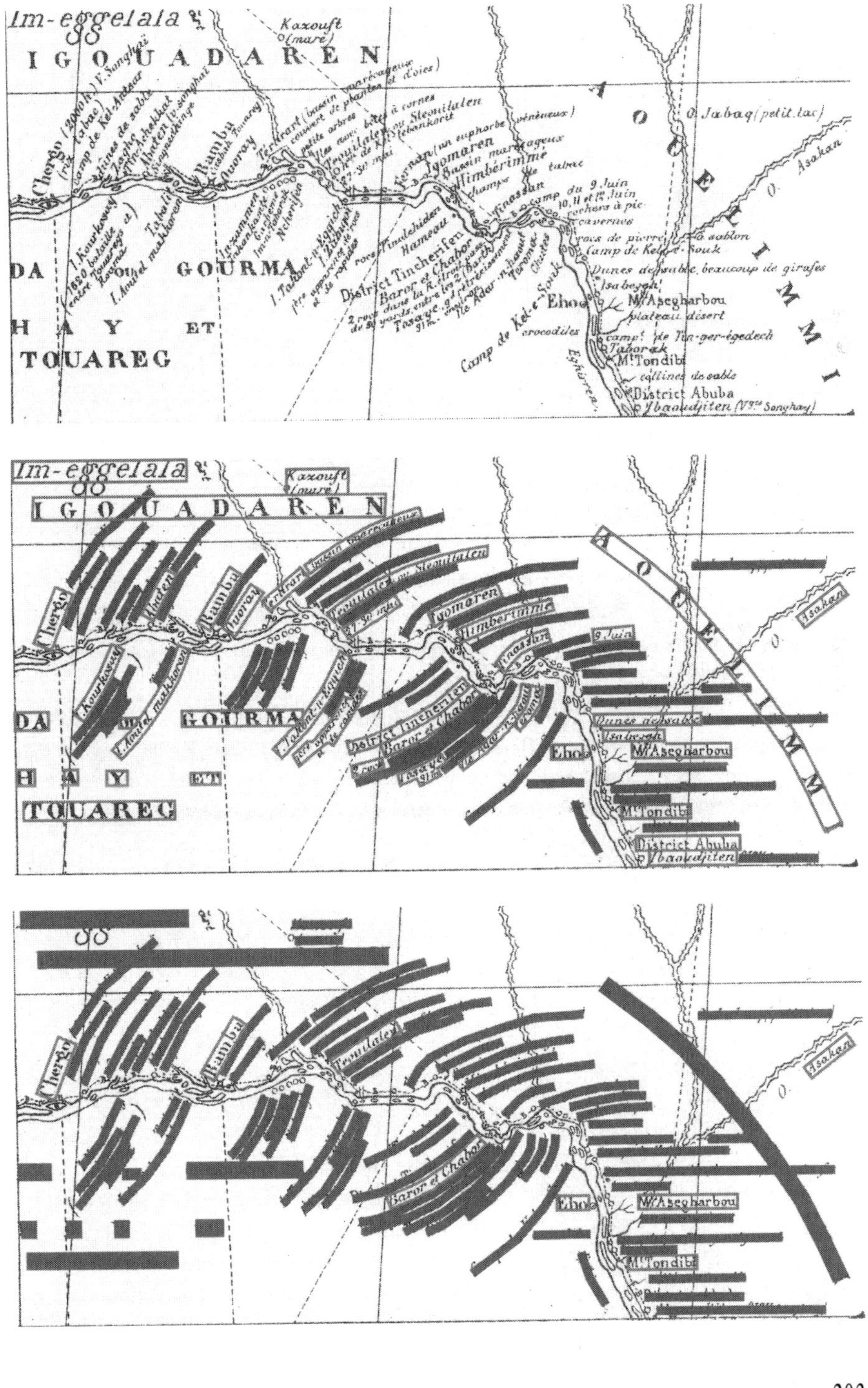

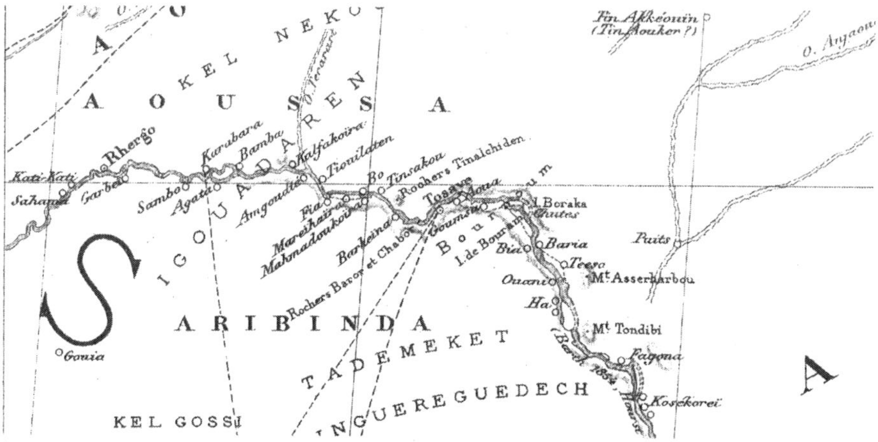

À chaque nouvelle édition, les rédacteurs du Service géographique de l'armée suppriment une part importante des mentions qui constituent la richesse de la version dressée par Lannoy : a. première édition, 1884, 73 mentions qualifient la région ; b. pour l'édition de 1894, 36 mentions seulement sont conservées ; c. pour l'édition de 1902, il reste seulement 8 mentions héritées de la première édition ; d. édition de 1902, 43 mentions au total.
Source : carte d'Afrique de Lannoy de Bissy, extraits de la feuille n° 18, *Gao-Gao*, éditions de 1884, 1894 et 1902, documents IGN et dessins de l'auteur.

Par ailleurs, cette édition présente une autre différence très importante avec la première. Il s'agit de satisfaire un point de vue politique à l'égard des souverainetés et des pouvoirs locaux. Pour l'édition initiale de sa carte, Lannoy a pris le soin de compiler et d'organiser de très nombreuses mentions de souveraineté ou d'ethnonymes suivant différentes échelles territoriales. Pour les reporter sur la carte, il détermine la taille et l'espacement des lettres correspondantes en fonction de l'étendue de chaque territoire concerné. Ces variations lui permettent de rendre compte, avec toute l'incertitude qui s'impose, des superpositions et des imbrications entre les pouvoirs et les populations. Ainsi, entre les feuilles *In Salah* et *Mourzouk* (n°s 11 et 12) par exemple, la mention « Touareg du nord » écrite en grandes lettres majuscules, s'étale sur un millier de kilomètres d'ouest en est. Elle recouvre les « zones de parcours des Taitok et des Kèl-Rhéla », et aussi de multiples désignations qui correspondent à des populations ou bien à des tribus, telles que *Tédjéhé-N-Eggali*, *Inemba-Kel-Emoghri*, *Ikerremoïn*, *Oraghen*, *Kél-Izhaban*, *Azdjer*, *Imanan*… Lorsqu'il en existe et lorsqu'il en a connaissance, Lannoy reporte aussi sur sa carte les limites territoriales correspondantes. Par exemple, sur la feuille *St Louis* (n° 16), au sud de l'actuelle Mauritanie, les zones occupées par les *Azfal*, les *Tîjîrit*, les *Akchar*, les *Inchiri*, les *Boukerch* et les *Fayes* sont délimitées par des lignes de points en croix, habituellement utilisées pour tracer les frontières. Certaines lignes ne constituent toutefois pas des périmètres fermés, mais l'information, même lacunaire, revêt assez d'importance aux yeux de l'auteur pour être reportée sur sa carte.

La figuration des limites territoriales est parfois réduite à sa plus simple expression. Ainsi, sur la feuille *Zanzibar* (n° 42), le long du cours du fleuve Tana

(Kenya), les ethnonymes sont séparés par une série de lignes droites perpendiculaires au fleuve qui, de toute évidence, sont plus symboliques que topographiques. Localement, autour d'une ville le plus souvent, l'auteur dessine parfois une limite circulaire à l'intérieur de laquelle figure le nom de la population locale comme c'est le cas sur la feuille *Mossamedes* (n° 48), autour de la localité Nihombo suivant un rayon d'une vingtaine de kilomètres, pour le territoire de la population *Ouquambi*.

Les indications relatives aux souverainetés sont abondantes et elles rendent compte d'un peuplement organisé et hiérarchisé. Même si les règles qui président à cette organisation restent mal documentées, la carte donne suffisamment d'exemples pour témoigner de leur importance et de leur complexité. Du point de vue des pouvoirs politiques européens, ces informations constituent autant de contraintes à leur programme d'expansion et de partage du continent. Il détermine une modification importante apportée à la seconde édition de la carte d'Afrique. Dans les régions traversées par les lignes de partage des zones d'influence des puissances européennes, la plus grande part des limites de souveraineté locales et des désignations de population sont purement et simplement supprimées. En contrepartie, les rédacteurs du Service géographique ajoutent les limites dites « internationales », même lorsque leur tracé reste à préciser. Par exemple, l'édition de 1889 de la feuille *Libreville* (n° 34) est partagée en deux par la « Limite sud des territoires soumis au protectorat de l'Empire d'Allemagne » ; dans la version de 1892, la ligne s'étend plus loin vers l'est et porte une précision supplémentaire, il s'agit de la « Limite entre les zones d'influence française et allemande ». Les tracés correspondant à ces nouvelles délimitations s'étirent de manière rectiligne sur plusieurs centaines de kilomètres en suivant le plus souvent la grille des méridiens et des parallèles. Cette opération cartographique est particulièrement significative du changement de statut de la carte. La suppression d'une grande part des limites de souveraineté locales témoigne à la fois du peu de considération dont elles sont l'objet de la part du pouvoir politique et de la gêne qu'elles occasionnent dans le processus de partage du continent. En prenant en main la rédaction de la carte, le Service géographique ne procède pas seulement à une opération de dessin, il modifie son statut. La compilation encyclopédique dressée par Lannoy, qui est bien adaptée à l'état des connaissances malgré les problèmes de lisibilité qu'elle pose, devient une carte régulière, homogène et parfaitement lisse, qui présente l'Afrique comme un continent dont l'exploration serait achevée (ou presque) et où les pouvoirs locaux seraient assez faibles pour être négligés. L'espace africain est en quelque sorte déterritorialisé de manière à autoriser son appropriation et son partage entre les puissances coloniales et suivant leurs seuls intérêts.

Les cartographes militaires et la figuration des mondes en découverte

Avec la deuxième édition, pour laquelle le rôle de Lannoy a été réduit de manière drastique, la carte gagne en lisibilité et en homogénéité, mais elle perd un volume considérable de connaissances. Pour ses aspects thématiques, les particularités patiemment compilées par l'auteur sont pour leur plus grande part éliminées. Si la suppression des limites de souveraineté locales peut résulter d'une demande politique dans la mesure où elles constituent autant d'obstacles au bon déroulement de l'expansionnisme européen, l'élimination des informations ethnographiques, botaniques, zoologiques ou paysagères est plus difficile à justifier. Ainsi, avec la deuxième édition, la carte perd l'esprit de son créateur pour devenir une carte géographique.

Les dessinateurs affectés à la transformation de la carte de Lannoy semblent disposer d'un savoir-faire très élaboré pour donner à leur production une image qui ne laisse aucune place à l'expression des incertitudes. Incertitudes qui, comme en témoignent les notices d'accompagnement des feuilles de la première édition, ont présidé à toutes les étapes de la rédaction initiale des documents. Cette compétence des rédacteurs n'est pas réservée à la carte d'Afrique. Au contraire, son champ d'application semble couvrir l'ensemble de la production cartographique de l'armée française. On en trouve de multiples exemples dans la fameuse carte d'état-major dont la noirceur de la gravure a souvent pour effet de masquer bien des ambiguïtés et les défauts des relevés de terrain (Arnaud, 2022, chap. F1832). Pour sa part, un plan des environs de Tunis, publié au même moment que la carte de Lannoy par les militaires français, à partir de relevés topographiques pour le moins douteux, est aussi l'objet d'incertitudes considérables qui sont entièrement gommées par les rédacteurs (Arnaud, 2019). Autrement dit, les cartes publiées par l'armée française pendant la seconde moitié du XIXe siècle se présentent toutes comme médiatrices d'un savoir exempt d'incertitude et de zone d'ombre, quel que soit le niveau de connaissance dont elles rendent compte.

Bibliographie

Arnaud Jean-Luc, 2019, « Le plan de Tunis de 1882. Quand la qualité graphique compense la faiblesse des sources », *Al-Sabil. Revue d'histoire, d'archéologie et d'architecture maghrébines*, vol. 7, n° 1, p. 1-19.

Arnaud Jean-Luc, 2022, *La carte de France, histoire et techniques*, Marseille, Parenthèses.

Comte Gilbert, 1990, *L'empire triomphant*, Paris, Denoël.

Korinman Michel, 1986, « Le congrès de Berlin, exercice de géopolitique », *Hérodote*, vol. 41, n° 2, p. 76-90.

Le Service géographique de l'armée, son histoire, son organisation, ses travaux, 1938, Paris, ministère de la Défense nationale.

Lefebvre Camille, 2015, *Frontières de sable, frontières de papier*, Paris, Publications de la Sorbonne.

Loiseaux Olivier, 2004, « La carte d'Afrique à 1:2 000 000 de Régnauld de Lannoy de Bissy », *Revue du Comité français de cartographie*, n° 180, p. 102-116.

Martonne Édouard de, 1927, *État actuel de nos connaissances sur l'Afrique occidentale française*, vol. 3 : *Cartographie*, Paris, Librairie Émile Larose.

MARTONNE Édouard de, 1936, *Les cartes d'Afrique du Service géographique de l'armée*, Paris, Comité de l'Afrique française.

PALSKY Gilles, 2005, « Le projet de standardisation de la cartographie militaire en France au XIXe siècle », *in* DIAS Maria Helena et GARCIA João Carlos (dir.), *Historia da Cartografia Militar (Séculos XVIII-XX)*, Viana do Castelo, Câmara Municipal, p. 47-69.

POURTIER Roland, 1986, « Les géographes et le partage de l'Afrique », *Hérodote*, vol. 41, n° 2, p. 91-108.

SURUN Isabelle, 2004, « Le blanc de la carte, matrice de nouvelles représentations des espaces africains », *in* LABOULAIS-LESAGE Isabelle (dir.), *Combler les blancs de la carte*, Strasbourg, Presses universitaires de Strasbourg, p. 117-144.

CARTOGRAPHIE

Archives Lannoy de Bissy : les archives privées de Lannoy sont conservées par la médiathèque de la ville de Chambéry et regroupées en 1 917 articles qui, chacun, peuvent rassembler plusieurs pièces. Ils sont classés sous les cotes MSS C 001-500-001 à 056 pour les pièces écrites et sous les cotes CAR AFR (A ou B) 000 xxx.xxx pour les documents cartographiques. Pour leur part, les archives du service géographique de l'armée relatives à la rédaction et la production de la carte n'ont pas été repérées.

Carte de Lannoy de Bissy : LANNOY DE BISSY Henri Reynault de, *Afrique…*, carte en soixante-trois feuilles à l'échelle 1:2 000 000, Paris, Service géographique de l'armée, 1881-1913, à la BnF, Paris, conservée sous la cote GE DD 411 et dont les reproductions sont disponibles en ligne sur *CartoMundi*, [http://www.cartomundi.fr/site/], et à l'IGN (collection de plus complète), conservée aux cotes 318-12, 13 et 14.

Carte de Johnston : JOHNSTON Keith Alexander, *Map of Africa*, carte en quatre feuilles à l'échelle 1:5 500 000 environ, Londres, E. Stanford, 1866, à la British Library, Londres, Maps, 63510.(99).

Carte d'Anville : D'ANVILLE Jean-Baptiste Bourguignon, *Afrique. Publiée sous les auspices de Monseigneur le Duc d'Orléans*, carte en 4 feuilles, 1:8 300 000 env., Paris, 1749, à la BnF, Paris, Ge C 19099 (218-219).

Carte d'Afrique de l'Est : RAVENSTEIN Ernst Georg, *A Map of Eastern Equatorial Africa*, carte en 25 feuilles à l'échelle 1:1 000 000, Londres, Royal Geographical Society, 1881-1883, à Marseille, BMVR, CARB et CARC.

QUATRIÈME PARTIE

La découverte : quelques perspectives

12

Martiens et furtifs
D'un nouveau monde à l'autre

Françoise Willmann

La science-fiction découvre-t-elle des mondes ou les invente-t-elle ? À moins qu'elle n'en invente pour en découvrir, ou plus précisément, pour découvrir le nôtre, ou plutôt celui ou ceux qui nous attendent. Il ne s'agira pas, ici, de parler de « la » science-fiction, genre foisonnant aux tendances les plus diverses, mais seulement de deux cas précis, choisis pour leur situation sur l'échelle du temps et des représentations ainsi impliquées, choisis par conséquent pour ce qui, en eux, pourrait faire dire qu'ils sont aux antipodes l'un de l'autre. Ils seront considérés sous un angle spécifique de la science-fiction, à savoir la tendance du genre qui s'est donné pour objectif d'esquisser ou d'élaborer des mondes rendus possibles grâce aux sciences, faisant se rencontrer narration littéraire et expérience de pensée. Le dernier tiers du XIXe siècle est, de ce point de vue, un temps fort du progrès et de l'optimisme. C'est le contexte dans lequel sont nés « contes et romans scientifiques » dont Kurd Lasswitz (1848-1910) fut une figure éminente en Allemagne, une littérature qui, à l'instar de Jules Verne en France, préfigure la science-fiction du XXe siècle. L'optimisme de cette époque n'est certes pas sans mélange, mais la foi dans le progrès scientifique et technique, impliquant comme allant de soi progrès social voire éthique, y compris lorsqu'elle laisse place à la prudence ou aux questionnements, s'affirme dans une littérature d'anticipation volontiers utopique[1]. Un siècle et demi plus tard, l'usage devenu commun du terme *dystopie*[2] suggère, sinon un renversement de la perspective, du moins une infiltration insistante du doute que l'on ne peut manquer d'attribuer au coût, de plus en plus visible, des avancées techniques mises en œuvre. Un certain nombre d'événements marquants – leur énumération commence généralement, tantôt par les gaz de combat de la Première Guerre mondiale, tantôt par la bombe atomique – ont accru les inquiétudes face à l'emprise de la techno-science (Bensaude-Vincent, 2009[3]) sur le quotidien et aux multiples formes que

1. Kurd Lasswitz fait partie, avec Jules Verne, des précurseurs qu'Irène Langlet (2006) qualifie de *grands-pères* de la science-fiction. Voir aussi l'histoire de la science-fiction allemande de Hans Esselborn (2019) qui prend en considération également le contexte plus large, français et anglo-américain.
2. Peter Fitting écrit : « La forme de la dystopie classique est très simple : une sorte d'avertissement basé sur la notion "si cela continue comme ça" » (Fitting, 2007).
3. Analysant la notion de technoscience, Bernadette Bensaude-Vincent conclut la première partie de son ouvrage par ces mots : « Le couplage des deux notions les a toutes deux métamorphosées. Est remise en

prennent les problèmes environnementaux (Choné, Hajek et Hamman, 2016) et tout particulièrement l'expansion de l'intelligence artificielle (Sadin, 2018). C'est dans ce contexte que s'inscrit le dernier roman de l'auteur de science-fiction contemporain, Alain Damasio (né en 1969), *Les furtifs* (Damasio, 2019). Le cadre en est la ville entièrement remodelée par les techniques de l'intelligence artificielle au service du capitalisme soutenu par le politique, et si l'espoir d'une survie de ce qu'il y a d'humanité en l'homme persiste, c'est peut-être grâce à l'*alien* d'un genre nouveau qu'est le furtif, une espèce dont la nature exacte échappe à la définition. La disparition d'une petite fille et l'attention de son père aux circonstances de l'événement le mettent sur la piste de ces êtres secrets dont il est convaincu qu'elle a dû les rejoindre, et qui se dérobent, sauf, semble-t-il, à quelques rares individus qu'une affinité particulière rapproche d'eux au point de présenter des caractéristiques troublantes : un aspect plus animal, ou plus végétal, un maniement du langage singulier.

Dans le roman phare de Kurd Lasswitz, *Auf zwei Planeten* (*Sur deux planètes*), paru en 1897 (Lasswitz, 1998), l'heure est à l'extension de la maîtrise humaine sur la nature, sur la Terre, puis sur l'univers, à commencer par Mars (Richter, 2014). Cette entreprise illustre l'extension des connaissances, d'où un rôle déterminant joué par la physique ou la chimie, entre autres, mais aussi par la géographie, à travers cet outil de première importance qu'est la carte. Dans le roman de Damasio, le besoin de connaissance précise des lieux n'est certes pas épuisé, mais n'a pas le même enjeu : il n'est plus, comme chez Lasswitz, le fondement toujours mieux assuré de conquêtes futures, il rencontre désormais les intérêts d'une société tentaculaire et inquisitrice qui s'empare des existences et prend une forme et une valeur très différentes. Ces deux situations, si contrastées, permettent d'éclairer deux moments d'une évolution, le temps de la confiance et celui de l'inquiétude. Pour Lasswitz, à la fin du XIXe siècle, les sciences promettaient l'amélioration des conditions de vie, voire l'amélioration des hommes eux-mêmes en leur donnant les moyens de l'accroissement de la liberté individuelle, c'est-à-dire de l'autonomie. Chez Damasio, 120 ans plus tard, la liberté individuelle a perdu son sens, et cette perte est matérialisée par la bague connectée portée par chacun et dont on ne se sépare qu'au risque de se rendre immédiatement suspect. Pour Lasswitz, c'est l'utopie du progrès martien qu'il nous invite à découvrir afin de concrétiser la promesse d'un avenir meilleur grâce, notamment, aux sciences et aux techniques; pour Damasio, c'est l'enjeu inverse, puisqu'il s'agit de défendre la possibilité d'un nouvel espoir alors que la technoscience est en passe de déboucher sur « un antihumanisme radical » (Sadin, 2018) : lui aussi nous invite à

cause l'autonomie de la connaissance comme activité gratuite qui a sa fin en elle-même. Est pareillement remise en cause l'autonomie de la technologie comme étude et production d'objets techniques individualisés, indépendamment de leurs usages économiques ou sociaux. La technoscience correspond à une instrumentalisation de la science comme de la technique, au service de projets idéologiques qui tentent de concilier en proportions variées le néolibéralisme obsédé par la compétition économique et les idéaux démocratiques et humanistes » (Bensaude-Vincent, 2009, p. 81).

découvrir un monde et des êtres inconnus, susceptibles de nous guider[4]. La carte, aux fonctions multiples, est un élément pivot de ces deux approches : garante de la confiance chez l'un, étape vers le contrôle chez l'autre ; c'est elle qui sera au cœur de notre analyse croisée des deux romans.

La carte, symbole de la connaissance et de son pouvoir

Physicien de formation, professeur de mathématiques et de physique au lycée de Gotha, Kurd Lasswitz trouva le temps de mener une carrière aux multiples facettes en produisant une histoire de l'atomisme, en réalité une étude philosophique et historique de l'émergence de la physique moderne (mille pages traitant de la question entre la fin du Moyen Âge et Newton) et des contes et romans qui se nourrissent de ses compétences tout en interrogeant le progrès scientifique et technique dont il entrevoit les problèmes qu'il pense néanmoins maîtrisables grâce au criticisme kantien. Notons qu'il a également acquis la qualification pour enseigner la géographie, mais il semblerait qu'il n'en ait jamais fait usage.

Auf zwei Planeten, traduit dans de multiples langues[5], est son roman le plus célèbre et aussi le plus volumineux, paru à peu près au même moment que *La guerre des mondes* de Wells (Wells, 1897). Wells et Lasswitz élaborent des scénarios opposés sur la rencontre entre humains et martiens ; chez le premier, on le sait, c'est la catastrophe intégrale, et d'ailleurs, les martiens envahissent la Terre, alors que chez Lasswitz, il y a certes invasion, protectorat et même conflits armés, mais c'est aussi et surtout, pour finir, une rencontre entre des êtres en voie de développement, les humains, et des peuples ayant édifié une civilisation supérieure, les martiens, hypothèse encouragée notamment par la « découverte » des fameux canaux de Mars.

La détection d'un réseau de canaux sur Mars mobilisa des savants notoires entre la fin des années 1870 et le début du XXe siècle. Les observations et les cartes des astronomes Giovanni Schiaparelli (1835-1910), Camille Flammarion (1842-1925) et Percival Lowell (1855-1916) convainquirent nombre de leurs pairs et le grand public[6]. Lasswitz quant à lui s'appuie implicitement sur ce qui passera pour une découverte jusqu'en 1924, année où le diagnostic de l'illusion d'optique s'impose. Mais, prudent, il n'en donne pas, comme on le verra, une lecture unique. Il s'en sert pour esquisser une carte des lieux où se mêlent explications plausibles et projections futuristes.

4. Toute œuvre littéraire, aussi didactique qu'elle puisse paraître, échappe en définitive à une interprétation univoque. Il va de soi que la lecture proposée ici de ces deux romans est d'autant plus schématique qu'elle met l'accent sur une trame spécifique du contenu idéel au détriment de la complexité des stratégies narratives, notamment en ce qui concerne *Les furtifs*.
5. Il n'existe pas de traduction de l'ouvrage en langue française à ce jour ; on peut signaler une version en anglais : *Two Planets*, traduit par Hans H. Rudnick, 1971, Carbondale, Southern Illinois University Press. Il s'agit d'une version abrégée du roman, réalisée par Erich Lasswitz, le fils de l'auteur.
6. Tous trois sont astronomes, Camille Flammarion en outre un remarquable vulgarisateur, auteur d'une foule d'ouvrages qui connurent un grand succès, dont son *Astronomie populaire* parue en 1880. Voir [http://bdl.ahp-numerique.fr/focus-expertise], consulté le 1er juillet 2023.

Auf zwei Planeten se déroule partiellement sur Mars, ce qui nous permet de découvrir la planète rouge. Celle-ci n'est plus à cartographier, car c'est chose faite depuis longtemps, ce qui en revanche n'est pas le cas de la Terre. Au début du roman, un astronome, un chercheur et le directeur du département de l'aéronautique scientifique, trois Allemands à bord d'un ballon, se croient sur le point d'atteindre le but de leur expédition, le pôle Nord, ce qui se produira dans la réalité seize ans seulement après la disparition de Lasswitz. Défiant la nature – notamment un épais brouillard – et mus par leur soif de savoir, ils s'apprêtent à explorer ce qui jusqu'ici s'était dérobé. Mis à part le dirigeable, ils ont à leur disposition des instruments de pointe, jumelles de différentes tailles, appareils photographiques, et leurs calculs et observations. Mais à peine ont-ils sablé le champagne, voici que le doute s'installe : sont-ils vraiment arrivés à destination ? Et pire encore : il semblerait qu'ils ne soient pas les premiers ! Car ils ne tardent pas à apercevoir une île, trop circulaire pour être naturelle, avec en son centre comme un cylindre, tout autour quelque chose qui ressemble à des piliers disposés bien régulièrement, un réseau de fils métalliques ou des sortes de rails. Enfin, ils parviennent à distinguer des silhouettes de couleur sur le sol, et c'est un premier choc : ces formes constituent une projection cartographique précise d'une grande partie de l'hémisphère nord de la terre (Lasswitz, 1998, p. 41). Les observateurs identifient sans peine la forme de la côte groenlandaise, de l'Amérique du Nord, du détroit de Béring, de la Sibérie, de toute l'Europe avec ses îles et presqu'îles parfaitement reconnaissables, la Méditerranée jusqu'aux côtes de l'Afrique du Nord. Bref, tous les détails d'une carte de l'hémisphère nord sont reproduits sur cette espèce de socle, jusqu'au 30e degré de latitude. Ainsi sont-ils confrontés d'emblée à cette réalité inattendue : ils venaient conquérir une région inaccessible jusqu'alors, et la carte leur apprend que ce sont eux qui ont été conquis. « On » connaît la Terre dans les détails de sa configuration, et qui plus est de la partie la plus civilisée de la planète. Eux qui arrivaient, fiers de leur technique et de leur savoir, pour compléter la représentation qu'ils se faisaient de leur monde, tout en tâtonnant pour tenter de se repérer, n'arrivant pas à savoir vraiment s'ils avaient atteint leur but ou non, se trouvent face à la carte complète que d'autres êtres se sont faite d'eux, qui en savent donc plus sur eux qu'ils n'en savent eux-mêmes. Le plus ombrageux des trois saisit instantanément le danger de cette situation : se retrouver au pouvoir d'une puissance supérieure. Non seulement la carte les met face à la preuve de l'existence d'autres êtres intelligents, elle signe aussi la supériorité de ceux qui l'ont tracée et le pouvoir dont ils disposent.

Les trois explorateurs perdent le contrôle de leur ballon, tombent à la mer, et sont sauvés par les martiens qui les emmènent sur leur île artificielle, du moins deux d'entre eux (le troisième s'est perdu, mais sera retrouvé sain et sauf), avant de les « inviter » sur Mars. Lorsque Saltner, le scientifique, revient peu à peu à la vie, il se voit veillé par une martienne. En l'absence d'une langue commune, leur premier dialogue s'avère difficile, mais les martiens ont eu des rapports avec des Eskimos, et à travers ce mot qu'ils comprennent tous deux, *kalalek*, renvoyant en réalité au nom que se donnent les habitants du Groenland, ils touchent vite à la question de l'identité. Qui est Saltner ? Certainement pas, comme le pense d'abord la martienne, un grossier Eskimo ! La martienne comprend qu'il est vexé de sa première hypothèse, et se saisit d'un atlas pour clarifier les choses. Ainsi, la carte se trouve-t-elle investie d'une autre fonction importante : celle de problématiser l'identité, nationale ou culturelle. Saltner est fier de montrer l'Allemagne (malheureusement raccourcie par la perspective...), alors que Se, la martienne, au lieu de montrer à son tour d'où elle vient, fait comprendre à son interlocuteur que cette carte ne décrit que le monde des hommes et qu'elle n'est pas de ce monde-là. Visiblement, l'idée d'une parenté quelconque avec la Terre lui fait horreur autant qu'à Saltner l'idée qu'on puisse le prendre pour un Eskimo. Puis, feuilletant l'atlas, la martienne désigne fièrement une représentation de l'univers, le Soleil, la Terre, Mars : la carte est aussi la marque d'une civilisation riche d'un savoir justifiant une vocation à embrasser l'univers entier.

Et c'est encore par la médiation de la carte que les autres martiens et nos deux savants se découvrent mutuellement : examinant et commentant la carte de la Terre, les martiens s'étonnent que celle-ci ne soit pas entièrement connue des humains et qu'il y ait des différences de niveau culturel entre les diverses régions. Plus tard, la connaissance que les martiens ont de la terre, grâce à leur savoir-faire cartographique, leur permettra aussi de s'y repérer dès leur arrivée. La carte, outil indispensable à toute expédition sérieuse, leur assurera la maîtrise des lieux qu'ils vont investir.

À l'inverse, nos scientifiques ignorent tout de Mars, et vont être initiés pratiquement aux réalités très différentes de cette planète. La description qu'en donne le roman mêle une imagination nourrie de multiples sources, mais prend soin de ne pas entrer en contradiction avec la carte établie par Schiaparelli, voire d'en préciser le sens possible ; à partir de la représentation des *canali*, Lasswitz élabore un signalement très précis de l'aménagement de la planète : dans un premier temps, il est question de canaux d'irrigation sur les hauts plateaux désertiques où se trouvent les mines, canaux longés d'une végétation dense et sombre, qui serait en fait ce qui correspond à ce qu'on aperçoit depuis la Terre. Mais les lignes tracées par Schiaparelli sont tout aussi susceptibles de correspondre à l'habitat même que l'auteur décrit en partant des voies de communication : le paysage des contrées peuplées apparaît quadrillé par les axes routiers qui sont de gigantesques tapis roulants, bordés par des immeubles industriels et, plus loin, par une végétation importante, notamment des arbres gigantesques, et ce n'est qu'en s'éloignant encore, qu'on se retrouve dans des écrins de verdure, parcs et jardins, où se nichent les habitations privées. C'est autour de ces axes routiers que s'organise la vie sur Mars, à la fois inspirée des besoins et rêves des humains et en harmonie potentielle avec les observations de Schiaparelli et consorts, dont Lasswitz admet ainsi la validité tout en glissant l'hypothèse que d'autres interprétations de cette découverte sont possibles.

Le roman de Kurd Lasswitz, inspiré par sa foi dans le progrès, progrès des connaissances, progrès scientifique et technique, en extrapole les potentialités tout en veillant à ne pas heurter la vraisemblance. L'imagination au service de l'anticipation, c'est-à-dire de l'esquisse de mondes possibles, se cristallise autour de multiples dispositifs avant tout de nature à s'affranchir de l'espace, voire du temps, des pesanteurs de la vie humaine[7] et se nourrit des savoirs nouveaux de l'époque. De manière récurrente, Lasswitz honore également la géographie qui commence à s'imposer – c'est l'époque des premières chaires dans cette discipline au sein de l'université allemande (Nipperdey, 1993, t. I, p. 654) – à travers des allusions à des contemporains proches. Ainsi, dès le début, la progression de nos explorateurs est l'occasion de leur faire dépasser un cap Supan et un pays baptisé Andrée-Land (Lasswitz, 1998, p. 22), bien sûr tous deux des inventions. Apercevant quelque chose comme une mer, ils se lancent dans une discussion de la thèse du géographe August Petermann (1822-1878) selon laquelle il y aurait au pôle Nord une mer libre de glace (Lasswitz, 1998, p. 30). Par la suite, lorsque la nouvelle de l'aventure des trois héros se répand dans leur petite ville d'origine, le lecteur a droit aux ragots et débats déclenchés par les informations et commentaires médiatisés. La *vox populi* a son opinion sur le caractère plausible ou non des événements, notamment du bruit qui court d'une carte de la Terre dessinée par des martiens ; un célèbre physicien en démontre l'impossibilité ; un géologue fait part d'une hypothèse ingénieuse pour expliquer l'erreur ; et pour finir, un géographe, présenté comme le rédacteur des *Geographische Mitteilungen* a le bon sens – que personne n'écoute – de prétendre qu'on réserve le jugement dans l'attente d'informations supplémentaires (Lasswitz, 1998, p. 301-302). L'allusion à Alexander Supan (1847-1920), rédacteur à partir de 1884 des *Geographische Mitteilungen*, journal de géographie fondé à Gotha par le cartographe August Petermann qui y résida jusqu'à sa mort, font de ces allusions autant d'hommages à des hommes de l'art.

L'intérêt durable rencontré par *Auf zwei Planeten* se nourrit de l'imagination mise au service de l'anticipation scientifico-technique, à travers l'invention de fascinantes machines volantes, de réalisations industrielles et économiques spectaculaires, mises au service du progrès social et éthique. La cartographie y est un instrument de la maîtrise acquise sur la Terre, voire sur l'univers, plus discret que d'autres disciplines scientifiques, mais tout aussi indispensable. La carte offre également le cadre et les repères pour assurer l'organisation de la rencontre des peuples, mais Lasswitz n'en sous-estime pas les difficultés. Il tient compte du fait que cette maîtrise n'est pas un phénomène idéal attribuable à une humanité abstraite : elle procède de conflits et elle est marquée par les conflits. Le roman est porté par la conviction profonde que les sciences modernes sont une conquête inaliénable de l'humanité et que leurs progrès ont une mission civilisatrice qu'à long terme – voire *très* long terme – rien ne saurait entraver véritablement. Mais *Auf zwei Planeten* est également un roman anticolonialiste. Il ne néglige pas des motivations moins nobles que la soif de connaissance ou le désir d'élever

7. Chez les martiens, le rêve d'une alimentation chimique s'est réalisé à la satisfaction générale, y compris des explorateurs allemands, ravis des mets instantanés et succulents qui leur sont offerts. On est ainsi aux antipodes de l'ironie mordante de Jules Verne dans *Paris au XXe siècle* (Verne, 1994, p. 156).

des peuples moins avancés : les martiens, kantiens éminemment respectueux de l'autonomie de l'individu, veulent certes apporter aux hommes une culture et une civilisation supérieures. Mais non seulement ils ont beaucoup de mal à respecter la liberté d'autrui quand celle-ci ne correspond pas à l'idée qu'ils s'en font, mais ils ont également quelques arrière-pensées, notamment économiques[8]. Le roman n'est donc pas un hymne au progrès dépourvu de tout recul critique. Cependant, il n'en remet pas en question les outils eux-mêmes, bien au contraire[9]. Ainsi, la carte à laquelle sont confrontés les trois explorateurs à leur arrivée au pôle Nord restera une énigme, et ce jusqu'à la fin du roman. Il s'avérera alors, le système de communication entre la Terre et Mars étant tombé en panne, qu'elle avait pour fonction d'aider au contrôle des légers mouvements, dus aux fluctuations de l'axe de la terre, de la station relais où font escale les vaisseaux spatiaux venant de Mars et qui surplombe le pôle et l'île artificielle à plus de 6 000 mètres. Cette carte n'est donc pas qu'une représentation de la terre, elle est un véritable « dispositif technique », indispensable à la rencontre entre les deux mondes.

La carte, un piège

C'est là où le roman d'Alain Damasio, *Les furtifs*, diverge le plus profondément : il porte à mettre en question l'outil même du progrès (voire la raison instrumentale ?), notamment à travers un traitement très différent de la carte. Il déplace le problème du sujet moral – le registre sur lequel se fonde la confiance de Lasswitz en la possibilité de triompher des écueils du progrès – vers la dynamique intrinsèque propre à la technique elle-même[10].

8. Le roman de Lasswitz s'inscrit dans la problématique du colonialisme, tel que l'esquisse l'historien Thomas Nipperdey dans la citation suivante : « L'histoire du colonialisme à l'époque de l'impérialisme est avant tout une histoire sombre, une histoire d'exploitation et d'oppression d'êtres humains, les "indigènes", d'horreurs coloniales, de la formation de nouvelles formes d'inégalité et de possibilités d'être les maîtres, de sentiments de supériorité racistes » (Nipperdey, 1993, t. II, p. 286) [ma traduction]. Les rapports entre martiens et humains, dont les premiers sont incontestablement supérieurs aux seconds, font apparaître qu'il ne va pas de soi d'imposer sa supériorité aux autres, y compris lorsqu'elle est perçue comme telle par ceux-ci. Les martiens ont en effet atteint un degré de liberté que les humains reconnaissent sur le plan théorique, mais qu'ils ne sauraient accepter de se laisser imposer. On est là dans une expérience de pensée philosophique néokantienne, à laquelle la narration donne chair à travers des relations amoureuses, mais aussi à travers l'expérience du protectorat que les martiens vont établir sur la terre. Notons du reste que ce protectorat s'accompagnera de bien des problèmes que même les martiens, si avancée que soit leur civilisation, n'ont su anticiper. Ils ont ainsi réalisé trop tard que leur présence exposait les humains à une épidémie potentiellement très grave, pour avoir sous-estimé l'impact sur les hommes d'une maladie infectieuse dont ils sont quant à eux venus à bout grâce à la vaccination et à leurs progrès diététiques (Lasswitz, 1998, p. 627 et suiv.).
9. Notons en contrepoint ce passage du grand roman du Suisse Gottfried Keller (1819-1890), *Der grüne Heinrich*, paru dans une première version en 1855 et dans une deuxième version en 1880. Un cordonnier, sollicité pour prendre en apprentissage le narrateur qui avait songé à la peinture, se lance dans la diatribe suivante : « Peintre, dessinateur de cartes, dessinateur de petites fleurs, rond-de-cuir, valet des maîtres ! Homme de mains des aristocrates de l'argent, auxiliaire du luxe et de l'amollissement, et même, comme dessinateur de cartes soutien direct de la sauvagerie guerrière ! » (Keller, 1879-1880 : deuxième partie, chap. I, p. 7, ma traduction).
10. Damasio affirme volontiers son intention de « subvertir au lieu de divertir simplement ». Voir une interview de décembre 2018 dans la revue en ligne *ReS Futurae*, [http://journals.openedition.org/resf/2185], consulté le 17 avril 2020.

C'est au cours d'une campagne électorale que Varech, l'un des personnages rebelles à la société du tout numérique mise en œuvre dans *Les furtifs*, s'oppose à Gorner, le candidat à la présidence. Au cours d'un débat public, il répond ostensiblement à l'aide du hasard – en se servant d'un dé – et d'associations d'idées et de mots, aux plans de contrôle totalitaires de Gorner autant qu'à sa rhétorique programmatique. Aux propos sur la « *nécessaire traçabilité des actes, des hommes et des objets* [...] *la gestion harmonieuse de nos cités libérées*[11] » (Damasio, 2019, p. 614), en réalité achetées et administrées par de grandes entreprises, c'est-à-dire privatisées, Varech réplique en saisissant au vol la notion de trace ; on lui répond « sans trace, il n'y a pas de contrôle possible [...]. Pas de sécurité durable » (*ibid.*, p. 615). Avec le mot *trace*, reprend Varech, on est au cœur de ce que gouverner veut dire. Et, passant à son anagramme, le mot « carte », il assène : « Les cartes sont les mises en sens et en scène des traces que nous laissons. Elles sont l'outil princeps de vos pouvoirs commerciaux, militaires ou cognitifs. On ne cartographie jamais que ce qu'on projette de s'emparer, de coloniser puis d'exploiter, n'est-ce pas ? » (*Ibid.*, p. 615).

Dans le futur dépeint par Damasio, futur qui ne paraît pas très lointain ni du point de vue des dates mentionnées dans le roman – nous ne sommes qu'en 2040 – ni au regard des codes de la science-fiction, mais encore moins lorsqu'on songe à l'emprise des techniques ici développées et à celles qui sont d'ores et déjà mises en pratique[12], la carte ne donne plus accès à un environnement à découvrir. Elle est au contraire l'instrument de ceux qui ont accaparé tous les pouvoirs de contrôle et de surveillance sur ceux qui ne sont plus que des marionnettes dépossédées d'elles-mêmes :

> « La société de la trace est une société qui a précisément un besoin absolu de notre libre arbitre afin d'en collecter les traces et d'en nourrir ses dispositifs d'aliénation optimale. Qui a d'abord et chaque jour besoin de savoir ce qu'on désire et ce qu'on aime, au plus profond de nos intimités, pour nous faire des propositions qu'on ne saura, qu'on ne pourra plus refuser. Trace, caret, carte, écart, crate, acter. Tout est là... Le tour est fini » (*ibid.*, p. 616).

Et pourtant, dans cette société où les individus vivent sous l'emprise de la puce, du capteur, du radar, du drone, des signaux et appareils de toutes sortes et en tous lieux, et d'un réseau de contraintes réputées « optimise[r] notre qualité de vie » (*ibid.*, p. 617), la carte semble plutôt tout simplement dépassée. Lorsque deux personnages traqués par une police suréquipée et surpuissante arrivent contre toute attente à échapper à leurs poursuivants, c'est grâce à la connaissance intime et physique des lieux escarpés où se situe le drame, et plus certainement grâce à *une intelligence animale* (*ibid.*, p. 149) qui les guide tel l'ange de

11. Les italiques sont dans le texte ; il s'agit de citations du candidat à la présidence.

12. *A fortiori* après la crise sanitaire de la Covid-19. De manière très symptomatique, aucun média important ne semble avoir voulu faire l'économie d'une interview de l'auteur des *Furtifs*. Notons simplement qu'on a pu l'entendre sur France Culture le 14 février 2020, le lire dans *Libération* le 31 mars, dans *Reporterre* le 28 avril, participer au live du journal *Le Monde* le 30 avril.

Tobie, qu'ils parviennent à se sauver (provisoirement). Cependant, un collègue soucieux de les retrouver à l'insu de la police se rabat sur « une carte papier et des photos argentiques ! Parano puissance dix. Le numérique, on oublie. Retour à la matière qui transmet, rien par ondes. Qu'on peut cramer derrière, sans copie » (*ibid.*, p. 479). Le « pistage physique » donne quelques résultats, mais la nuit et l'orage passent par là. Résultat : « Traces lavées. C'était mort. » Et la résignation guette : « Je suis réaliste. Personne ne peut fuir indéfiniment. La probabilité de faire une erreur tend vers 1 en fonction du temps. Les objets intelligents offrent un maillage tellement fin et décentralisé aujourd'hui que tu peux pas exister sans être capté. Tôt ou tard. Drone, satellite, intechte, on sait, on peut essayer de parer. Mais Lorca et Tishka sont tagués or sur les boucles de *tracking*. Un poteau, une poubelle, un banc peuvent les signaler » (*ibid.*, p. 486). Le monde civilisé s'est transformé en une toile dans laquelle les individus se trouvent englués. Là où la cartographie promettait jadis un réseau de repères permettant de s'orienter dans le monde, la ville *intelligente* est devenue « une prison dont les murs et les barreaux se parlent entre eux » (*ibid.*, p. 276). Bref, la carte devient filet, l'univers quadrillé et contrôlé n'offre plus d'échappatoire.

Mais il reste des foyers de résistance à Orange[13]. Il existe une unité de l'armée, le Récif, chargée de capturer ces êtres étranges à l'existence controversée que sont les furtifs ; il existe des récalcitrants de toute sorte, allergiques au traçage et prêts à tous les sacrifices plutôt que de se résigner au port de la bague, devenu chose si naturelle pour 96 % de la population que de s'en passer fait que « tu te retrouves aussitôt classé dans la catégorie des extrémistes, des terroristes potentiels, des sans-identités, des migrants » (*ibid.*, p. 303). « Une petite révolution » que cette bague devenue indispensable dans toutes les situations de la vie courante : « L'interface technique devient quasi transparente. On frôle l'humain augmenté, et sans besoin de greffe » (*ibid.*, p. 305). Il existe aussi des militants organisant des actions pour disputer par exemple le *BrightLife*, une tour d'habitation de luxe, à Civin, la société qui possède les complexes résidentiels. Ce type d'actions requiert un certain nombre d'aptitudes et de qualités dont le passage suivant donne une idée : « À eux trois, Velvi, Fled et Carlif avaient une dizaine de sièges à leur actif. La grande leçon qu'ils en avaient tirée, c'était que tenir un siège impliquait une rotation des défenseurs, de la fraîcheur physique et la possibilité de bouger, de partir pour mieux revenir. Pour ça, il n'y avait qu'une solution : ouvrir le maximum de voies aériennes, en soleil autour du complexe [...]. Plutôt que le [le BrightLife] claquemurer et le défendre, comme une île de plein ciel, avec des armes forcément assez pauvres, l'inclure dans un anarchipel avec d'autres toits, d'autres tours, des grues-relais, des minarets, des flèches d'église. Tracer en ligne brisée, par hauteurs décroissantes, des tyroliennes. Placer des planches de saut et des matelas de réception pour les profanes du parkour » (*ibid.*, p. 223) et ainsi de suite. Et puis, utiliser une carte, en l'occurrence « une vue aérienne montrant

13. Orange est une « ville libérée », c'est-à-dire « une ville soustraite à la gestion publique et intégralement détenue et gérée par une entreprise privée » (Damasio, 2019, p. 39).

les toits des bâtiments, zébrée de traits multicolores » (*ibid.*, p. 223). Cette carte utilise tous les signes disponibles pour marquer les « sauts de détente ou les sauts de fond ; quand une façade se désescalade, on la met en épais. En bleu, tu as les courbes pour les parapentes » (*ibid.*, p. 223). Il y a « les zones possibles d'atterrissage » (*ibid.*, p. 224). Saskia, à qui on a demandé d'y porter « un regard vierge » (*ibid.*, p. 224), la voit ainsi : « Si tu faisais abstraction de l'enjeu, la carte ressemblait à un phare à éclats, tout en traits et phrases, elle sonnait (sur le papier) comme le récitatif d'un oratorio qui se serait chanté (dans les faits) avec des courses, des bonds et des vols de proche en proche à travers la ville » (*ibid.*, p. 224). Les noms donnés aux voies sont du type « Pris dans un violent courant d'art, Au bout de l'airrance, Mon chemin de Composte-Ailes » (*ibid.*, p. 225) ; on en compte une petite soixantaine.

Autant dire qu'il y a loin de cette carte réinventée, aussi artistique que poétique, à ses ancêtres que vilipendera Varech dans la scène mentionnée ci-dessus. L'objectif de l'orientation et le moyen de la fantaisie sont intrinsèquement liés et créent ensemble l'outil corrigé qui de surcroît nécessite la coopération pour libérer son efficacité. Les furtifs, quant à eux, ne se laissent pas localiser ; impossible d'imaginer une cartographie de leur présence. Pour autant, ils laissent des traces, ou plutôt des signes, des *glyphes*, des modes de communication que ne peuvent percevoir et décrypter que ceux qui sont prêts à recevoir leurs messages, ce qui implique bien entendu une rupture radicale avec les modes d'appréhension du monde de la civilisation occidentale. Il y a très loin de la facilité avec laquelle les humains et les martiens parviennent à entrer dans leurs langues respectives, à la complexité du langage furtif que les protagonistes de Damasio tentent de saisir dans son altérité, une altérité soucieuse avant tout d'échapper à la pure rationalité qui rend les phénomènes visibles, là où le furtif se pétrifie et meurt dès qu'il est vu. Du reste, les martiens de Lasswitz se distinguent des humains par un trait frappant : leurs yeux sont plus grands.

L'alien, miroir tendu à l'Homme

Dans son best-seller *Abysses*, couronné par le prix de science-fiction *Kurd-Lasswitz-Preis*, Frank Schätzing (Schätzing, 2004) avait imaginé le salut de l'humanité menacée par une catastrophe écologique, en faisant intervenir une espèce inconnue jusqu'alors : tapis dans les fonds marins[14], les *Yrr* avaient échappé à tout repérage, *a fortiori* à toute cartographie. Leur révolte contre la

14. C'est aussi l'occasion pour Schätzing, dont le roman adopte explicitement une dimension vulgarisatrice, de célébrer l'océanographie. Il s'agit moins, pour l'auteur, d'envisager l'effondrement de la civilisation que de contribuer à le prévenir – on trouvait dans certains des exemplaires du roman des marque-pages signés Greenpeace – et tout autant de divertir les lecteurs grâce à la mise en œuvre, d'une grande virtuosité, de tous les codes du roman à suspense. En parallèle, Schätzing avait publié un volume de vulgarisation sur l'océanographie censé contenir le surplus d'informations issu de ses recherches qui n'avait pu trouver place dans *Abysses* ; il affirmait à ce propos qu'il ne fallait pas y voir un ouvrage scientifique, mais un véritable *thriller*, brouillant ainsi ostensiblement les frontières entre littérature et science, entre l'art et la nature (Willmann, 2010).

prédation humaine entraîne des cataclysmes planétaires, mais constitue également la dernière chance pour l'humanité de se confronter lucidement aux conséquences de ses actes (Willmann, 2010). Si la fiction de Lasswitz se situe dans un contexte moins dramatique, car l'enjeu n'y était pas la survie, les martiens n'en étaient pas moins investis d'une mission. Il s'agissait en effet de confronter les hommes à une image améliorée d'eux-mêmes, susceptible de faire apparaître les points aveugles de leur culture, mettant ainsi les Européens impliqués en face de leurs responsabilités – et de leurs hypocrisies ! – à l'égard des peuples colonisés. Plus encore : le martien peut également se comprendre comme un outil narratif au service de la connaissance de l'homme par lui-même, en écho au philosophe des techniques Ernst Kapp[15] (Kapp, 1877). Celui-ci concevait l'outil comme une projection organique qui, par l'extériorisation dont il procède, devient à son tour source de connaissance : l'outil devient un miroir dans lequel l'homme distingue alors ce qui jusqu'ici était dissimulé en lui. C'est le rôle que joue le martien : il est une projection qui permet (aussi) aux humains de se découvrir eux-mêmes.

Dans *Les furtifs*, il ne s'agit plus de s'améliorer, il y a urgence, et un degré d'urgence plus élevé encore que dans *Abysses*, ou plutôt : l'urgence ne se situe pas au même niveau. La catastrophe environnementale menace l'espèce humaine d'extinction, la technoscience sous la forme du tout numérique menace l'essence même de l'humanité. Ainsi, les furtifs, ces êtres mystérieux et insaisissables, cherchant apparemment l'hybridation avec les humains réceptifs – c'est-à-dire sensibles à l'amputation que leur fait subir ce monde *intelligent* – peuvent-ils être lus comme des projections reprenant une tradition de l'*alien*, celle qui permet de découvrir des facettes occultées de notre monde et d'imaginer des pistes pour quitter « les chemins qui ne mènent nulle part ». Le roman foisonnant de Damasio résiste heureusement à toute interprétation univoque, mais il donne une vision lucide de la forme la plus imminente des « cauchemars de la raison technoscientifique » (Bensaude-Vincent, 2009, p. 144) et part à la découverte d'une réalité susceptible de nous guérir des rêves de maîtrise et de la croyance trompeuse en une émancipation des entraves supposées de la matière. Si le projet de la technoscience est bien celui de « repousser toujours plus loin les limites, au lieu de négocier avec elles » (*ibid.*, p. 104), Damasio tente de redonner à ses lecteurs le goût et la confiance en la possibilité d'une telle négociation.

Conclusion

Ainsi, dans les deux romans ici mis en parallèle, la découverte renvoie à deux niveaux. *Auf zwei Planeten* est le roman du bonheur de la découverte, de la découverte de notre monde, et de la découverte plausible d'autres mondes. La carte, qui permet de s'y orienter, d'en maîtriser l'espace, en est l'instrument privilégié et prend valeur de symbole. *Les furtifs* décrit un autre stade de ce

15. Voir notamment l'introduction à la réédition de 2015 (Kapp, 2015) par Harun Maye et Leander Scholz.

monde où, tout (ou presque tout) y ayant été découvert, la maîtrise y est devenue contrôle, la carte pur instrument de pouvoir.

À ces mondes réels, à ces deux moments de l'évolution technoscientifique, celui de l'enthousiasme technophile et celui du désenchantement induit par les pratiques fondées sur l'omniprésence de l'intelligence artificielle, les deux romans adjoignent la découverte d'autres mondes dont le cœur est l'*alien*, le non-humain investi de fonctions spécifiques à l'univers dont il est issu.

Les martiens de Lasswitz sont des figures complexes. Ils incarnent l'idéal d'une civilisation avancée et sûre d'avancer encore. En tant que tels, ils sont des modèles à suivre, mais ils sont aussi des révélateurs des imperfections humaines et des révélateurs des problèmes posés par cette évolution. Les furtifs de Damasio sont plus difficiles à appréhender, au sens strict, car ils sont insaisissables par essence, mais ce qu'on en perçoit ouvre une perspective vers une humanité plus désirable ; non pas supérieure, mais davantage à même d'élaborer des valeurs nouvelles, de nature à la sortir de l'enfermement dans une modernité capitaliste délétère. Dépassant les leurres de l'intelligence artificielle, ils renouent avec l'intelligence sensible (Damasio,2019, p. 107). Grâce au déploiement de tous les outils littéraires à sa disposition et en empruntant à tous les sous-genres de la science-fiction, Damasio en transgresse la « stéréotypie formelle » (Jameson, 2008, p. 36) et tente – comme, sans doute, toute œuvre littéraire – la fusion de l'expérience esthétique et de l'expérience intellectuelle.

Mais ni les martiens, ni les furtifs ne sont de pures inventions ; ils sont des découvertes au sens où ils font surgir des possibles du sein des réalités présentes. Lasswitz ne veut pas seulement *imaginer* ce que le progrès *peut* faire de l'homme ; il veut proprement *divulguer* à ses lecteurs ce que le progrès *fera* à l'homme, par la médiation d'êtres à la fois anthropomorphes et étrange(r)s. Grâce à la création littéraire, il met en scène le progrès des sciences et des techniques et en révèle l'effet suprême selon lui : rendre les hommes libres. Le roman de Damasio confronte précisément lecteurs et lectrices à l'éradication imminente de la liberté, mais l'espèce inconnue, les furtifs, ne vient pas leur apporter bienfaits, salut ou solutions depuis quelque ailleurs plus ou moins localisable ; elle les incite à en découvrir dans le réel les signes et les traces, des pistes pour un monde qui échappe à l'appropriation.

Bibliographie

Bensaude-Vincent Bernadette, 2009, *Les vertiges de la technoscience. Façonner le monde atome par atome*, Paris, La Découverte.

Choné Aurélie, Hajek Isabelle et Hamman Philippe (dir.), 2016, *Guide des humanités environnementales*, Villeneuve-d'Ascq, Presses universitaires du Septentrion.

Damasio Alain, 2019, *Les furtifs*, Paris, La Volte.

ESSELBORN Hans, 2019, *Die Erfindung der Zukunft in der Literatur. Vom technisch-utopischen Zukunftsroman zur deutschen Science Fiction*, Würzburg, Königshausen & Neumann.

FITTING Peter, 2007, « Utopies/Dystopies/Science Fiction », *Alliage*, n° 60, p. 111-122.

JAMESON Fredric, 2008, *Penser avec la science-fiction*, Paris, Max Milo.

KAPP Ernst, 2015 (1877), *Grundlinien einer Philosophie der Technik*, Hamburg, Meiner ; en français : *Principes d'une philosophie de la technique*, traduction et présentation par Grégoire Chamayou, Paris, Vrin, 2007.

KELLER Gottfried, 1879-1880, *Der grüne Heinrich*, Berlin, Knaur Nachf.

LANGLET Irène, 2006, *La science-fiction. Lecture et poétique d'un genre littéraire*, Paris, Armand Colin.

LASSWITZ Kurd, 1998 (1897), *Auf zwei Planeten*, Munich, Heyne ; version partielle en anglais : *Two Planets*, traduit de l'allemand par Hans H. Rudnick, Carbondale, Southern Illinois University Press, 1971.

NIPPERDEY Thomas, 1993, *Deutsche Geschichte 1866-1918*, vol. 1 : *Arbeitswelt und Bürgergeist*, vol. 2 : *Machtstaat vor der Demokratie*, Munich, C. H. Beck.

RICHTER Steffen, 2014, « Une mondialisation prémoderne. Les deux planètes de Kurd Lasswitz », *Alliage*, n° 74, p. 118-128.

SADIN Éric, 2018, *L'intelligence artificielle ou l'enjeu du siècle. Anatomie d'un antihumanisme radical*, Paris, L'Échappée.

SCHÄTZING Frank, 2005 (2004), *Der Schwarm*, Francfort sur le Main/Cologne, Fischer/Kiepenheuer & Witsch ; en français : *Abysses*, traduit de l'allemand par Danièle Darneau, Paris, Presses de la Cité, 2008.

VERNE Jules, 1994, *Paris au XXe siècle*, Paris, Hachette.

WELLS Herbert Georges, 2005 (1897), *The War of the Worlds*, Londres, Penguin.

WILLMANN Françoise, 2010, « Scientisme et catastrophisme dans le best-seller de Frank Schätzing, *Der Schwarm* », *in* WILLMANN Françoise (dir.), *La science-fiction entre Cassandre et Prométhée*, Nancy, Presses universitaires de Nancy, p. 75.

13

Quand les Autres ne se rencontrent pas
Regards croisés des touristes et des Zanskarpas sur ces Autres

Salomé Deboos

Une journée d'hiver 2004 à Karsha, village de la vallée du Zanskar, alors que j'étais sur le toit d'une demeure par un beau soleil matinal, les deux grands-pères avec lesquels je menais mes entretiens sur la tonte des brebis s'interrompirent dans leur travail et me demandèrent : « C'est comment là-haut ? » Il me fallut une minute de réflexion et puis je leur demandais ce qu'ils signifiaient par « là-haut ». Et eux de me regarder et de me dire : « Eh bien toi tu es venue par le bus à Leh, mais les autres qui te ressemblent, ils viennent d'un objet volant pour arriver jusqu'à Leh et ensuite ils prennent les voitures, ils viennent de là-haut! C'est comment là-haut ? » J'ai compris alors combien nous devions être étranges et combien nous étions des Autres pour ces deux grands-pères qui avaient pourtant entrepris une fois dans leur vie le pèlerinage jusqu'à Lhassa.

En effet, ces hautes cimes de l'Himalaya (हिमालय) qui s'étendant depuis Myanmar jusqu'aux confins du Pakistan, forment une barrière à première vue, depuis les plaines indiennes ou le désert du Takla-Makan, infranchissable. Pourtant, cette demeure (*ālaya*) des neiges (*hima*) depuis l'Antiquité est traversée par de nombreuses routes de commerce et de pèlerinages qui permettent à des milliers d'hommes et de femmes de se rencontrer et d'échanger. Alors de quel Autre ces deux grands-pères parlent-ils ? Le terme seul désigne « ce qui n'est pas le même », mais sans pour autant poser de qualités sur ce que nous pouvons entendre comme différent. Cette contribution adopte un point de vue anthropologique et traitera de l'acception que les Zanskarpas ont du terme qu'ils traduisent par *chhigyalpa* ou *philingpa.* Ce terme désigne à la fois l'étranger au village, l'étranger à la vallée, et l'étranger en termes d'origine linguistique, culturelle... Par opposition, les Zanskarpas se désignent eux-mêmes comme des *nangpa*, donc littéralement, les gens de l'intérieur.

À l'inverse, le touriste, alpiniste, qu'il soit occidental ou indien des plaines, désigne les habitants en termes d'autochtones, ou de locaux. Quels sont les regards croisés que les *nangpa* posent sur ces *chhigyalpa* et que ces touristes posent sur ces autochtones ? De quelles découvertes parlent ces alpinistes et trekkeurs ? En quoi Zanskarpas et alpinistes se croisent sans jamais se rencontrer ? Après une présentation géographique et démographique sommaire du Zanskar, j'analyserai différents témoignages de Zanskarpas et d'Occidentaux ou d'Indiens des plaines pour comprendre comment chacun, avant de percevoir l'altérité, reconnaît chez cet autre le même.

Présentation géographique du Zanskar

L'Himalaya est une succession de chaînes de montagnes comprenant celle du Zanskar et du Ladakh. La vallée du Zanskar est au creux de la chaîne du même nom, la chaîne du Zanskar, qui est contiguë à la chaîne du Ladakh et située au sud de la chaîne du Karakoram qui est elle-même au nord du fleuve Indus; la vallée du Zanskar est donc enchâssée entre l'Himalaya et la vallée de l'Indus. Le fond de vallée du Zanskar s'étend entre 3600 mètres et 4000 mètres d'altitude. La rivière Zanskar se jette dans l'Indus, à Nimo, en aval de Leh. Mais en raison de l'impraticabilité des gorges, la voie de communication principale, depuis une trentaine d'années, rejoint Kargil grâce à une route carrossable de 232 kilomètres (Padum-Kargil), en passant par le col du Penzi La (4400 mètres d'altitude). Ainsi, s'il faut une journée de voiture tout-terrain (huit à neuf heures) pour se rendre à Kargil, il faut plusieurs jours de marche pour sortir du Zanskar par les différents cols qui culminent à 5300 mètres.

Le climat du Zanskar est rude, avec un fort enneigement, ce qui l'amène à être isolé en hiver, de novembre à mai/juin; sauf trois semaines en janvier-février, au cœur de l'hiver lorsque la surface du fleuve est recouverte d'une épaisse couche de glace, le *chadar*, rendant ainsi la marche possible.

Ces conditions climatiques extrêmes expliquent les difficultés rencontrées par les populations pour toute culture céréalière et l'absence d'arbres. Aussi, la céréale cultivée est l'orge, dont la transformation est appelée *(S)nganphe*. Ainsi les Zanskarpas, tout comme l'ensemble des habitants de l'aire culturelle tibétaine, se définissent comme des *(S)nganphe eaters* (Ramble, 1993, p. 21).

Une population, deux religions, des circulations et migrations ancestrales

Alors que les sciences historiques, après étude des pétroglyphes visibles sur les chemins de la vallée du Zanskar, nous apprennent que les premières traces d'occupation humaine de cette vallée datent de 1900 à 1100 avant J.-C., ces mêmes sciences historiques nous permettent également de retracer les mouvements migratoires de populations nomades des steppes mongoles (Francfort, Klodzinski et Mascle, 1990, p. 5; Bruneau, 2010) qui auraient sillonné jusque sur le Plateau du Tibet, et même au-delà en remontant la vallée du haut Indus, et menant paître leurs troupeaux de chèvres *pashminas* jusque dans la haute vallée du Zanskar. Puis, différents documents historiques, le *Tarikh-I-Rachidi* (Dughlat, 1973)[1] et *Tarikh Jammun, Kashmir, Laddakh aur Baltistan* (Khan Lakhnavi, 1939) ainsi que

1. Texte rédigé au XVIe siècle par le prince et général turco-mongol du Kashmir Mirza Muhammad Haidar Dughlat.

les documents *bo.yig*[2] (Schuh, 1983) témoignent du fait que, déjà au début du XVIIe siècle, les royaumes du Zanskar (maison de Padum et de Zangla) prenaient part au commerce de la route de la soie qui longeait la haute vallée de l'Indus.

Cette vallée, aujourd'hui, reste le lieu de migrations saisonnières provenant de vallées adjacentes ou de l'Inde des plaines pour des raisons économiques, ou encore venant d'Inde des plaines et de pays occidentaux pour des raisons touristiques, notamment la grande traversée du Zanskar à pied ou encore l'alpinisme de très haute altitude sur le Nun et le Kun, des sommets de plus de 9000 mètres d'altitude (figure 1 et pl. 12 du cahier d'illustrations).

Figure 1. – Vue de la vallée du Zanskar (Padum est cerclé).

Source : Deboos, 2015.

Ainsi, au fil des siècles, les 13800 habitants actuels du Zanskar (recensement de 2011) se sont organisés en une société hiérarchisée où bouddhistes et musulmans peuvent échanger (Deboos, 2017, p. 47-66). La vallée est actuellement peuplée pour 93 % de bouddhistes, principalement du grand véhicule (*Mahayana*) et de la secte des *Gelugspas* dont le chef spirituel est le Dalaï-Lama. Les musulmans, soit 7 % des Zanskarpas, sont principalement sunnites de l'école *Qalandar*, et tous habitent à Padum, la capitale du Zanskar. En effet, cette société très hiérarchisée se structure en strates (Riaboff, 1997, p. 83) allouant une place particulière au groupe confessionnel des musulmans, afin que ceux-ci puissent prendre part aux échanges cérémoniels et rituels avec la strate la plus importante

2. Le mot *bo.yig* se traduit littéralement par « document de mesure », il s'agit du plus ancien document historique du Zanskar.

de la société de confession bouddhiste, les *phal pa* (gens ordinaires). Ainsi, au Zanskar comme au Ladakh voisin, le terme de *rigs* (littéralement *niveau*) est utilisé et entendu comme *strate*; c'est, selon la terminologie indigène, un « terme tibétain qui recouvre à la fois la notion de famille, d'espèce, de naissance et de sang » (Dollfus, 2005, p. 34), alors que dans la littérature relative à l'origine et à la hiérarchisation en son sein du peuple tibétain (Ramsay, 1890, p. 18-19; Macdonald, 1959, p. 419-450), plusieurs termes sont utilisés pour distinguer les différents niveaux de la société : celui de *rus* (littéralement *os* et, de manière étendue, *lignée*) ou encore celui de *brgryud* (littéralement *lignage*) [figure 2].

Figure 2. – Stratification de la société Zanskarpa bouddhiste et musulmane.

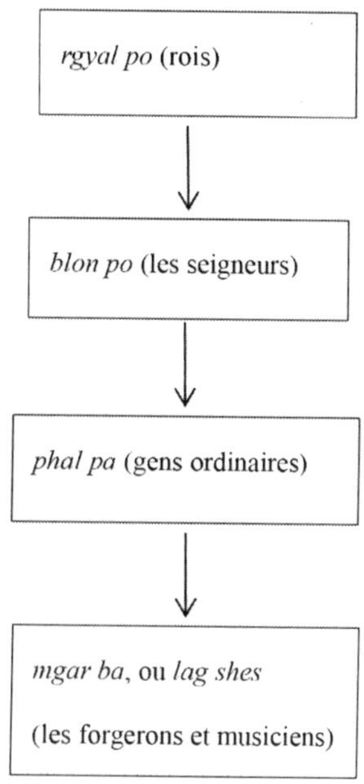

Au Zanskar, cette division quadripartite de la société continue d'organiser les rapports et interactions sociales. Ainsi, lorsque le roi de Padum accepte de partager le thé ailleurs qu'à son domicile, il le boit dans son propre bol. Dans le cadre des repas festifs, et des rituels, moments d'échanges multiples au sein de la société, seuls les bouddhistes de la strate des « gens ordinaires » et des religieux (nonnes et moines) acceptent de manger et de boire dans la vaisselle d'une maison musulmane. Pourtant, reste que le forgeron ou les musiciens, s'ils sont présents lors des festivités, ne peuvent venir s'asseoir près du fourneau et doivent prendre leur repas soit à l'embrasure de la porte de la maisonnée soit à l'extérieur de celle-ci. De même, aucun musulman ou bouddhiste de strate ordinaire ne pénètre la maison du forgeron (*lache*), préférant se tenir sur le pas-de-porte ou à l'extérieur.

En effet, le fait d'associer les musulmans du Zanskar à la strate des *phal pa* résulte de la manière dont bouddhistes et musulmans, depuis le début du XVIIe siècle scellent leur entente et leur reconnaissance mutuelle de génération en génération (Deboos, 2010, p. 189-210). La famille musulmane Achtar de Padum épouse à chaque génération (environ tous les vingt-cinq ans) une femme bouddhiste du Zanskar, laquelle est de la strate des gens du commun. Ce mariage est qualifié par les bouddhistes et les musulmans de « mariage d'amour », et ces alliances matrimoniales placent les musulmans dans la strate des *phal pa (*gens du commun).

Malgré deux événements majeurs en 2011 et 2013 (Deboos, 2015) ayant mis à mal ce fragile équilibre au sein de la société Zanskarpa, suite aux interventions des chefs religieux, le Dalaï-Lama et les imams de Padum, aujourd'hui les échanges entre bouddhistes et musulmans ont repris, et à nouveau les rituels (Lhossar, Aïd, mariages et funérailles) sont des lieux et moments de renouvellement de cette reconnaissance d'appartenance à une même société et localité, bien que le boycott social s'infléchisse depuis 2018.

Construction des concepts de *chhigyalpa* ou *philingpa/nangpa*

Les termes pour la désignation de l'Autre, notamment en français, sont multiples et ce n'est pas l'objet de cette contribution. Pour autant, on ne peut totalement éluder la question. Il nous faut la recentrer sur les termes vernaculaires : *chhigyalpa* ou *philingpa*, littéralement « celui/celle de dehors », en directe opposition avec nangpa, littéralement « celui/celle de dedans ». En effet, il est important de noter ce que recouvrent ces termes pour mieux comprendre comment est envisagé le touriste ou le villageois de la vallée voisine et réciproquement. « Le langage et la culture s'impliquent mutuellement », comme le relève Roman Jakobson (2003, p. 27), et de poursuivre en relevant la remarque de David Bidney, « un genre plus rapproché encore que le genre *culture* englobe l'espèce *langage* » (*loc. cit.*). Par cette assertion, on note l'importance pour le chercheur de comprendre ce qui fait différence pour l'autre et par extension, ce qui est identifié par Autre pour les Zanskarpas, car, de cette compréhension de la différence d'acception, le chercheur pourra appréhender ce qui est central dans cette contribution, à savoir ce que signifie « découverte d'autrui ».

Or, comme nous l'avons transcrit plus haut, les termes *chhigyalpa* ou *philingpa* désignent « celui ou celle qui vient de dehors ». Ceci est entendu comme celui ou celle du village voisin, tout autant que celui de la vallée voisine, ou encore celui d'un pays ou d'une langue différente. Ainsi, les Indiens des plaines sont qualifiés au même titre que les Occidentaux de *chhigyalpa* ou *philingpa*. Par opposition aux *nangpas* qui sont les personnes de la maisonnée, de la parenté ou du village. Pourtant, ce terme peut être également étendu à celui « d'habitant de la même vallée que moi », et dans ce cas désigner les Zanskarpas par opposition aux habitants du dehors de la vallée. Ainsi, ces termes de *chhigyalpa* ou *philingpa* et *nangpa* sont utilisés dans un principe d'opposition « eux/nous » avant d'avoir une définition aux contours stricts. Il en va de même pour cette question posée par les deux grands-pères sur leur toit de Karsha cet hiver-là : « C'est comment là-haut ? », cette question renvoie à une opposition fondamentale « ton monde/le nôtre ».

Ainsi, comprendre qui est cet autre permet de comprendre et de mesurer la distance à parcourir pour pouvoir découvrir le monde de l'autre et donc nous permet de comprendre comment ce chemin est emprunté, à la fois par la personne autochtone, lorsqu'elle s'arrête pour questionner cet Autre, ou le *chhigyalpa* ou *philingpa* lorsqu'il prend le temps de s'asseoir et de discuter avec ce *nangpa*. Mais comment peuvent-ils faire s'ils n'ont pas de langage commun ? Comment appréhender ce chemin si ni d'un côté ni de l'autre il n'y a de points référentiels communs ?

En quoi Zanskarpas et touristes, trekkeurs et alpinistes se croisent sans jamais se rencontrer

L'Occident du XIXe siècle, épris d'orientalisme, a suscité de nombreuses vocations notamment vers ces régions mystérieuses pour les Européens, dont la géographie est alors encore largement méconnue. Ainsi, dès 1850, des explorations scientifiques telles que celles de Fernand Grenard (1897-1898, 1904), ethnologue et linguiste, ou Jules Dutreuil de Rhins (1897-1898), géographe, sont organisées, quand d'autres explorations, celles-ci missionnaires, telle que celle de A. H. Francke (1907), révèrent de l'Église morave, sont cette fois financées par les églises majoritairement protestantes ou des églises réformées. Une autre forme de découverte de ces régions va venir des récits d'aventuriers écrivains tels que Marie de Ujfalvy-Bourdon (1887) ou encore Edmond de Poncins (1897), etc.

Puis, au XXe siècle, ce sont les alpinistes explorateurs – les frères Schlaginweit, qui font l'ascension du Kamet (7756 mètres d'altitude) en 1895 et atteignent 6780 mètres, Tom Longstaff en 1905 et l'ascension de Nanda Devi (7000 mètres d'altitude), Fanny et William Bullock-Workman qui font l'ascension du Nun-Kun (7135 mètres) en 1903 et atteignent 6900 mètres d'altitude – avides de découvertes de sommets encore jamais foulés par l'homme qui se tournent vers ces hautes cimes (Smythe, 1932 ; Engel, 1936 ; Hillary, 1955 ; Blanchard, 2010). Et enfin, depuis maintenant une trentaine d'années, ce sont à la fois des Indiens des plaines et des Occidentaux qui parcourent chaque été ces cimes immaculées et vallées désertiques oubliant même parfois que ces vallées sont peuplées depuis plusieurs millénaires.

Certes, la littérature en anglais, en français, en allemand et en hindi est riche d'expériences vécues lors de ces parcours au travers de ces chaînes de montagnes majestueuses, mais que reste-t-il de ces passages dans les récits des Zanskarpas ?

Jusqu'aujourd'hui, malgré de nombreuses années (vingt ans) passées en compagnie de ces hommes et femmes qui se nomment les « habitants du dedans », l'orature reste parcellaire, voire pauvre. Ils auront plus de facilité à me conter l'arrivée et le départ des missionnaires moraves au début du XXe siècle ou américains dans les années 1990, et leurs tentatives d'évangélisation qui ont avorté de manière prématurée car ni les bouddhistes ni les musulmans n'entendaient changer de religion pour un hypothétique avenir alors que leurs propres astrologues et oracles ou *Pir* pouvaient les éclairer bien plus sûrement sur les liens entre l'ici et l'ailleurs, cet ailleurs étant l'insondable.

Cette asymétrie dans la littérature disponible, qu'elle soit de tradition écrite ou orale, amène donc le chercheur en anthropologie à s'interroger plus particulièrement sur les raisons de cette ignorance d'un côté alors que de l'autre l'on regorge de descriptions et d'interprétations de pratiques observées lors de passages dans les villages ou lieux habités. Et la question qui sous-tend cette première interrogation du chercheur est donc comment cette rencontre physique peut-elle laisser place à une absence de rencontre ?

Alors que je continuais à discuter avec les deux grands-pères, finalement, leur fils, instituteur au collège de Padum, vint nous rejoindre sur le toit de la maison. Notre discussion prenait la tournure d'un récit centré sur le pèlerinage à Lhassa des deux grands-pères (figure 3).

Figure 3. – Description de la route de pèlerinage à Lhassa faite par Sonam Konshok, Zanskar, 2005.

Source : dessin Salomé Deboos.

À cette occasion, ils me contèrent en détail le parcours effectué, mesuré en journées de marche et de transport. Alors que je les interrogeais sur les personnes rencontrées, croisées, les lieux où ils avaient séjourné pour la nuit, leurs réponses furent toujours centrées sur leur fratrie, avec quelques mots épars pour faire état des passeurs ou voyagistes qui les avaient aidés dans ce périple. De souvenir des paysages, ils ne furent pas avares en description, mais pour ce qui est de décrire les habitants de ces contrées lointaines de leur point de vue, il n'y eut aucun commentaire ni souvenir, mis à part lorsqu'ils arrivèrent à Lhassa, où ils furent plus généreux en descriptions des habitants avec qui ils avaient pu échanger. Je leur demandais alors quelle langue ils avaient utilisée tout au long de ce voyage, et ils me dirent qu'ils ne parlaient que le zanskari et le tibétain, que c'est pour cela qu'ils n'avaient rien pu échanger avec les habitants des lieux traversés, et que ce ne fut qu'à Lhassa qu'ils purent enfin discuter avec les habitants.

Cette représentation telle que figurée ci-dessus doit son tracé aux indications précises que le plus âgé des frères me donne pour rendre compte du chemin parcouru lors de ce pèlerinage (Deboos, 2010, p. 35). J'aimerais cependant insister sur un point précis, à savoir celui de la langue et de l'absence de langue commune entre le pèlerin et les personnes autochtones côtoyées tout au long de ce voyage.

En effet, « le langage doit être conçu comme une partie intégrante de la vie sociale » (Jakobson, 2003, p. 27), ce qui implique qu'en absence d'un langage commun, la vie sociale est compromise, donc l'échange et la capacité à pouvoir communiquer amputés. Ainsi, le pèlerin, sans outil valable pour pouvoir entrer en communication avec les personnes croisées sur son chemin, ne peut créer de liens, et dans le cas de cet habitant du Zanskar, n'a donc conservé aucun souvenir de ces personnes très certainement croisées mais jamais rencontrées. Les seuls souvenirs d'habitants sont ceux relatifs à Lhassa, où il a pu échanger dans une langue commune, le tibétain.

De manière symétrique ou presque, nous pourrions envisager l'absence d'échanges constatée avec les touristes ou les trekkeurs qui arpentent le Zanskar en été. Notre analyse serait alors simpliste et oublierait de faire mention de toutes ces histoires que les touristes rapportent de ce qu'ils ont observé et ensuite publient sur leurs sites Internet ou blogs de discussions.

De fait, nous pouvons observer deux types d'alpinistes et trekkeurs, les premiers choisissant d'évoluer en autonomie, c'est-à-dire sans l'assistance d'une guide ou de porteurs, et les autres choisissant l'assistance de guide et/ou de porteurs. Dans les deux cas, les voyages sont organisés depuis la ville principale de Leh ou depuis l'Occident pour un ajustement à Leh. Leh, la capitale du Ladakh, accueille tous les ans quelques milliers de touristes étrangers et indiens débarquant d'avions affrétés depuis New Dehli, Srinagar, Mumbai (Maharashtra) et Chandigarh (Penjab). Ces arrivées se font en matinées et il est aisé de constater que les agences de voyages, attendant les groupes déjà constitués ou devant se retrouver à Leh pour un départ de trek, pullulent à la sortie de l'aéroport. L'ensemble de l'expédition est déjà payé d'avance par virement de sorte que dans la majorité des cas (75 % des cas observés sur les années 2007 à 2017) il ne reste que quelques ajustements à la marge (nourriture, transports locaux) qui doivent être versés en surplus aux agences de voyages. Les guides et porteurs affectés aux groupes sont principalement népalais (Deboos, 2010, p. 205) et parlent à la fois l'hindi et l'anglais, parfois également le français – comme l'indique cette publicité : « Dorjey, votre expert local francophone pour le trek au Ladakh : "Mon souhait est de proposer aux clients des circuits trekking de qualité sur la base d'un tourisme responsable et équitable, tout en leur donnant la possibilité d'explorer le Ladakh, de s'immerger dans cette région si particulière, où nature et tradition vont de pair[3]." » Ainsi, pour ces touristes, il sera possible d'échanger avec quelques personnes des localités traversées grâce à l'entremise de leur guide ainsi que le leur ont annoncé les agences de voyages organisatrices : « Le Zanskar, région de l'Himalaya indien, est la destination historique de Rencontres au bout du monde : plus de vingt années d'une amitié très forte nous lie aux familles des villages, et c'est cette amitié que nous partageons avec vous dans ces voyages… Partons ensemble pour une expérience unique en terres inconnues[4]… » Ces personnes pourront alors rapporter quelques histoires relatives à des « rencontres avec des locaux », comme Clémence qui publie le 3 septembre 2019 : « J'ai eu la chance d'effectuer la Grande Traversée du Zanskar en août 2019. J'en reviens conquise […]. Le guide local, Jigmet, ainsi que tout le staff sont vraiment aux petits soins. Les paysages et les villages sont d'une beauté incroyable. Voyage que je recommande vivement à tous les amoureux des grands espaces et des beaux paysages[5]. » Les sites de voyages éthiques et autres regorgent de témoignages de voyageurs faisant état « de la beauté des paysages et des villages… » Où sont les villageois ? Il n'en est fait que très rarement mention et alors ce sera toujours dans les mêmes termes : « une population accueillante et joyeuse qui vit au rythme des saisons[6] ».

Ainsi, loin d'un échange, il s'agit bien plus de personnes qui se croisent, de guides qui s'arrêtent dans telle ou telle maisonnée pour que les touristes puissent entrer et boire le thé, et ce alors que tout est déjà organisé par avance et les maisonnées équipées à cet effet (Deboos, 2012, p. 175). Aussi, de rencontres *intuitu personae*, il n'en est que rarement, voire jamais question dans l'ensemble des témoignages que j'ai pu recueillir lors de mes séjours sur le terrain entre 2000 et 2017. Les seuls prénoms que les touristes retiennent sont ceux de leurs guides et porteurs. Pourtant, au travers de l'ensemble de ces témoignages, une quête perdure, une remarque est convergente, celle relative à « l'authenticité des villages », ou encore « l'authenticité des paysages » qui va souvent de pair avec « l'authenticité des habitants ». Cette notion d'authenticité est souvent entendue par les touristes que j'ai pu interviewer lors de mes entretiens entre 2007 et 2017 comme une « capacité à garder leur identité, alors que nous les Occidentaux, nous l'avons perdue. D'ailleurs, c'est pour cela que je viens me ressourcer au Zanskar » (Michèle, trekkeuse, 2009).

3. [https://trekking.voyages-adekua.fr/Ladakh-trekking/sejour-trekking-diagonale-zanskar-pour-randonneurs-chevronnes-mythique-trek], consulté le 10 avril 2020.
4. [https://boutdumonde.eu/destination/zanskar-et-ladakh/], consulté le 10 avril 2020.
5. [https://www.terdav.com/ps-inde/rn-ladakh/tp-circuit-accompagne/at-trek/lad002--grande-traversee-zanskar#avis], consulté le 15 avril 2020.
6. [https://boutdumonde.eu/destination/zanskar-et-ladakh/], témoignage de Françoise, consulté le 15 avril 2020.

Cette question de l'identité et d'un « retour aux sources », souvent relevée par les touristes avec qui j'ai pu échanger lors de mes différents séjours sur le terrain de recherche ces vingt dernières années, renvoie directement au glissement sémantique effectué en cette fin du XXe siècle, du sens académique au sens du guide touristique « partant du fait que jadis le mot "identité" voulait dire exclusivement et veut d'ailleurs toujours dire qu'il n'y a qu'une seule et même chose là où on aurait pu penser qu'il y en avait deux, [et] expliquer comment il en est venu depuis une dizaine d'années à signifier tout autre chose, à savoir qu'il y a une chose qui possède la vertu d'être elle-même alors qu'elle aurait pu ne pas encore être elle-même ou ne plus être elle-même » (Descombes, 2013, p. 14). Ainsi, ces touristes, qu'ils soient cornaqués par un guide ou en autonomie, partagent tous cette aspiration « d'être eux-mêmes » comme les paysages traversés le leur inspirent, une permanence dans un monde en changement perpétuel, une constance dans l'impermanence de leur vécu. D'ailleurs, les termes mêmes qu'ils emploient pour décrire leur expérience en témoignent : « se ressourcer », « se recentrer », « faire le point sur ma vie », « méditer », « être enfin moi-même », etc. Ces mots clés des témoignages des personnes que j'ai rencontrées sont ceux mêmes qui vont être mis en avant par les agences de tourisme faisant la promotion de ces treks traversant les hautes cimes himalayennes.

Aussi, les trekkeurs, alpinistes, aventuriers des hautes cimes himalayennes choisissent ces expéditions « du bout du monde[7] » en quête d'eux-mêmes. Il n'est donc pas surprenant que leurs rencontres avec les habitants des villages ne soient que fugaces et, dès lors, il devient compréhensible que les Zanskarpas n'aient que peu de commentaires à partager relatifs aux touristes qu'ils auront croisés au cours de l'été. La rencontre qui demande un temps et un langage commun n'est d'évidence pas au centre de l'aventure, elle n'est que périphérique et dépend entièrement du temps que le touriste passera dans un même lieu. Or l'objectif de ces aventuriers « du bout du monde » (comme mentionné dans le site dit éthique du même nom) n'est autre que d'être de passage et d'aller à la rencontre d'eux-mêmes. Aussi, lorsqu'ils sont interpellés par une situation au détour d'un chemin, c'est souvent que cela les rappelle à une expérience personnelle similaire : « cela me rappelle cette situation» (Carole, Karsha, 2015), « j'ai l'impression de déjà-vu avec ma propre famille » (Pierre, Padum, 2011).

Ainsi, ce que ces touristes voient dans les Zanskarpas qu'ils croisent est ce que l'on peut qualifier comme un « comportement identitaire » (Descombes, 2013, p. 14), à savoir « une certaine manière de se comporter, un moyen d'affirmer une appartenance communautaire ou de revendiquer un lien social dont [ils] tirent un sentiment de leur dignité ou de leur place qui leur revient dans le monde » (*loc. cit.*). Ces regards croisés des Zanskarpas sur les touristes et inversement renforcent leurs propres processus identitaires, tout en laissant l'illusion de la rencontre avec un Autre qui ne pourra jamais être reconnu comme un *nangpa*, mais restera toujours un *chhigyalpa* ou *philingpa*.

7. Terme emprunté aux différents sites des agences de voyage faisant la promotion de la traversée du Zanskar à pied.

Quelques considérations conclusives

Au terme de cette contribution dont la problématique soulevée en introduction portait sur la manière qu'ont les aventuriers (touristes, trekkeurs et alpinistes) de percevoir l'autre (le Zanskarpa), et ce que l'aspiration première de ces Occidentaux et Indiens des plaines pousse vers la découverte de ces étendues quasi désertiques et même parfois arides, il a été montré ici, au travers de témoignages recueillis au cours de ces vingt dernières années passées sur le terrain, que le cœur de la rencontre est soi-même.

En effet, l'absence de langue commune, de temps passé en un lieu unique, le mode nomade de ces voyages, les chemins isolés empruntés sont autant d'éléments propices à la méditation et l'introspection. À de très rares exceptions près (personnellement, je n'ai recueilli aucun témoignage de controverses, mais je n'ai pas interrogé tous les touristes de ces vingt dernières années s'étant rendus au Zanskar), les touristes occidentaux et indiens qualifient leur expérience himalayenne comme exceptionnelle et marquante. Toutes ces personnes avec qui j'ai pu échanger, même plusieurs années après leur premier voyage, me disent vouloir un jour retourner arpenter ces cimes du toit du monde, car, disent-ils, « ils y ont trouvé une certaine paix intérieure ».

Cette quête de soi au travers de cette aventure au Zanskar fait directement référence à la construction individuelle de soi, à ce que Louis Dumont définit comme un « sociocentrisme » (Dumont, 1983, p. 220). En effet, dans l'observation et la perception de l'Autre, « nous sommes renvoyés à notre propre culture et société moderne comme forme particulière d'humanité, qui [...] se nie comme telle dans l'universalisme qu'elle professe. Cet universalisme modifié est certes ouvert à tous, et en particulier aux autres sociétés humaines, mais il nous caractérise en ce sens qu'il jaillit du cœur de notre pratique » (*ibid.*, p. 221).

Ainsi, c'est en vivant pleinement l'aventure seul ou en petit groupe choisi, de langue commune, en autonomie ou avec un guide, que les touristes, trekkeurs et alpinistes expérimentent dans quelle mesure « l'être humain se définit lui-même comme un individu lorsqu'il se pose comme indépendant des liens sociaux qu'il peut avoir par ailleurs » (Descombes, 2013, p. 138). Cela est rendu possible par l'isolement relatif qu'ils expérimentent lorsqu'ils traversent des contrées où l'échange et la création de lien social avec l'Autre sont rendus impossibles du fait de l'absence de langage commun.

Bibliographie

Blanchard Louis-Marie, Blanchard Élise et Blanchard Thomas, 2010, *Explorateurs du toit du monde. Carnet de route en Haute Asie (1850-1950)*, Paris, La Martinière.

Bruneau Laurianne, 2010, *Le Ladakh (État de Jammu et Cachemire, Inde) de l'Âge du Bronze à l'introduction du bouddhisme : une étude de l'art rupestre*, 4 volumes, thèse en archéologie, sous la direction de Henri-Paul Francfort, université Paris 1-Sorbonne.

Deboos Salomé, 2010, *Être musulman au Zanskar, Himalaya indien*, Sarrebruck, Éditions universitaires européennes.

Deboos Salomé, 2012, « Tourism promote the Folklorisation Process. The case of Kargil and Zanskar Festival », *in* Duhart Frédéric et Dias Benavides Daniel (dir.), *Cuerpos y Folklore(s): Herencias, construcciones y performencias*, Lima, R&F, p. 170-181.

Deboos Salomé, 2015, « The Dalai Lama's Visits to Zangskar in 1980, 1988 and 2009. Reflections on Social and Economic Change », *Tibet Journal*, vol. 40, n° 2, p. 223-241.

Deboos Salomé, 2017, « "Pene (r)tsogpo" (L'argent [roupies] c'est sale). Approche anthropologique de la monnaie. Le cas de la vallée du Zanskar, Himalaya indien », *cArgo – Revue internationale d'anthropologie culturelle & sociale*, n° 5, p. 47-66.

Descombes Vincent, 2013, *Les embarras de l'identité*, Paris, Gallimard.

Dollfus Pascale, 2005 (1989), *Lieu de neige et de genévriers, organisation sociale et religieuse des communautés bouddhistes du Ladakh*, Paris, Centre national de la recherche scientifique.

Dughlat Mirza Muhammad Haidar, 1973, *Tarikh-I-Rashidi, a History of the Moghuls of Central Asia*, traduit en anglais par N. Elias, Patna, Academica Asiatica.

Dumont Louis, 1983, *Essais sur l'individualisme, une perspective anthropologique de l'idéologie moderne*, Paris, Éditions du Seuil.

Dutreuil de Rhins Jules, 1897-1898, *Mission scientifique dans la Haute-Asie 1890-1895*, 3 vol., Paris, E. Leroux.

Engel Claire-Eliane, 1936, *Les batailles pour l'Himalaya 1783-1936*, Paris, Flammarion.

Francfort Henri-Paul, Klodzinski Daniel et Mascle Georges, 1990, « Les pétroglyphes archaïques du Ladakh et du Zangskar », *Arts asiatiques*, vol. 45, n° 1, p. 5-27.

Francke August Hermann, 1995 (1907), *A History of Western Tibet*, New Delhi/Madras, Asian Educational Services.

Grenard Fernand, 1897, *J.-L. Dutreuil de Rhins : mission scientifique dans la haute Asie, 1890-1895*, Paris, E. Leroux.

Grenard Fernand, 1904, *Le Tibet : le pays et les habitants*, Paris, Hachette.

Hillary Edmund, 1955, *L'aventure des cimes*, Paris, Amiot-Dumont.

Jakobson Roman, 2003 (1963), *Essais de linguistique générale*, vol. 1 : *Les fondations du langage*, Paris, Éditions de Minuit.

Khan Lakhnavi Hashmatullah, 1981 (1939), *Tarikh Jammun, Kashmir, Laddakh aur Baltistan*, traduction par Bedar Abbas, Lucknow, Éditions Noor Alimad Malik and Mohammed Tegh Bahadur.

Macdonald Ariane, 1959, « La naissance du monde au Tibet », *in* Leibovici Marcel (dir.), *La naissance du monde*, Paris, Éditions du Seuil, coll. « Sources orientales », vol. 1, p. 419-452.

Poncins Edmond de, 1897, *Chasses et exploration dans la région des Pamirs*, Paris, Éditions A. Challamel.

Ramble Charles, 1993, « Whither, Indeed, the *Tsampa Eaters* », *Himal*, vol. 6, n° 5, p. 21-25.

Ramsay Henry, 1890, *Western Tibet: a Practical Dictionary of the Language and Customs of the Districts Included in Ladak Wazarat*, Lahore, W. Ball.

Riaboff Isabelle, 1997, *Le roi et le moine, figures et principes du pouvoir et sa légitimation au Zangskar (Himalaya occidental)*, thèse en ethnologie, sous la direction d'Anne-Marie Blondeau, université Paris X.

Schuh Dieter, 1983, « Historische Dokumente aus Zangs-dkar », *in* Schuh Dieter et Weiers Michael (dir.), *Archiv für zentralasiatische Geschichtsforschung*, Sankt Augustin, VGH Wissenschaftverlags, livret 6, p. 209-275.

Smythe Franck, 1932, *À la conquête de l'Himalaya*, Paris, Payot.

Ujfalvy-Bourdon Marie, 1887, *Voyage d'une parisienne dans l'Himalaya occidental*, Paris, Hachette.

14

Le goût du détail
Petite théorie critique des Sherlock Holmes

David Morin Ulmann

« Tout désir contient une prévision (douteuse ou certaine) de ce que les forces (de l'homme) rendent possible. »

Kant Emmanuel, *Anthropologie d'un point de vue pragmatique*, 1798.

« Il n'y a pas de bonne version, ni de forme authentique ou primitive (du mythe). Toutes les versions doivent être prises au sérieux. »

Lévi-Strauss Claude et Eribon Didier, *De près et de loin*, 1988.

Petite théorie critique du surmoi savant

Ici nous nous intéresserons moins aux découvertes et à l'exploration du monde qu'à l'esprit de celles-ci. Cet « esprit » est sociohistorique : le fait d'une société particulière. Et cet esprit particulier, entre aventure et gestion du monde, est contemporain de la « mise en forme *rationnelle* de l'existence tout entière, rapportée à la volonté de Dieu », comme l'écrit Max Weber (2000 [1905]). Dans la *pop culture*, Sherlock Holmes peut incarner cette psychologie moderne, car il est à la fois un des parangons de l'enquêteur depuis Hérodote – voir *L'enquête* (*histôr* : littéralement « celui qui sait, qui connaît ») – et il rassemble les caractéristiques de la raison occidentale dans un contexte socio-économique particulier où prévalent les valeurs de l'ascétisme (Weber, 2000 [1905], chap. ii.2). Grâce à une sociophilosophie ou « théorie critique » du mythe moderne du détective, cette contribution se propose d'examiner les logiques sociales de la découverte et de la vulgarisation de la raison savante[1]. Cette brève étude sur les Sherlock

1. En un aphorisme, l'histoire des sciences sociales est l'histoire de la découverte des conditions matérialistes de toutes les découvertes. Je remercie vivement les professeurs J.-L. Piermay et J.-M. Lévy-Leblond, ainsi que le Dr O. Bastien, pour leurs lectures critiques.

successifs a donc pour première ambition d'éclaircir la fonction sociale[2] d'une telle production *pop* culturelle. « *Pop* » parce que, depuis 1887-1927, son éternel retour s'inscrit aussi dans plus d'une centaine de films et de très nombreuses séries (Oudin, 2009). Notre « corpus » sera ainsi essentiellement visuel-médiatique quoique renvoyant aux nouvelles d'origine. Rappelons que la *pop culture* est une culture populaire médiatique anglo-saxonne et le produit historique d'une acculturation mondiale à ses valeurs et représentations, et que son économie politique est caractéristique de notre époque électrotechnique (Warnier, 2007). Ajoutons que pour Mèmeteau (2014) et Gayraud (2018) sa « fonction sociale » est la réconciliation. « La pop sert à faire éprouver à un peuple indéfini son propre pouvoir d'agrégation » dans « la formation historique d'un idéal de démocratisation de la culture » (Fleury, 2016). La *pop culture* est donc « mythologique » au sens de Lévi-Strauss et de Barthes (1957) : « L'objet du mythe est de fournir un modèle logique pour résoudre une contradiction » (Lévi-Strauss, 1958). On peut ajouter que la Raison ne se cache pas, mais cache une double contradiction : celle d'une raison savante qui sous-tend la culture occidentale (et sa mondialisation) et qui reste impénétrable à beaucoup de ses membres, et, aussi, qu'elle a une fonction de domination sociale (mythifiée, sublimée).

Deuxièmement, cette analyse des images mondiales du Britannique est l'occasion de revenir sur le « nouvel esprit scientifique » (Bachelard, 1934) et de nous intéresser à la diffusion populaire d'un « surmoi savant[3] », surtout après que Braudel a parlé de « psychanalyse de l'esprit scientifique » (1993, p. 410). Notamment dans la *pop culture*, je cherche les indices de cette culture de la vigilance et de la prédiction ou d'un tel surmoi spécifiquement bourgeois[4]. Mais il faut que ce rapport de force de la connaissance et du travail intellectuel, incarné

2. « Reconnaître qu'une théorie est historiquement conditionnée ne revient nullement à prouver qu'elle est une idéologie. Pour cela, il est nécessaire de mettre en évidence sa fonction sociale », énonce Horkheimer (2010, p. 185). Fonction sociale de la découverte et de la raison, c'est-à-dire à quoi renvoient la productivité et l'énergie, et leurs représentations tant scientifiques qu'esthétiques, et la vulgarisation scientifique (pédagogie ou spectacle, dépense somptuaire ou civilisationnelle) ?

3. « Freud voit dans la conscience morale, l'auto-observation, la formation d'idéaux, des fonctions du surmoi. Classiquement, le surmoi [...] se constitue par intériorisation des exigences et des interdits », écrivent J. Laplanche et J.-B. Pontalis (1988, p. 471). J'examine donc comment la prévision-déduction et la pénitence (rigueur, autocontrôle) font *système* ou *habitus* (surmoi social) avec l'éthique scientifique et l'esprit du capitalisme. Ce travail est alors la redécouverte des propos sur la science de Durkheim dans la conclusion de *Les formes élémentaires de la vie religieuse*, sur la technique d'Elias dans *La dynamique de l'Occident* (1975, p. 211-212), du chapitre « Perspectives sur l'histoire des sciences » de Koyré (1963, *in* 1973), de la postface de Bourdieu dans *Architecture gothique et pensée scolastique* de Panofsky (1967, note 4) et des textes de Braudel (1987) et Ginzburg (1979 et 2005, *in* 2012).

4. Il existe un « *habitus* bourgeois » (Heinich, 1997, p. 47) issu d'une société historiquement bourgeoise, c'est-à-dire *moderne*, libérale et industrielle, avec des déterminations psychosociales singulières. « La société n'est pas unitaire mais divisée ; le rôle de l'État dépend toujours du groupe social que l'État représente objectivement dans une situation déterminée » (Horkheimer, 2010, p. 77) L'État et le mouvement de l'économie et de la concentration étatique déterminent nos vies, c'est-à-dire nos psychologies individuelles et collectives : « la compulsion au travail, la passion pour l'épargne, l'empressement à faire de sa vie un instrument pour servir les but d'une puissance extra-personnelle, l'ascétisme et un sens compulsif du devoir », pose Fromm (2021 p. 95). « L'*opus proprium* de la bourgeoisie fut de mettre en œuvre tout cet arsenal intellectuel en vue d'une utilisation totale pour une puissance absolue », souligne également Ellul (1998, p. 323).

dans un surmoi ascétique-savant, ne soit pas directement ressenti comme un rapport de force. Pour qu'il y ait fascination pour un tel style de vie, ainsi faut-il que ce rapport social ne soit qu'un simple rapport avec la raison (éducation, maîtrise de soi, perfectibilité, qualité du travail comme but en soi) et non une contrainte sociale ressentie comme un rapport de domination. D'où, dans le divertissement, la nécessité de greffer sur le récit la séduction du gentleman et, dans les sciences, la nécessité d'une raison de gentleman, c'est-à-dire d'une « raison » précisément « pure », idéale, aristocratique. On comprend mieux alors que ce style de vie de gentleman-savant soit l'incarnation sociale de la « faculté de prévision/prospection » de Kant et que « l'habitude de tenir compte des événements futurs et passés [...] l'effort et la prévoyance [soient] d'importants moyens de domination[5] ».

Dans ce bref essai d'une théorie *pop* et critique des Sherlock Holmes, je m'intéresse donc à ce que certains nomment les « grosses unités constitutives ou mythèmes » (Lévi-Strauss, 1955, p. 233) d'un tel *life style* de gentleman-savant. Il y aura six thèses et une conclusion :

- la Modernité est la psychologie de l'infini sans la métaphysique;
- Sherlock Holmes est un besoin d'évasion hystérique qui conduit au cœur de la philosophie des sciences;
- les variations du personnage exposent une conception pessimiste de l'esprit de la science;
- l'élucidation est une concupiscence;
- la *pop culture* est un « fictiocentrisme » malgré la démythologisation du monde;
- Sherlock Holmes est le premier Frankenstein de la bourgeoisie scientifique et exploratrice;
- conclusion : Sherlock Holmes incarne le mythème de la puissancification[6] de l'énergie humaine et de l'électricité de l'esprit.

En somme, les objets mobilisés sont les Sherlock Holmes iconiques (avec un renvoi au Sherlock traditionnel de sir Conan Doyle), dont les traits définitoires sont à la fois quotidiens (divertissement) et idéologiques (surmoi savant).

5. Kant Emmanuel, « Didactique », *Anthropologie d'un point de vue pragmatique*, I, p. 34-36; et Elias Norbert, *op. cit.* Il faut aussi y associer certaines pages du chapitre « La liberté à l'époque de la Réforme » de Fromm (2021).

6. Substantif du verbe *puissancier* : mot français (Richard, 1842) d'usage chez Marx et Heidegger. Après avoir relu *L'inquiétante étrangeté* de Freud (1919) et le Heidegger de la « Technique moderne » (1976) comme achèvement de la métaphysique, on peut mieux comprendre ce que représentent les poupées de cire du XVIIe et la *libido sciendi*, ainsi que la « pulsion pornographique » inscrite dans la Science : *l'ouverture de l'immensité ou la découverte de l'immensité de l'ouvert.* C'est-à-dire un saisissement effréné. « Par le moyen de la concurrence universelle, la grande industrie contraignit tous les individus à une tension au maximum de leur énergie » (Marx, 1982, p. 132). Cette seule remarque marginale de Marx, afin de ne pas citer tout le chapitre XV du *Capital*, livre I, « Machinisme et grande industrie ». Voir également Fromm (2021), chap. 3-4-5, *op. cit.*; et Garcia, *La vie intense*, chap. VIII.

La notion idéologique d'infini

Avant de retrouver la psychologie collective et personnelle de Sherlock Holmes, intéressons-nous d'abord à quelques contextes sociohistoriques. Avançons une première thèse assez générale sur notion d'*Infini*. Cette notion métaphysique fourre-tout[7] semble contenir successivement et à la fois les signifiants-maîtres d'« intensité maximale » (Jacerme, 2005), d'Absolu (Heimsoeth, 2003), d'étendue abstraite et d'horizon, et, finalement, après sécularisation, c'est-à-dire laïcisation de l'idéal, devenir-profane de l'infini, elle semble contenir les idées de découverte (ou disponibilité du monde) et de performance (ou effort, exploit, croissance). Cette notion à la fois religieuse et profane, donc, se diffuse largement dans la philosophie et dans l'art à partir de la fin des XVe-XVIe siècles. C'est une passion rhétorique à la fois métaphysique, artistique et comptable typiquement « bourgeoise » selon Crosby (2003), Mandressi (2003) et Ginzburg (2012, p. 272) ; une passion qu'examinèrent aussi Heimsoeth en 1953 (2003, p. 89 et 92) et Schapiro en 1957 : « La tension vers l'infini caractérise la culture occidentale prise dans son ensemble » (Schapiro, 1957, p. 89) ou Lardic en 1999.

Je conjecture alors que la Modernité est la psychologie de l'infini mathématique sans la métaphysique. Dans *cette* modernité, on n'y voit plus que les mathématiques (profanes), c'est-à-dire la tranquillité sédative d'un pseudo-contrôle de l'infini. J'induis également que la notion de Progrès matérialiste-profane est la sécularisation du concept métaphysique d'Infini : « le progrès sans fin. Cet infini actuel », écrit d'ailleurs Heimsoeth (2003, p. 96). En effet, que reste-t-il de l'infini *sans* la métaphysique ? Il ne reste plus que les mathématiques et la psychologie matérialistes de l'infini, c'est-à-dire l'idéologie[8] de la découverte et de l'exploration. Fromm dirait qu'il ne reste qu'une « activité effrénée et un effort pour *faire quelque chose* » (Fromm, 2021, p. 85), c'est-à-dire qu'il ne reste que la valorisation sociale-profane précisément économique et intense de la découverte et de l'exploration : une idéologie de la domestication du monde. On peut aussi parler de saisissement du réel ou d'appropriation culturelle et d'objectivation du monde ; c'est-à-dire d'une mise en objets (tant concrets qu'abstraits) du monde, puis de sa « marchandisation », et, en rétroaction, du saisissement/domestication de notre propre esprit (conscience, objectivation, autocontrôle).

7. En une formule critique, disons que la « métaphysique » est la recherche langagière d'un *au-delà du langage* et la langue de philosophes mystiques *sans religion*. L'histoire de la Métaphysique est consubstantielle à l'histoire de la Conscience et du Travail qui produit, en rétroaction, ladite Conscience et sa circulation (marchandisation des idées).

8. « Une idéologie n'est que l'expression, sur le vaste registre des formes du langage, de la conscience et de la pensée, de la situation d'une classe » (Vadée, 1973, p. 7). « Les idéologies sont les formes culturelles les plus explicites ; les partialités s'y justifient et s'y nourrissent de connaissances et de symboles » (Dumont, 1974, p. 7). À côté de mythologie, idéologie est un terme qui reviendra ici.

Saisissement et dessaisissement

Or, en sociophilosophie, ce saisissement[9] tant abstrait que pratique du monde (découverte, exploration, domestication), cela peut tout aussi bien s'examiner avec la philosophie de l'action (Descombes, 1995) ou avec la notion d'*arraisonnement* (*Gestell* ou « dispositif ») de Heidegger. L'arraisonnement, c'est demander à une Nature énigmatique de « devenir raisonnable » *pour nous*; c'est poursuivre, avec une technique spécifiquement moderne, le procès d'anthropisation et de culturalisation de la planète entière. On se place devant : on arraisonne et on commercialise la Nature dans un processus de culturalisation utilitariste. Les théologies hébraïque et protestante, ainsi que Descartes et Hegel, ne sont pas loin : en fait, c'est le « programme » de la maîtrise de l'écoumène dans sa totalité. Arraisonnement et saisissement, donc. Mais une autre philosophie que celles de l'action et de l'arraisonnement définit ce qu'est l'esprit de la découverte. Cette philosophie s'élabore chez le jeune Levinas, lorsqu'il écrit, en 1935, le texte *De l'évasion* où il implique le concept existentialiste, au sens allemand, du « besoin d'*excendance* » : « Dans l'évasion nous n'aspirons qu'à sortir. C'est cette catégorie de sortie, inassimilable à la rénovation ni à la création, qu'il s'agit de saisir dans toute sa pureté. Thème inimitable qui nous propose de sortir de l'être. » Plus loin, il ajoute : « Aussi l'évasion est-elle le besoin de sortir de soi-même, c'est-à-dire *de briser l'enchaînement le plus radical, le plus irréversible, le fait que le moi est soi-même* [...]. Par là le besoin d'évasion, plein d'espoir chimérique ou non, peu importe, nous conduit au cœur de la philosophie » (1982, p. 97, 98 et 99).

Voici donc une deuxième thèse : Sherlock Holmes, mythologie moderne de l'esprit exalté (bricolage profane des concepts d'infini et d'action effrénée), est un divertissement paradoxal dont la fonction est le dessaisissement de soi et de la réalité par la raison : un « besoin d'évasion » qui conduit au cœur de la philosophie des sciences : la sortie de soi (et, inévitablement, du monde) par la raison.

La folie de/dans la Science

Autrement dit, d'un côté, on veut saisir le monde et, d'un autre côté, on veut s'en dessaisir. Alors, dans les expériences modernes de la littérature, du cinéma et de la télévision, lorsque les images populaires parlent de la Science, nous discernons toujours les mêmes archétypes (comme au temps de E. A. Poe, H. G. Wells et de Jules Verne), les mêmes problématiques et les mêmes résolutions mythologiques de nos contradictions sociales modernes posées par la Science. C'est-à-dire que nous discernons leur sublimation/neutralisation (*catharsis*, excitation mimétique, « sortie ») par le divertissement. Ici, je rappelle la fonction du mythe selon Lévi-Strauss :

9. Ce rapport saisissement/dessaisissement (ou tension dynamique contradictoire), c'est-à-dire cette dialectique de la raison, peut se nommer « libération contrôlée des émotions » (*controlled decontrolling of emotions*) pour Elias et Dunning (1986). Heinich résume : « C'est seulement dans une situation d'extrême autocontrainte qu'émerge la possibilité d'un relatif relâchement des conduites, lequel démontre l'efficacité des contrôles internes » (1997, p. 28).

> « La pensée mythique procède de la prise de conscience de certaines oppositions et tend à leur médiation progressive [...]. La répétition a une fonction propre, qui est de rendre manifeste la structure du mythe [...]. Tout mythe possède donc une structure feuilletée qui transparaît à la surface, si l'on peut dire, dans et par le procédé de répétition [...]. S'il est vrai que l'objet du mythe est de fournir un modèle logique pour résoudre une contradiction (tâche irréalisable, quand une contradiction est réelle), un nombre théoriquement infini de feuillets seront engendrés, chacun légèrement différent de celui qui précède[10]. »

Dans les imageries successives des Sherlock Holmes, les présences renouvelées du tabac, d'une sexualité quelque peu singulière, des drogues dures et de la folie, rappellent la pulsion occidentale de tout résoudre (motif du saisissement/dessaisissement). Une analyse structurale de telles caractéristiques montrerait comment les variations et les répétitions obsessionnelles du détective atrabilaire exposent à tous, voici une troisième thèse, une conception à la fois artistique (drolatique) et pessimiste de l'esprit de la science[11]. Plus généralement, cette étude dévoilerait comment les transformations répétitives du personnage de Sherlock Holmes exposent à tous la mentalité ordinaire de la Grande-Bretagne et des États-Unis concernant les usages sociaux de la Science et du raisonnement logico-scientifique : la raison instrumentale est proche de la compulsion névrotique, c'est-à-dire de la folie. Ainsi le Dr House passe-t-il toute la saison 6 dans un « asile » avec le bonnet rouge du film *Vol au-dessus d'un nid de coucou*, et le Holmes new-yorkais de se plaindre de son inadaptation à la modernité et de ses hallucinations (S3E19, S3E20). Ainsi encore, tout au long de la série anglaise, Sherlock est-il traité de « taré » par la collaboratrice de l'inspecteur Lestrade. Et, dans l'épisode « Le dernier problème » (S4E3), de découvrir que la sœur démente et surdouée des frères Holmes, Eurus, s'avère être finalement la Némésis de feu le professeur James Moriarty, c'est-à-dire l'incarnation romantique de la haine de l'humanisme occidental et de ses techno-promesses[12].

La concupiscence de/dans la Science

Autre question qui revient dans de telles récurrences pop-mythologiques : le génie est-il une question de labeur intellectuel (effort) ou de libido (force énergétique et génétique) ? L'analyse structurale de ces divertissements contemporains

10. Lévi-Strauss Claude, « Magie et religion » (1955), in *Anthropologie structurale*, 1958.

11. Guy Ritchie réalisa *Sherlock Holmes* (2009) et *Sherlock Holmes : jeu d'ombres* (2011), alors que Dexter Fletcher prépare un troisième opus. Dans les principales séries contemporaines, il faut citer *Monk* (Breckman, 2002), *Dr House* (Shore, 2004), *Numb3rs* (Falacci et Heuton, 2005), *Psych* (Franks, 2006), *The Mentalist* (Heller, 2008), *Lie to me* (Baum, 2009), *Sherlock* (Gatiss, Moffat et McKinnon, 2010), *Unforgettable* (Bellucci, 2011), *Elementary* (Doherty, 2012), *The Knick* (Amiel et Begler, 2014), *Good Doctor* (Shore, 2017) et *The Irregulars* (Bidwell, 2021).

12. Ajoutons un autre parangon *pop* de représentation familiale nihiliste : le film *Spectre* (Mendes, 2015) fait de l'ennemi historique de James Bond son demi-frère. Plus qu'un dénouement psychoaffectif, il s'agit plutôt de la critique *unheimlich*, en négatif, de la rationalité de l'Occident depuis les créatures de *Frankenstein* (Shelley, 1826) et *Dr Jekyll & Mr Hyde* (Stevenson, 1886).

montrerait comment les Anglo-Saxons se représentent populairement « le génie » ou les excès de la rationalité moderne, c'est-à-dire se représentent les rapports entre raison, liberté et concupiscence. Qu'est-ce que la « raison géniale », c'est-à-dire « excessive », se demandent sourdement de telles imageries ? Et la réponse pop-mythologique est claire : la liberté géniale de penser, c'est ou l'excès de drogue et de sexe ou, au contraire, l'abstinence ascétique[13]. Le génie est ou bien un excès ou bien une sorte de pénitence comme avec les héros des séries *Mentalist* et *Sherlock*. Mais toujours quelque chose de hors-norme, voire de transgressif. Ainsi les premières minutes du premier *Sherlock* commencent-elles par une séduction dans le milieu médical ; Holmes y gratifie Molly, médecin amoureuse, d'un baiser, alors que dans *Dr House* on entend le héros répéter à son équipe que « ce travail procure le frisson de courir les filles ». La médecin blonde Cameron ajoute que : « J'étais amoureuse de vous. Je vous ai aimé et j'ai aimé Chase » (S06E07). Oui, autant le médecin éminemment doylien (Morin Ulmann, 2011), misanthrope et drogué du New Jersey, que le Sherlock new-yorkais (S06E09) ont de beaux appétits – toute la série tourne autour du désir de House pour sa supérieure et la sublimation de son attirance pour ses collègues cadettes. Dans la série anglaise *Sherlock*, on se joue aussi des sous-entendus homosexuels de la colocation entre Holmes et le Dr Watson, et on tourne autour de l'homosexualité de Moriarty, quand, dans la série américaine, June Watson transfère l'amour de l'un, Sherlock, sur un autre, Mycroft, son frère cuisinier et mafieux[14].

Ainsi, dans de tels théâtres du quotidien, essaie-t-on de présenter et de comprendre la compulsion névrotique ou les « excès de rationalité » d'un tel type d'hommes ou les rapports entre raison et concupiscence. La théologie et la psychanalyse parlent de *libido sciendi* : pulsion de savoir – ou de saisissement, disions-nous. Car il y a une psychohistoire des intrications pratiques des jeux d'adresse, de la sérendipité (déduction) et de la *libido sciendi* dans la pratique de la Science comme saisissement/domestication du monde. L'histoire de l'esprit scientifique, avant les pratiques critiques de la méthode, s'inscrit alors dans l'histoire plus longue de la vigilance et de la divination, c'est-à-dire dans une histoire de la valorisation sociale de la vigilance et de la prédiction – ou des avantages de la déduction.

Chez les Holmes, il y a aussi une joie adolescente du crime ou déroutinisation morbide, quand le rythme effréné de la déduction est une réjouissance contre l'irritation de l'ennui et le retour des soucis[15]. De la folie pessimiste du Dr House

13. Voir les épisodes avec nombre de prostituées dans *Dr House* et la sexualité libératoire dans *Elementary* (notamment avec les sœurs Lynch dans « Le Léviathan », S01E10).

14. On découvre le frère de Holmes, homme politique mystérieux, dans la nouvelle « L'interprète grec » (1893) ; les scénaristes de la série *Sherlock* suivront, eux, ce canevas traditionnel.

15. Les Holmes de *Sherlock* et d'*Elementary* reprennent alors, presque mot pour mot, le passage du « Signe des quatre » (1889) : « J'abhorre la routine insipide de l'existence. J'ai un immense besoin d'exaltation mentale. C'est pourquoi j'ai choisi cette profession en particulier… » « Une façon possible d'échapper à cet état insupportable d'incertitude et au sentiment paralysant de sa propre insignifiance est le trait même qui devint prépondérant dans le Calvinisme : le développement d'une activité effrénée et d'un effort pour *faire quelque chose* » (Fromm, 2021, *op. cit.*, p. 85). « Les soucis : une maladie de l'esprit qui est propre à

et des Sherlock jusqu'à la singularité de *Good Doctor*, leur comportement autistique, le vif débit labial et l'agilité intellectuelle manifestent clairement que la pensée est ou problématique ou une intensification du monde. Mais je n'omettrai pas de souligner que de tels héros de la pensée sont essentiellement masculins dans leur fantasme de domination du monde ; je ne parle pas de misogynie du personnage[16], mais d'une représentation collective masculine à la fois mythologique et idéologique de la Raison (objectivation/domestication).

Je n'ai pas non plus parlé d'« argent » ou directement de classe sociale, alors qu'il est évident que tous les Sherlock vivent le « supra-quotidien » (Lefebvre, 1981) et non le quotidien de tous ; d'où leur sentiment olympien de supériorité et d'impunité[17]. Mais encore ? La cocaïne du monde littéraire de Holmes[18] ou l'assuétude anglaise au tabac et le *brown sugar* de la série américaine représentent à la fois l'univers pop-mythologique de l'intensité intellectuelle et de la folie ou, comme l'ont déjà établi Benjamin (1921) et Bataille (1957), que la pensée est un puissant narcotique.

Par conséquent, si l'on examinait les évolutions contemporaines du personnage dans ces films et séries, ce qui transparaîtrait, ce serait *notre* rapport anglo-saxon à la Modernité, c'est-à-dire un rapport artistique et instrumental à l'esprit de la science et « aux filles ». Or, ce rapport, c'est ce dont parlent précisément toute la seconde partie de *La dynamique de l'Occident* d'Elias (chapitres I-IV-VI) [1975] et le chapitre « Juliette, ou Raison et morale » d'Adorno et Horkheimer (1944), ainsi que Fromm dans *La peur de la liberté* (1941) et Cosandey (2007) dans *Le secret de l'Occident*. C'est-à-dire ? C'est-à-dire que l'esprit scientifique est à la fois déterminé par une rivalité mimétique de classes[19] et des « prestations totales de type agonistique » (Mauss, 1950). Voici donc une quatrième thèse : l'élucidation et les effets sociaux de l'élucidation, leurs bénéfices, sont une concupiscence. Alors, en deçà du fait que, dans l'élucidation (métonymie de la

l'époque capitaliste [...]. Les "soucis" sont l'index de cette conscience coupable propre à l'absence d'issue. Les "soucis" apparaissent dans la peur de l'absence d'issue, non pas individuelle-matérielle, mais à l'échelle de la collectivité » (Benjamin, 2019).

16. Holmes n'est pas misogyne. La preuve, son amour et son admiration pour Irène Adler, « LA Femme », présente dans les romans, et les nouvelles *Les neuf femmes de Sherlock Holmes* de Conan Doyle.

17. Bien qu'il n'y ait nulle référence à son géniteur dans les romans, on pense à la douce vie de bohème du Londonien, en général, et au père milliardaire mafieux, Morland Holmes de la série *Elementary* (surtout dans la saison 4). Quant à la mère de Sherlock, on la trouve sous des airs libertaires et *gentry* dans *Enola Holmes* (2020).

18. Dans « Le signe des quatre » (1889), le Dr Doyle attribue les changements d'humeurs de son détective à une dépendance à la morphine et à la cocaïne : « Mon esprit », lit-on dans le passage qui ouvre la nouvelle, « se rebelle lorsqu'il stagne. Donnez-moi des problèmes, donnez-moi du travail, donnez-moi les cryptogrammes les plus abscons [...] et je pourrai alors me passer de stimulants artificiels ». Dans « Un scandale en Bohême » (1891), on apprend qu'Holmes « avait émergé de ses rêves provoqués par la drogue et était prêt à résoudre des problèmes ». Dans « Les cinq pépins d'orange » (1891), Watson décrit son ami comme « intoxiqué à la cocaïne et au tabac ». Cependant, dès 1904, dans « Le trois-quarts manquant », après vingt ans de critiques médicales contre cette substance, c'est fin de la *bohème-cocaïne*. Il faudrait aussi s'intéresser à cette « cocaïne mythologique » dans le génie de Freud selon la série policière et baroque austro-allemande *Freud* (Kern, 2020).

19. Dans *La science est-elle universelle ?*, Lévy-Leblond (2005) donne d'autres exemples de compétitions mimétiques aux aspects « esthétiques » et « sportifs » entre écoles mathématiques japonaises.

découverte), la société s'adore elle-même, « penser », dans sa version *pop*, est un gain érotique festif.

La fiction créature de l'idéalisme

Finalement, dans cet incessant retour et succès[20] du même personnage depuis 1887, ce n'est pas constamment le héros d'Arthur Conan Doyle que nous discernons. Que ce soit sous les airs compassés de la série américaine *Sherlock Holmes* de 1939 à 1946, sous des airs plus britishs de 1984 à 1994 ou plus contemporains de Gregory House et de tous les Holmes de Londres et de New York ou sous les traits du mathématicien de *Numb3rs*, des médiums de *Psych* et *The Mentalist*, des policiers et psychologues de *Monk, Lie to me* et *Unforgettable* ou du chirurgien toxicomane de *The Knick*, etc., ce que nous discernons, c'est plutôt la tentative historique de représenter et de critiquer la rationalité de l'Occident. L'Occident-artiste[21] y symbolise alors son obsession du calcul et de la résolution de tout. Voici donc une cinquième thèse : la *pop culture*, expression mythologique de la modernité, est un fictiocentrisme malgré la démythologisation du monde, son désenchantement. (Malgré ? Non justement : la fiction, créature de l'idéalisme, est encore et toujours le centre de notre univers.) Ou, pour le dire en un postulat, Sherlock Holmes est *le* personnage individualiste compulsif incarnant la résolution pop-mythologique des contradictions modernes par la raison.

Je soutiens donc que le personnage de Sherlock Holmes est, depuis 1887-1927, une hypertrophie critique de l'esprit bourgeois d'une époque spécifiquement calculante et anglo-saxonne[22]. Et, à la lumière de son succès mondial ininterrompu, j'ajouterai que cette pop-mythologie est une valorisation évidente du génie individualiste libertaire et de l'apathie savante (impassibilité, stoïcisme bourgeois), au moment même de la redécouverte des contradictions sociales collectives et de l'interdépendance toujours plus grande entre nous tous. Autrement dit, c'est une sublimation idéologique de plus.

Associé à tous ces super-policiers psychologues et autres avatars atypiques d'abord issus des ateliers de sir Conan Doyle et d'Edgar Allan Poe, ce que représente inlassablement Sherlock Holmes, c'est le génie occidental de la déduction ou l'omniprésence des déterminations neurobiologiques et psychosociologiques, et du positivisme. À sa façon, chaque personnage super-logique démontre la supériorité de la pensée hypothético-déductive, principe de la science occidentale et de la découverte de l'esprit lui-même. Ainsi le « surhomme » ne peut-il être qu'un positiviste effréné et plutôt nihiliste.

20. Une analyse des variations depuis vingt ans ne cacherait pas non plus le contexte spécifiquement hollywoodien de concurrence mimétique et des *bénéfices* pour les auteurs et réalisateurs de ces séries.

21. Boltanski Luc et Chiapello Ève, *Le nouvel esprit du capitalisme*, chap. vii : « À l'épreuve de la critique artiste », 1999 ; Lipovetsky et Serroy, 2013.

22. Benjamin (2019), *op. cit.* ; et Max Weber prennent le capitalisme pour un *English hebraism* (Weber, 1905). Voir aussi Cornforth, 2010.

Aussi, le mythème Holmes dans ses changements historiques symboliserait-il un luxe galiléen et nietzschéen, quand comprendre est la récompense du pouvoir, un droit irréfragable au pouvoir hiérarchique, celui de mieux savoir gouverner que les autres. Ainsi toutes les œuvres pseudo-savantes ont-elles pour fonction sociale de garantir pop-mythologiquement que, pour certains, tout est comme un livre ouvert, alors que, pour tous les autres, l'incompréhension est totale. Il y a donc une *sémioclastie* (hiérarchie sociale) dans la faculté de savoir déduire et de savoir critiquer, c'est-à-dire de com/prendre : prendre-avec, gouverner et se gouverner. Et savoir s'approcher de la pensée fulgurante de Sherlock Holmes, voilà au moins un petit luxe ; celui qui donne droit d'appartenir illusoirement à « l'élite du comprendre[23] ». Tous ces personnages en cascade justifieraient la prédominance, donc la légitimité sociopolitique, de l'esprit (même vulgarisé) de la science ; une science pourtant *contradictoire*, c'est-à-dire « monstrueusement » bourgeoise au sens d'Adorno et de Horkheimer (1944), de Cornforth (1965) et de Sartre (1972). C'est-à-dire ? C'est-à-dire une science déchirée entre son dessein universel critique (méthodes, découvertes, résultats) et sa pratique technico-commerciale ou le contexte bourgeois de ses métiers : hégémonie idéologique, concurrence imparfaite, hiérarchie écrasante, autocensure, etc.

Conclusion

Une dernière thèse, maintenant. Dans les effets d'amusement de telles œuvres, tant dans la production que dans la réception, s'autorisent et se libèrent des énergies sociales et des imaginaires critiques, c'est-à-dire une négation bouffonne du principe de réalité. Autrement dit, dès la moitié du XIXe siècle, *via* les genres fantastique et policier, c'est-à-dire le philosophique et le scientifique transfigurés en mythe, la *pop culture* aura su produire à la fois des représentations collectives critiques et drolatiques de la philosophie bourgeoise et de la Science. La « Science de la déduction » serait donc la fille matérialiste des prédictions et des prophéties, c'est-à-dire l'art populaire rieur de prévoir et de décrypter ; ce dont Elias, Fromm, Koyré et Cosandey parlent dans leur histoire sociale de la raison, disions-nous. Je le répète : dès les prémisses historiques de la société de consommation de 1860, la *pop culture* a su produire à la fois une glorification et une critique oblique de la philosophie et de la science bourgeoises, c'est-à-dire de la puissancification de l'énergie humaine et de l'intensification de la force de travail. Et, finalement, Sherlock Holmes serait le premier Frankenstein de l'esprit scientifique et explorateur et, « comme Freud », un toxicomane qui nous hante de manière romantique et autocritique, c'est-à-dire comme le redoublement froid et rieur d'un stock monstrueux de connaissances sur nous-mêmes.

23. Les films du genre *Usual Suspects* (Singer, 1995) et *Inception* (2010), *Interstellar* (2014) et *Tenet* (2020), tous de C. Nolan, sont la continuation divertissante de ces super-énigmes à la Edgar Allan Poe, c'est-à-dire l'association des sciences dures et de la psychologie, comme *Dream within a Dream* (Poe, 1827).

Bibliographie

Adorno Theodor W. et Horkheimer Max, 1974 (1944), *La dialectique de la raison*, Paris, Gallimard.

Bachelard Gaston, 1968 (1934), *Le nouvel esprit scientifique*, Paris, Presses universitaires de France.

Barthes Roland, 1957, *Mythologies*, Paris, Éditions du Seuil.

Bataille Georges, 1957, *L'érotisme*, Paris, Éditions de Minuit.

Benjamin Walter, 2019 (1921), *Le capitalisme comme religion*, Lausanne, Payot.

Boltanski Luc et Chiapello Ève, 1999, *Le nouvel esprit du capitalisme*, Paris, Gallimard.

Bourdieu Pierre, 1967, « Postface », *in* Panofsky Erwin, *Architecture gothique et pensée scolastique*, Paris, Éditions de Minuit, coll. « Le sens commun », p. 133-167.

Bourdieu Pierre, 1998, *La domination masculine*, Paris, Éditions du Seuil.

Braudel Ferdinand, 1993 (1987), *Grammaire des civilisations*, Paris, Flammarion, coll. « Champs ».

Cornforth Maurice, 2010 (1965), *L'idéologie anglaise*, Paris, Delga.

Cosandey David, 2007, *Le secret de l'Occident*, Paris, Flammarion, coll. « Champs ».

Crosby Alfred W., 2003, *La mesure de la réalité*, Paris, Allia.

Descombes Vincent, 1995, « L'action », *in* Kambouchner Denis (dir.), *Notions de philosophie*, vol. 2, Paris, Gallimard, coll. « Folio », p. 103-174.

Dumont Fernand, 1974, *Les idéologies*, Paris, Presses universitaires de France.

Elias Norbert, 1975, *La dynamique de l'Occident*, Paris, Presses Pocket.

Elias Norbert et Dunning Eric, 1986, *Sport et civilisation*, Paris, Fayard.

Ellul Jacques, 1998 (1967), *Métamorphose du bourgeois*, Paris, La Table Ronde, coll. « La petite Vermillion ».

Fleury Laurent, 2016, *Sociologie de la culture et des pratiques culturelles*, Paris, Armand Colin.

Freud Sigmund, 2019 (1919), *L'inquiétante étrangeté*, Lausanne, Payot.

Fromm Erich, 2021 (1941), *La peur de la liberté*, Paris, Les Belles Lettres.

Garcia Tristan, 2016, *La vie intense*, Paris, Autrement.

Gayraud Agnès, 2018, *Dialectique de la pop*, Paris, La Découverte.

Ginzburg Carlo, 2012, *Mythes emblèmes traces*, Lagrasse, Verdier, coll. « Poche ».

Heidegger Martin, 1976, *Questions III et IV*, Paris, Gallimard.

Heimsoeth Heinz, 2003, *Les six grands thèmes de la métaphysique*, Paris, Vrin.

Heinich Nathalie, 1997, *La sociologie de Norbert Elias*, Paris, La Découverte.

Horkheimer Max, 2010 (1970), *Les débuts de la philosophie bourgeoise*, Lausanne, Payot.

Jacerme Pierre, 2005, *L'éthique, à l'air nucléaire*, Paris, SPM, coll. « Lettrage ».

Kant Emmanuel, 1990 (1798), *Anthropologie d'un point de vue pragmatique*, Paris, GF-Flammarion.

Koyré Alexandre, 1973, *Études d'histoire de la pensée scientifique*, Paris, Gallimard, coll. « Tel ».

Laplanche Jean et Pontalis Jean-Bertrand, 1988, *Vocabulaire de la psychanalyse*, Paris, Presses universitaires de France.

Lardic Jean-Michel (dir.), 1999, *L'infini, entre science et religion au XVIIe siècle*, Paris, Vrin.

Lefebvre Henri, 1981, *Critique de la vie quotidienne*, vol. 3, Paris, L'Arche Éditeur.

Lévi-Strauss Claude, 1958, *Anthropologie structurale*, Paris, Plon.

Lévi-Strauss Claude et Eribon Didier, 1988, *De près et de loin*, Paris, Odile Jacob.
Levinas Emmanuel, 1982 (1935), *De l'évasion*, Paris, Le Livre de poche.
Lévy-Leblond Jean-Marc, 2005, *La vitesse de l'ombre*, Paris, Éditions du Seuil.
Lipovetsky Gilles et Serroy Jean, 2013, *L'esthétisation du monde, Vivre au temps du capitalisme artiste*, Paris, Gallimard.
Mandressi Rafael, 2003, *Le regard de l'anatomiste*, Paris, Éditions du Seuil.
Marx Karl et Engels Friedrich, 1982 (1845-1846), *L'idéologie allemande*, Paris, Les Éditions sociales.
Mauss Marcel, 1950 (1923-1924), *Sociologie et anthropologie*, Paris, Presses universitaires de France.
Mèmeteau Richard, 2019, *Pop culture*, Paris, La Découverte.
Morin Ulmann David, 2011, « Dr Heim & Mr House », *Sens public*, [http://sens-public.org/articles/831/].
Oudin Bernard, 2009 (1997), *Enquête sur Sherlock Holmes*, Paris, Gallimard.
Poe Edgar Allan, 1849, « A Dream Within A Dream », *The Flag of Our Union*, vol. 4, n° 13, p. 2, col. 8.
Richard de Radonvilliers Jean-Baptiste, 1842, *Enrichissement de la langue française. Dictionnaire de nouveaux mots*, Paris/Troyes, Pilout/Laloy.
Sartre Jean-Paul, 1972, *Plaidoyer pour les intellectuels*, Paris, Gallimard.
Schapiro Meyer, 1957, *Style, artiste et société*, Paris, Gallimard.
Shelley Mary, 1821 (1818), *Frankenstein ou le Prométhée moderne*, Paris, Corréard.
Stevenson Robert Louis, 1890 (1886), *L'étrange cas du docteur Jekyll et de M. Hyde*, Paris, Plon, Nourrit et Cie.
Vadée Michel, 1973, *L'idéologie*, Paris, Presses universitaires de France.
Warnier Jean-Pierre, 2007, *La mondialisation de la culture*, Paris, La Découverte.
Weber Max, 2000 (1905), *L'éthique protestante et l'esprit du capitalisme*, Paris, Flammarion, coll. « Champs classiques ».

Conclusion

Au fil des contributions, « faire connaître les mondes en découverte » est apparu dans toute l'épaisseur des enjeux sociaux qui s'y reflètent, à travers des jeux d'acteurs diversifiés. Ces interactions sociales se situent concrètement sur plusieurs plans : que ce soit matériellement, *via* la mise en fiction ou encore à travers des représentations cartographiques, iconographiques, etc. Transversalement, elles nous font appréhender la dialectique de l'institué et de l'instituant[1] et, par conséquent, ce qui fait société et légitime ses modes d'organisation et ses relations interindividuelles et collectives. Au sortir de l'ouvrage, par les détours qu'il conduit à emprunter grâce à la mobilisation d'apports pluridisciplinaires, le lecteur est convaincu que l'on se situe toujours en regard de dynamiques plurielles, à la fois spatiales et temporelles, hors de tout surplomb ou vision unique et « globale ». Il n'est pas inutile de le rappeler face à la diffusion du registre ou discours prescriptif de la mondialisation mais aussi, réciproquement, celui de la finitude de la planète, sinon de son effondrement.

Parmi les acteurs, apparaissent en permanence au premier plan les relations, tensions et transactions entre des individus et des groupes, initiant des opérations de « découverte », et les structures sociales. C'est ainsi qu'émergent les figures de l'explorateur, du savant, de l'entrepreneur, etc., dont l'engagement se repère aussi bien au niveau individuel (un explorateur…) que collectif (une expédition…). Ces figures ne sont pas uniquement le produit d'un acte de découverte – la contribution traitant d'une expédition au pôle Nord qui demeure à l'état d'intention organisationnelle l'a notamment montré. Elles apparaissent en interrelations étroites avec des institutions et des soutiens (ou adversaires) sociaux, politiques, économiques, culturels, etc. Sur ce plan des structures, c'est d'abord la place des États qui ressort, dans leurs différents démembrements et incarnations : pouvoir central ou colonial, armée, etc.

Plus précisément, lorsqu'il a été question d'explorer de nouveaux territoires et continents, ce processus a eu largement partie liée avec la construction nationale, la colonisation, voire également l'évangélisation. Ceci renvoie notamment à tout un travail de production de récits, à l'exemple des textes rédigés sur le Brésil

1. Les processus d'organisation des groupes sociaux et plus largement des sociétés sont caractérisés de façon générale, suivant les analyses sociologiques institutionnelles, par une dialectique entre les formes sociales établies – ou l'institué – et les dynamiques permanentes, dites instituantes, qui interagissent avec ces formes pour les confirmer, les contester ou les refaçonner.

au XVIe et XVIIe siècles qu'a analysés Paula Almeida Mendes. En particulier, les mises en scène des rapports entre (représentations de) la nature et (de) la culture traduisent bien les enjeux politiques et sociaux qui s'y jouent pour les instances légitimes, à la fois étatiques et hiérocratiques en l'espèce.

En outre, des balancements se repèrent régulièrement entre initiatives privées et publiques, jusqu'à la construction d'un enjeu national, que peuvent notamment illustrer des ambitions d'empire. Alexandre Audard l'a fait comprendre en explicitant les contours du monde appréhendé par Paul Gauguin, qui rejoint largement ceux des colonies françaises. Madagascar fantasmée à partir d'un projet artistique de « découverte » donne ici à voir des enjeux proprement politiques, dégagés à l'étude de différentes éditions de sa correspondance tenue en 1890 – soit quelques années avant que Madagascar ne devienne colonie française en 1897.

Alexandre Simon-Ekeland a aussi traité cette question à travers le cas du projet d'expédition au pôle Nord de Gustave Lambert sous le Second Empire. Le souhait de ce dernier de pouvoir organiser une telle expédition sans soutien financier de l'État apparaît alors voué à l'échec, y compris lorsqu'il réfléchit un temps à une « union de la science et de l'industrie », c'est-à-dire à mobiliser des acteurs économiques privés qui investiraient dans ce monde lointain par exemple pour obtenir en retour de l'huile de baleine. *De facto*, la Société de géographie elle-même fait appel au pouvoir politique, et au final Gustave Lambert s'y résout à son tour. En fait, l'expédition ne voit jamais le jour, son promoteur décédant au cours de la guerre de 1870 lors du siège de Paris. C'est le processus de construction des conditions de possibilité de la « découverte » enserré dans celui des sentiments nationaux au XIXe siècle qui est riche de sens.

Ces mêmes enjeux se dégagent autour des supports cartographiques. Ces derniers se veulent objectiver ce qui s'apparente également à des mises en récits, notamment entre exhaustivité et simplification. En témoigne la production de la carte de l'Afrique à partir du milieu des années 1870 par Henri Reynault de Lannoy de Bissy, telle que restituée par Jean-Luc Arnaud. L'auteur contextualise la première édition et les suivantes, et montre ainsi le glissement ou l'hybridation d'un objectif initial de connaissances nouvelles sur l'Afrique vers ou avec celui de l'État français comme puissance coloniale, concrétisé par un changement de concepteur.

On cerne ici la fonction politique de la carte : elle rapproche ou sépare, identifie ou invisibilise des souverainetés, des périmètres institutionnalisés ou contestés, des pratiques sociales plus largement, quitte à les poser comme « préexistantes » et à faire en sorte de les domestiquer, de les assimiler. La contribution de Sarah Maria Noske l'a corroboré, étudiant les pratiques de nomination des lieux en Nouvelle-Zélande vis-à-vis d'une double question sociopolitique. Il s'agit, premièrement, de celle du vivre ensemble entre communautés implantées de plus ou moins long terme dans l'ensemble néo-zélandais, mais aussi, deuxièmement, de celle de conflits de légitimité portant sur cette antériorité historique. À partir du matériau cartographique, on accède au cœur d'une dialectique institué/instituant autour des histoires coloniales et leurs mémoires, lorsque l'on compare la carte « coloniale » de James Cook, celle d'Edmund Storr Halswell ayant associé des Māori, et celle établie par un groupe de Māori. À chaque fois, ces cartes emportent des perspectives différentes en termes de représentations du pouvoir.

L'étude des globes terrestres de Vincenzo Coronelli (1680-1715), sous la plume de Martin Vailly, ne dit pas autre chose. À un premier niveau, l'on perçoit bien une fonction de contrôle (associant le régime monarchique à la dynamique sociohistorique de stabilisation d'un territoire : Elias, 1994 [1939]), couplée à celle de revendication sociospatiale, par la détermination de frontières et leur objectivation. Là n'est pas tout. À un deuxième niveau, Coronelli introduit sur ses globes faits de bois, plâtre et peintures tout un corpus iconographique de nature à transmettre un certain savoir – à lecture européocentrée – sur ce monde. Cette particularité conduit à interroger à la fois ce que nous disent la sélection des images et les circuits de diffusion de ces globes, y compris par rapport aux publics à qui l'on s'adresse et à l'orientation des savoirs géographiques sous l'Ancien Régime. Les globes de Coronelli s'apparentent à des produits triplement hybrides. Ils associent premièrement une part d'image technique – ou « impératif savant » – et deuxièmement une part d'image des cabinets de curiosité – soit un enjeu commercial par rapport aux attentes du marché en son temps. Il ne faut pas oublier, troisièmement, ce qui se joue dans l'insertion de l'image sur la carte : ce travail de « mise en espace » est aussi un processus de croisement/superposition des supports, et *in fine* des façons de lire et donc de découvrir.

L'expédition Lewis et Clark, analysée par Pierre-François Peirano à partir de journaux rédigés par ces derniers, a fourni un autre exemple heuristique aux États-Unis. De 1804 à 1806, elle prit le départ de Saint-Louis dans le Missouri pour atteindre la côte pacifique, et retour. Les « découvertes » réalisées sont bien réelles et matérialisées par des cartes des régions traversées, leur relief et hydrographie, la nature des sols, etc., ainsi que la réfutation du mythe du « Passage du Nord-Ouest ». Si elles ne sont pas aisées à diffuser au XIXe siècle, c'est notamment parce qu'elles se situent en décalage sensible avec les représentations courantes. Et si l'expédition est « redécouverte » à partir du début du XXe siècle, ce n'est alors plus tant pour son apport historique que comme figure de légitimation de l'expansion américaine – la conquête de l'Ouest –, en tant que premier corps expéditionnaire à atteindre le Pacifique par voie terrestre. Le « moment » et sa production cartographique sont alors convoqués *ex post* par les décideurs politiques comme ressources dans la production de références à rebours. Les récits d'histoires nationales sont coutumiers du fait lorsqu'il est question de souveraineté territoriale – il suffit de penser aux pages célèbres de Georges Duby consacrées au *Dimanche de Bouvines* (1973).

Plus encore, les contributions rassemblées dans ce volume permettent de saisir comment et par quels vecteurs se crée un monde, qui associe réel et imaginaire, et, par des jeux de traductions successives – y compris langagières –, connecte des espaces et des temporalités. Il en va à la fois de l'intégration de marqueurs du plausible et de l'exercice d'une fonction-miroir. L'État de Bordurie, dans les bandes dessinées d'Hergé, l'exemplifie : les attributs représentés sont ceux, translatés mais identifiables, d'une « démocratie populaire ». Julien Champigny a ainsi raison d'aborder la bande dessinée comme un produit social, à la fois visuel et narratif, qui informe aussi bien sur un auteur et un contexte, et a la capacité à dégager auprès du lecteur des « espaces créés ». Tout comme, en nous invitant à un déplacement du regard, David Morin Ulmann donne à saisir, à partir d'un univers fictionnel, comment le personnage de Sherlock Holmes n'incarne pas un universel de déduction logique/scientifique abstrait, mais bel et bien ancré dans le contexte de la société bourgeoise anglo-saxonne du XIXe siècle, c'est-à-dire là encore un produit social situé.

Quant à la science-fiction, sujet de la contribution de Françoise Willmann, elle n'est pas tant ou seulement découverte d'autres mondes qui seraient peuplés d'autres civilisations. Les *aliens* figurés apparaissent de fait largement « humanisés » dans leurs correspondances, même si c'est pour les mettre à distance. À l'instar des martiens du pionnier du roman d'anticipation de langue allemande Kurd Lasswitz, on n'est jamais complètement hors du réel, et certains y ont vu la mise en mots d'une « mondialisation prémoderne » (Richter, 2014). La science-fiction n'est pas non plus simplement une redécouverte de notre propre monde, dont certains équilibres ou relations seraient ainsi départis de leurs fausses évidences sociocentrées – même si c'est bien le cas. Elle n'est pas davantage réductible uniquement à une invite à l'introspection ou à la réflexivité. Elle est sans doute un peu tout cela à la fois, en même temps qu'est proposée une vision de l'avenir, d'une certaine façon visibilisée *via* nos imaginaires à l'œuvre. On retrouve bien de la sorte une dimension politique et sociétale, spécialement d'actualité à l'heure de l'omniprésence du répertoire de la « transition » : vers quel futur, comment y parvenir et avec quelle place pour quels acteurs ? En somme, la « découverte » passe par des supports et des canaux diversifiés, médiatiques et de médiation, qui visent à rendre conscient le lecteur, à l'ouvrir à ces enjeux, suivant le projet même des auteurs étudiés (notion d'urgence, rapports à la technique et à l'environnement, etc.).

Parmi ces canaux et supports, la carte occupe une place privilégiée. Pour Benjamin Furst et Brice Martin, elle est elle-même un maillon essentiel pour accréditer le monde fictionnel et pour permettre la réappropriation de celui-ci par le lecteur, tout en laissant entre ses mailles suffisamment de flou pour que vagabonde et travaille l'imagination du récepteur. Ensuite, grâce à l'interactivité permise par les réseaux sociaux et souvent par le biais de la carte, ce dernier peut devenir à son tour émetteur et fournir sa propre interprétation de l'histoire et de son contexte spatial. La transposition cinématographique, en proposant des décors plausibles pour présenter l'œuvre, participe également de cette création et de cette découverte d'un monde : balancement et peut-être indistinction grandissante entre émetteur et récepteur, entre réel et fiction.

Autrement dit, « la découverte » ne se résume pas à un processus situé dans une seule dimension ou direction. Elle associe plusieurs échelles sociales et politiques en interaction – l'individu, le groupe social, l'État national, le monde, etc. –, soit qu'elles s'entremêlent, soit que l'une vienne exercer des effets en retour sur l'autre, en miroir, on l'a dit. La contribution de Salomé Deboos est éclairante. Étudiant, à partir de son terrain ethnologique, les regards croisés des touristes et des Zanskarpas des sommets de l'Himalaya, elle dévoile, à un premier niveau, des rapports (contestés) à l'État et à la religion (bouddhiste mais aussi musulmane), ainsi que des « attentes » des sociétés occidentales. Surtout, à un deuxième niveau, elle interroge les figurations réciproques de l'Autre : en quête d'un défi sportif, d'un voyage dépaysant ou d'un « retour aux sources », c'est *in fine* à la découverte de lui-même que se met en route le touriste ou l'aventurier qui se rend au Zanskar. Cette place première de l'intériorité se comprend aisément. Entre villageois et visiteurs, les temporalités de la rencontre sont brèves et les langages peu compatibles, la verbalisation est donc limitée. Cela ne veut pas dire que rien ne se produit : les regards croisés des Zanskarpas sur les touristes et réciproquement ont bien des effets sur les processus identitaires propres aux uns et aux autres. Un autre regard sur le monde et la mondialisation nous est livré, soulignant une pluralité de facettes, y compris intimes, qu'il reste à chacun de nous à découvrir !

La leçon de la contribution de Sébastien Preuil est convergente. Ce dernier s'est attaché aux « mille et une découvertes d'Angkor » – scientifiques et personnelles. Il a souligné qu'au fil des siècles, le site n'a guère cessé d'être redécouvert et popularisé par différents voyageurs, Européens, Chinois ou autres, notamment à travers leurs récits de voyage. Il y a là un format de découverte « par procuration » qui assied une représentation dominante : celle des temples ou de leurs ruines enserrés dans une forêt ou une végétation abondante. Plutôt que d'y voir des supports datés ou ne renseignant que sur leur époque de production (ce qui est déjà beaucoup, en termes de miroir social), Sébastien Preuil a déplié le temps long jusqu'à l'actualité touristique du XXIe siècle. Ceci permet de confronter le conservatoire de toute une imagerie, qui plus est redéployée aux quatre coins du monde *via* les réseaux sociaux, avec la matérialité d'un site qui accueille chaque année des millions de visiteurs, jusqu'à saturation parfois.

La « découverte » n'est donc pas nécessairement directe dans l'espace et dans le temps. Elle est, au contraire, fréquemment médiée. Médiée par le déplacement physique pour qui se rend au Zanskar et se voit confronté à soi-même derrière l'image que reflète la société locale. Médiée par les nouvelles technologies et les stratégies commerciales expansives du tourisme de masse pour le cas d'Angkor : une appréhension visuelle acquise à distance peut sembler corrélée avec une connaissance livresque, mais est en partie au moins démentie *in situ*. Cette fonction de médiation est aussi très sensible à la lecture des contributions d'Alexandre Audard – Gauguin se construit une perception de Madagascar à distance, *via* ses informateurs – et de Catherine Sélimanovski, laquelle attend de la littérature une fonction de miroir déformant qui enrichisse ses propres culture et réflexion.

La mondialisation encore a précisément été abordée par Catherine Sélimanovski à travers la problématique des frontières, laquelle fait aussi écho aux contributions réfléchissant aux modes de production et aux usages de matériaux cartographiques, précédemment citées. Car c'est bien de la production d'espaces-frontières – dans leur triple épaisseur matérielle, symbolique et imaginaire – qu'il est question. Il s'agit d'« un espace tiers que l'on peut concevoir comme un *monde en soi* à découvrir ou à redécouvrir », nous dit l'auteure, là où Julien Champigny parle des « espaces créés » par la bande dessinée pour un lecteur. Point besoin, en somme, de convaincre davantage de la diversité des plans d'appréhension possibles des « mondes en découverte ». Or, s'il ne peut y avoir une clef de lecture unique et panoptique, cela conduit aussi à reconnaître un principe de discontinuité entre les niveaux d'appréhension, selon le point où l'on se situe.

Le principe de discontinuité entre échelles établit que, quand le point de vue change, la réalité et les faits observés également : ce qui apparaît à une échelle disparaît à une autre. Cela s'incarne par exemple à travers la représentation de la carte routière, selon que l'on a une carte d'un continent, d'un pays, d'une région, le plan d'une ville, etc., ou encore que l'on fait varier l'échelle d'une carte interactive avec Google Maps. Aucune de ces cartes n'est fausse, mais suivant l'échelle de leur construction, on verra apparaître uniquement des grands axes routiers et/ou plus finement des voies régionales ou locales, ou encore tel niveau du bâti. Une telle approche soutient que la réalité sociale ne se ramène pas à une seule équation. Dès lors, c'est parce que la réalité change en fonction des échelles que l'observation doit être mobile, une mobilité elle-même encastrée dans l'action et le jeu social. La connaissance qui en est issue correspond à un dispositif discontinu, c'est-à-dire provisoire et limité, mais qui n'empêche pas de construire des points de repère, par rapport à des espaces mouvants et en transformation (Desjeux, 2018).

L'avenir de la « découverte du monde » et son « porter-à-connaissance » demeurent donc pleinement ouverts. C'est le rôle des échelles d'observation de donner également la position de l'observateur, donc d'évaluer le domaine de validité de ce qu'il énonce : ceci constitue une condition du passage à l'action, que ce soit pour décider, routiniser ou innover, et plus largement une condition de l'interprétation pour « découvrir ». La géographie, l'histoire et les sciences sociales peuvent alors par exemple entrer en dialogue avec la littérature pour aborder les passages et les interfaces, *via* la confrontation de personnages littéraires ou de bande dessinée à la frontière dans une « écriture du monde ». Ceci questionne également, à l'attention du monde académique, les frontières des disciplines et des savoirs, sans surplomb là encore.

Cet ensemble de contributions pose ainsi la question du devenir de la découverte des mondes contemporains et de leur porter-à-connaissance. Parfois de manière croisée, les textes ont mis en exergue le poids du politique (de l'État en particulier), de l'imaginaire, des images et des cartes comme outils privilégiés pour entrer en relation et s'approprier les mondes, le poids des relations entre la société, les groupes sociaux, les individus et leurs redoutables rapports de force.

Réalité augmentée, transhumanisme, nouveaux programmes d'exploration spatiale de Mars et de la lune réalisés par Elon Musk… : des mondes nouveaux se dessinent désormais grâce à des techniques qui défient notre imagination, sans que nous puissions en mesurer les effets individuels et collectifs. Dans le même temps, la pandémie en 2020 réactive brutalement les frontières politiques, assigne à résidence une majeure partie de la population mondiale, ferme les horizons qu'une mondialisation avait ouverts sélectivement. D'aucuns redécouvrent le voisinage et la proximité, ou, dans l'isolement, la confrontation à soi qui pouvait être recherchée au bout de la planète. Si la littérature permet une autre forme de découverte d'un monde en soi, elle permet également d'accéder, par le biais de romans, au *monde* lui-même, caractérisé par ses irréductibles conflits, ses crises liées à la confrontation des points de vue antagonistes (Messager, 2013). Un monde ? Des mondes ?

Toutes ces contributions amènent à réinterroger ce réel contemporain. Ces mondes nouveaux qui ont été présentés, qu'ils soient réels ou largement imaginaires d'ailleurs, pouvaient déstabiliser : ils restaient globalement porteurs (ou en quête) d'ordre et de repères individuels et collectifs. Les besoins de légitimation venaient le plus souvent alimenter ces repères que leurs porter-à-connaissance véhiculaient et soulignaient.

Comme cela a été signalé, des flots d'images et d'informations abreuvent désormais nos représentations et nourrissent nos connaissances de mondes toujours plus nombreux, qui n'ont jamais été aussi proches et lointains à la fois. Ceci nous emmène à détourner la thèse de Markus Gabriel : « Tout existe, excepté le monde » (Gabriel, 2013). D'un monde que les récits de voyage, les cartes et les gravures contribuaient à enrichir tout en l'unifiant, naîtraient aujourd'hui « des » mondes que les porter-à-connaissance parviennent difficilement à relier. Les pouvoirs politiques, étatiques en particulier, jouent sans doute là un rôle majeur. Une nouvelle unité du monde, tragique, émergerait par sa destruction biologique progressive, mise en récit avec force détails et d'arguments, d'images de mondes dévastés (par exemple, le Pantanal au Brésil ravagé par les flammes en septembre 2020). Cette unité par le désastre biologique aurait son corollaire social non moins tragique, annoncé par les romans de science-fiction : de nouvelles technologies (le Web aujourd'hui, la 5G demain), qui transmettent les informations, les cartes et les images toujours plus nombreuses, ont déjà tissé la toile d'un contrôle social auquel il est difficile d'échapper.

Un vide inquiétant semble s'installer : celui de la pensée (Barel, 1987), une pensée humaine qui peine à lire un monde où l'insignifiance devient la règle (Castoriadis, 1997). Reste alors l'imaginaire. Individuel ou collectif, l'imaginaire demeure imbriqué à l'espace conçu (celui des aménageurs) et l'espace perçu (pratiqué) pour faire écho à la trilogie connue d'Henri Lefebvre (2000 [1974]). S'il peut faire parler le réel, il peut également (ré)inventer son devenir, comme cela a déjà été souligné. Il peut accompagner des générations, traverser les océans, se diffuser, resurgir brusquement alors qu'on le pensait perdu à jamais. Par exemple, l'ouvrage de Kristin Ross sur l'imaginaire de la Commune de Paris constitue le porter-à-connaissance d'un « monde nouveau qui s'invente pendant ces brèves semaines, un monde qui n'a pas fini de hanter les uns et d'inspirer les autres » (Ross, 2015, 4e de couverture). La soif d'ailleurs, de connaître et de conquérir continue de nourrir le besoin de découvertes avec ses modalités propres au XXIe siècle. Peut-être s'agit-il aujourd'hui de revisiter certains mondes déjà mis en découverte et portés à connaissance, avec leurs richesses et leurs enseignements ?

Comme le suggère Jean Malaurie, « la pensée des peuples primitifs a une profondeur que nous commençons tout juste à découvrir [...]. La pierre, la banquise, l'arbre, l'animal murmurent une langue universelle. Encore faut-il savoir, comme un chaman inuit ou un voyant africain, l'écouter, la courtiser, la séduire » (Malaurie, 2018, p. 227). Revisiter les mondes déjà en découverte, réapprendre à les lire seraient-elles les clefs pour redonner du sens au *monde* ?

Bibliographie

Barel Yves, 1987, *La quête de sens. Comment l'esprit vient à la cité*, Paris, Éditions du Seuil.

Castoriadis Cornelius et Mermet Daniel, 1997, *Post-scriptum sur l'insignifiance : entretiens avec Daniel Mermet*, Paris, FeniXX.

Desjeux Dominique, 2018, *L'empreinte anthropologique du monde. Méthode inductive illustrée*, Bruxelles, PIE-Peter Lang.

Duby Georges, 1973 (rééd. coll. « Folio », 1985), *Le dimanche de Bouvines (27 juillet 1214)*, Paris, Gallimard.

Elias Norbert, 1994 (1939), *La dynamique de l'Occident*, Paris, Calmann-Lévy.

Gabriel Markus, 2013, *Pourquoi le monde n'existe pas*, Paris, Lattès Poche.

Lefebvre Henri, 2000 (1974), *La production de l'espace*, Paris, Anthropos.

Malaurie Jean, 2018, *Oser, résister*, Paris, CNRS Éditions.

Messager Gabriel, 2013, *Romanciers pluralistes*, Paris, Éditions du Seuil.

Richter Steffen, 2014, « Une mondialisation prémoderne. Les deux planètes de Kurd Lasswitz (1848-1910) », *Alliage*, n° 74, p. 118-128.

Ross Kristin, 2015, *L'imaginaire de la Commune*, Paris, La Fabrique.

Résumés/*Abstracts*

Alexandre Audard, *« Alors… Irrévocablement je vais à Madagascar. »*
Des maux de Gauguin aux mots de la colonisation (avril-septembre 1890)

D'avril à septembre 1890, Paul Gauguin désire plus que tout s'installer à Madagascar pour y fonder son *atelier des tropiques*. En quête d'inspiration, l'artiste, méconnu et démuni, souhaite réinventer la peinture en quittant l'Europe pour de nouveaux horizons. S'il ne connaîtra jamais l'océan Indien, préférant finalement partir à Tahiti l'année suivante, Gauguin prolonge dans sa correspondance les logiques impériales de ce qu'il pense être un monde en « découverte ». Ce projet, peu étudié et considéré comme précipité, est pourtant significatif. Le long processus d'accumulation des connaissances et la diversité des médias l'atteignant, de l'Exposition universelle de Paris (1889) aux visées politiques réunionnaises, témoignent d'une société portant dans son ensemble l'entreprise d'exploration et soutenant la fabrication de désirs d'ailleurs orientés vers une île lointaine à conquérir. Loin d'être issue d'un « imaginaire géographique » singulier, sa représentation ambivalente de l'île mêle aussi bien fantasmes personnels que propagande coloniale et s'oppose à l'instantanéité présupposée de la « découverte ».

« So… Irrevocably I go to Madagascar. » From Gauguin's troubles to the colonial discourse (April-September 1890)

*From April to September 1890, Paul Gauguin wants more than anything to settle in Madagascar to establish his "Tropical Workshop" (*atelier des tropiques*). Seeking inspiration, the unknown and destitute artist aims at reinventing painting by leaving Europe for new horizons. Gauguin eventually chose Tahiti and never knew the Indian Ocean. However, his letters describing an undiscovered world reflect imperial mechanisms. The Malagasy plan, considered as hasty and therefore poorly studied, is yet significant. The accumulated knowledge and the variety of influences to which the artist is exposed demonstrate a whole society supporting the exploration and arousing wanderlust towards a remote island to conquer. His ambivalent view of the island results from personal fantasy as much as colonial propaganda, far from an unprejudiced fortuitous discovery.*

Sébastien Preuil, ***Les mille et une découvertes d'Angkor. Des mémoires de Tcheou Ta Kouan aux réseaux sociaux***

Peu de sites à travers le monde peuvent se targuer d'avoir autant inspiré le désir de découverte que la cité d'Angkor. De son apogée à son déclin, Angkor n'a jamais cessé d'être découverte puis redécouverte. Scientifiques, écrivains, peintres, ambassadeurs, touristes, explorateurs, tous se sont rendus à Angkor dans le but de découvrir une cité mystérieuse presque mythique. Popularisée dans un premier temps par les récits de voyages du chinois Tcheou Ta Kuan et du français Henri Mouhot, le prétendu découvreur d'Angkor après son abandon, la découverte de la cité s'est faite alors tantôt plus scientifique, parfois plus artistique lorsqu'elle n'était pas utopique et totalement imaginée. Dès le début du xxe siècle, l'ancienne capitale khmère a même été théâtralisée par l'École française d'Extrême-Orient pour donner l'image aux premiers touristes d'une cité à peine découverte. Mais est-ce qu'aujourd'hui, à l'ère des réseaux sociaux et du connecté où tout est connu d'avance, la découverte n'a pas perdu tout son sens sur le site d'Angkor ?

The thousand and one discoveries of Angkor. From Tcheou Ta Kouan's notes to social networks

Few sites around the world can claim to have inspired the desire for discovery as much as the city of Angkor. From its peak to its decline, Angkor has never ceased to be discovered and then rediscovered. Scientists, writers, painters, ambassadors, tourists, explorers, all went to Angkor with the aim of discovering a mysterious, almost mythical city. Popularized at first by the travel notes of the Chinese Tcheou Ta Kuan and the French Henri Mouhot, the so-called discoverer of Angkor after its abandonment, the discovery of the city was then sometimes more scientific, sometimes more artistic when it was not utopian and totally imagined. From the beginning of the 20th century, the ancient Khmer capital was even dramatized by the French School of the Far East to give the image to the first tourists of a barely discovered city. But today, in the era of social networks and the connected where everything is known in advance, discovery has not lost all its meaning on the Angkor site?

Catherine Sélimanovski, ***La frontière : un monde à découvrir, à la rencontre de la géographie et de la littérature***

J'envisage ici que les frontières sont un monde en soi, un espace tiers, à découvrir ou redécouvrir et que le recours à la littérature permet de préciser, développer ou renouveler, par l'imaginaire et la fiction, les acquis de la connaissance en géographie sur cet objet. Après avoir décrit comment chercher à ouvrir des frontières heuristiques entre géographie et littérature, je m'appuie sur un ego-corpus de récits, de romans, centrés complètement ou non sur le thème de la frontière, pour développer trois volets relatifs aux frontières d'hier et d'aujourd'hui, fictives, disparues ou actives. Le premier volet porte sur identité, histoire et défense des frontières, le deuxième sur le passage des frontières, le troisième sur les frontières comme espaces emblématiques de la mondialisation.

The border: a world to discover at the meeting of geography and literature

I am saying that borders are a world on their own, a third space, that must be discovered or rediscovered and that a recourse to literature permits to precise, develop and renew, via *the imagination or fiction, the acquired knowledge of geography on such a subject. After having depicted how to search about opening up of the heuristic frontiers between geography and literature, I am leaning on an* ego-corpus *of writings, novels, completely centered—or not—on the theme of borders, to develop three relative elements on borders—past and present—be them fictive, gone or active. The first element is about identity, history and the defense of borders, the second about passing through borders and the third is about borders as emblematic spaces of globalization.*

Benjamin Furst et Brice Martin, *Les représentations spatiales des mondes fictionnels. La géographie de la* fantasy, *de l'illustration à l'appropriation*

À l'instar du *Seigneur des Anneaux* de J. R. R. Tolkien, de nombreuses œuvres littéraires de *fantasy* sont précédées ou suivies de cartes décrivant l'organisation spatiale de ces mondes fictifs. Ces documents sous-tendent l'intrigue et renseignent sur la géographie de ces espaces imaginaires, leurs structures politiques, leurs populations, etc. La présente contribution montre comment, dans leur conception et dans leur réception, ces mondes sont conditionnés par des représentations stéréotypées du monde réel et de la cartographie. Néanmoins, par l'organisation spatiale qu'elles dévoilent et le graphisme particulier auquel elles recourent, ces cartes constituent une étape importante de l'appropriation spatiale et temporelle d'un monde imaginaire. Elles reflètent une géographie parfois complexe mais sont majoritairement inspirées par les représentations d'un Occident médiéval fantasmé (et des cartes de l'époque moderne) que l'on retrouve d'ailleurs dans les adaptations télévisuelles ou cinématographiques. La cartographie des œuvres de *fantasy* devient ainsi un outil de médiation mais également d'interaction et de partage entre l'auteur/l'œuvre et les lecteurs, ainsi qu'entre ces derniers qui, par ce biais, trouvent une opportunité d'expliquer, de développer et de prolonger l'œuvre. Dans le dialogue qui se crée, auteurs et lecteurs découvrent implicitement le poids des représentations et, *in fine*, l'absence de neutralité de la carte.

Spatial representations of fictional worlds.
The geography of fantasy, from illustration to appropriation

Like J. R. R. Tolkien's The Lord of the Rings, *many fantasy novels are preceded or followed by maps that describe the spatial organization of fictional worlds. These documents support the plot and provide information about the geography of these imaginary spaces, their political structures, their populations, etc. This contribution shows how these worlds are shaped by stereotypical representations of the real world and of map making, both in their conception and in their reception. Nevertheless, by the spatial organization they reveal and by the particular graphics they use, these maps are an important step in the spatial and temporal appropriation of an imaginary world. They reflect an often complex geography, although they are mainly inspired by the representations of a fantasized mediaeval Europe (and by maps from the early modern period) that can also be found in television or cinematographic adaptations. The cartography in literary works of fantasy thus becomes a tool of mediation but also of interaction and sharing between the author / the work and the readers, as well as between the readers themselves. Indeed, such a medium gives them an opportunity to explain, develop and extend the work. In the dialogue thus established, authors and readers implicitly discover the weight of representations and, ultimately, the absence of neutrality of the map.*

Martin Vailly, *L'image-monde. Cultures visuelles et usages de l'iconographie sur les globes terrestres de Vincenzo Coronelli (1680-1715)*

Ce texte prend la mesure du rôle de l'iconographie des cartes géographiques dans la construction des savoirs sur le monde à la fin du règne de Louis XIV. À partir d'une analyse iconographique des cartes et globes du cartographe vénitien Vincenzo Coronelli, je montre tant le lien entre l'image cartographique et la connaissance du monde que son importance commerciale et esthétique dans la société louisquatorzienne : l'image cartographique enseigne tout autant qu'elle divertit. Je propose ensuite plusieurs pistes pour analyser ces images documentant les mondes en découverte, et démontrer que les cartes modernes ne peuvent être pleinement comprises séparées de leur iconographie.

The world-image. Visual cultures and the uses of iconography on Vincenzo Coronelli's terrestrial globes (1680-1715)

In this paper, I argue that early-modern maps cannot be fully understood if cut out of their iconography. I analyse the use and role of cartographical iconography in constructing geographical knowledge at the turn of the eighteenth century. The analysis of the images which covered the maps and globes of Coronelli reveals that cartographical iconography helped to learn about the world as much as it fostered consumption and aesthetic pleasure of the louisquatorzian society. The cartographic image would teach as much as it would entertain. The chapter closes on how these images documented the then recently discovered worlds.

Sarah Maria Noske, *Cartographier les îles. Représentations d'Aotearoa Nouvelle-Zélande après sa redécouverte*

Cette contribution montre différentes représentations d'Aotearoa Nouvelle-Zélande de la fin du XVIIIe au milieu du XIXe siècle. À travers l'analyse de trois cartes (celle de James Cook de 1771, celle créée pour Edmund Storr Halswell en 1841 et la « Carte de Tuki » publiée en 1804), l'auteure remet en question la distinction faite dans les travaux historiographiques entre les cartes *māori* et *pākehā* (Européens d'origine) et souligne le processus de créolisation dans la mise en œuvre de ces cartes. De plus, elle inscrit son interprétation dans les traditions des études critiques de la toponymie. Enfin, elle discute le défi de l'écriture de l'histoire au regard des différentes traditions écrites et orales de l'historiographie.

Island Mappings. Representations of Aotearoa New Zealand after its Re-discovery

This paper shows different representations of Aotearoa New Zealand from the end of the eighteenth to the middle of the nineteenth century. By the analysis of three maps (James Cook map from 1771, the map created for Edmund Storr Halswell in 1841 and the so-called "Tuki's map" published in 1804) the author questions the distinction made in historiography between Māori *and* Pākehā *(Native Europeans) maps and emphasizes the creolization in these maps. In addition, she places her interpretation in the tradition of the critical place name studies. Lastly, she discusses the challenge how to write history with regard to different written and oral traditions of historiography.*

Julien Champigny, *La bande dessinée. De la découverte des mondes aux mondes à découvrir*

La bande dessinée est un média dont le langage offre une restitution particulière du monde. Mais la bande dessinée n'est pas seulement le vecteur d'une découverte, d'une information qui lui serait extérieure, elle est en elle-même synonyme d'imaginaire. Si l'on résume trop souvent cet imaginaire à un monde de l'enfance, il faut tenter de voir au-delà. L'imaginaire qu'illustre et que porte la bande dessinée est partie de notre rapport au monde, il permet d'interroger la façon dont notre conscience du monde se forme et le fait qu'elle n'est pas issue uniquement de découvertes vérifiées et vérifiables.

Comics. From the discovery of worlds to worlds to discover

The comic strip is a medium whose language offers a particular rendering of the world. But the comic strip is not only the vector of a discovery, of an information that would be external to it, it is in itself synonymous with the imaginary. If we too often summarize this fantasy to a world of childhood, we must try to see beyond. The imaginary that illustrates and that the comic bears is part of our relationship to the world, it allows to question the way in which our conscience of the world is formed and the fact that it is not born from verified discoveries and verifiable only.

Paula Almeida Mendes, *Faire connaître le Brésil à travers les textes aux XVIe et XVIIe siècles*

En 1500, l'armée dirigée par Pedro Álvares Cabral arrive au Brésil. La découverte de ce territoire a permis la diffusion de nouvelles connaissances sur le Nouveau Monde, grâce à un nombre très important de textes, allant des questions nautiques à la mission évangélisatrice, en passant par la richesse naturelle, la flore, la faune, la beauté du paysage brésilien et les Amérindiens, ce qui illustre la complexité du processus des découvertes. Les auteurs de ces textes insistent avant tout sur la construction d'une image du Brésil comme paradis sur terre, image qui se justifie par l'évangélisation, à la rencontre d'un horizon culturel marqué par les ambitions et les idéologies du vieux continent.

Making Brazil known through texts from the 16th and 17th centuries

In 1500, the army led by Pedro Álvares Cabral arrived in Brazil. The discovery of this territory allowed the dissemination of new knowledge about the "New World", especially in Europe, thanks to a very important lode of texts, in ranging from nautical aspects to the evangelizing mission, passing through the richness, flora, fauna, beauty of the Brazilian landscape and the Amerindians, illustrating the complexity of the process of discoveries. The authors of these texts insist above all on the construction of an image of Brazil as a paradise on earth, which justifies its realization through evangelization, meeting a cultural horizon marked by the ambitions and ideologies of the old continent.

Pierre-François Peirano, *L'apport de l'expédition Lewis et Clark à la connaissance du territoire américain*

Dans cette contribution, sont étudiés les origines et les buts de l'expédition Lewis et Clark, la première à avoir exploré les terres à l'ouest du Mississippi jusqu'au Pacifique, entre 1804 et 1806. Thomas Jefferson, alors président des États-Unis, en fut l'initiateur. La découverte du légendaire « Passage du Nord-Ouest » constituait le but initial, mais la véritable nature du territoire exploré par les membres de l'expédition contrastait fortement avec les conceptions antérieures, d'où la relative occultation du périple au cours du XIXe siècle. Cependant, ses apports à la science furent peu à peu reconnus et, dans la dernière partie de cet article, la réhabilitation de l'expédition, désormais élevée au rang de mythe fondateur de la nation américaine, est examinée.

The contribution of the Lewis and Clark Expedition to the knowledge of the American territory

In this paper, the origins and the goals of the Lewis and Clark Expedition, the first ever to have reached the Pacific Ocean after exploring the lands West of the Mississippi, between 1804 and 1806, will be analysed. Thomas Jefferson, the then President of the United States, initiated it and its original purpose was the discovery of the fabled "Northwest Passage", but the real character of the territory that its members explored contrasted with the previous conceptions. This could explain why the "Corps of Discovery" fell into relative oblivion during the 19th century, but its contribution to science was progressively recognised and the last part of the article will be devoted to the rehabilitation of the Expedition, now considered as a founding myth of the American nation.

Alexandre Simon-Ekeland, ***Un nationalisme apolitique? Gustave Lambert et son projet d'expédition au pôle Nord (1865-1871)***

Cet article explique comment Gustave Lambert a financé son projet d'expédition au pôle Nord à la fin des années 1860. Ce voyage n'a jamais eu lieu car Lambert est mort pendant la guerre franco-prussienne, mais il avait réussi à le financer après quatre ans d'efforts. Cet article montre qu'organiser un tel projet sans l'État, comme Lambert l'aurait voulu, n'était pas possible. L'État était un élément essentiel des différents réseaux qui ont soutenu Lambert, mais aussi les autres projets d'expédition vers d'autres mondes en découverte à la même période.

An Apolitical nationalism? Gustave Lambert and his North Pole Expedition Project (1865-1871)

This article explains how Gustave Lambert financed his expedition project to the North Pole in the late 1860s. The voyage never took place because Lambert died during the Franco-Prussian war, but he had succeeded in gathering enough funding after four years of efforts. This article shows that organising such a project without the State, as Lambert wanted to do, was not possible. The State was an essential element of the different support networks that helped Lambert, but also the other expedition projects towards other worlds in discovery of the same period.

Jean-Luc Arnaud, ***D'une initiative privée à une opération nationale. Dresser une carte de l'Afrique à la fin du XIXe siècle***

La carte de l'Afrique dressée à partir du milieu des années 1870 par Henri Reynault de Lannoy de Bissy, en 63 feuilles à l'échelle 1:2 000 000, est un document d'exception qui rassemble pour la première fois une abondante documentation alors très dispersée. À la faveur de l'intérêt qu'elle suscite auprès du pouvoir politique, son histoire est marquée par deux moments décisifs qui transforment de manière radicale le programme initial de l'auteur.

Après une première partie consacrée à l'analyse du contexte de production de cette carte, son examen montre que sa première édition correspond bien à la représentation d'un monde en découverte, à l'objectif encyclopédique poursuivi par son auteur et à l'état des connaissances sur l'Afrique pendant la période considérée. Les éditions suivantes, sous couvert d'une amélioration de la facture et de la lisibilité du document, témoignent d'un remaniement au service des intérêts politiques et coloniaux de la France. Cette opération est conduite au détriment de la richesse documentaire de la version originelle de la carte.

From a Private Initiative to a State Operation. Mapping Africa at the End of the 19th Century

The map of Africa drawn up from the mid-1870s by Henri Reynault de Lannoy de Bissy, in 63 sheets at scale 1:2,000,000, is an exceptional document which brings together for the first time a large but very scattered panel of information. Due to

the political powers interest in this map, it experienced two decisive moments that radically transformed the author's initial program.
After a first part devoted to the analysis of the production context of this map, the paper shows that the first edition corresponds well to the representation of a world in discovery, to the encyclopaedic objectives of its author and to the current knowledge about Africa. The following editions, under the guise of improving the quality and readability of the document, bring important transformations in the service of the political and colonial interests of France. This operation resulted in significant loss of information compared to the original edition.

Françoise Willmann, *Martiens et furtifs. D'un nouveau monde à l'autre*

À travers la mise en parallèle de deux romans, *Auf zwei Planeten*, du précurseur de la science-fiction allemande, Kurd Lasswitz, et *Les furtifs*, d'Alain Damasio, paru en 2019, il s'agit de confronter le bonheur de la découverte, caractéristique de la fin du XIXe siècle, au désenchantement induit par le progrès technoscientifique, notamment à travers l'usage de l'intelligence artificielle. De l'idéal de maîtrise incarné par les martiens, on est passé à la vulnérabilité de l'homme contrôlé ; ce sont alors les furtifs, une espèce inédite incernable, qui porteront l'espoir d'une survie des valeurs humanistes. Au cœur de cette mise en parallèle, il y a la carte, symptôme et symbole de la découverte heureuse, puis révélatrice de ses dangers, autour d'un enjeu central de Lasswitz, la liberté, valeur suprême des martiens dont il ne subsiste plus que des traces dans le monde de Damasio.

From Martians to Stealthies. From one new world to another

This paper addresses a parallel between two novels: Auf zwei Planeten, *by the precursor of German science fiction, Kurd Lasswitz, and* Les furtifs, *by Alain Damasio, published in 2019. It does so with the aim of confronting the good fortune of discovery, which was characteristic of the late 19th century, with the disenchantment induced by techno-scientific progress, notably through the use of artificial intelligence. Close consideration will show a transition, from the ideal of mastery, which was embodied by the Martians, to the vulnerability of controlled humanity. It is the furtive, then, or an uncertain new species, which will bring hope for the survival of humanist values. The map, a symptom and symbol of fortunate discovery, is at the heart of this parallel. It reveals its dangers in relation to a central issue in Lasswitz, which is the supreme value of the Martians—freedom—while only traces of it remain in the world of Damasio.*

Salomé Deboos, *Quand les Autres ne se rencontrent pas. Regards croisés des touristes et des Zanskarpas sur ces Autres*

Hiver 2004 dans l'Himalaya indien, une question m'interpelle : « C'est comment là-haut ? » Cette question ouvre la porte à une cascade d'autres interrogations :

quelle représentation du monde des locuteurs ? Quelle représentation de la différence ? Quelle représentation de l'autre ? Quelle représentation du touriste ? Quelle représentation de la différence ? Et, par effet miroir, quelle représentation de l'autochtone ? Quelle représentation de ce territoire qu'est l'Himalaya pour ces touristes ? Cet article adopte un point de vue anthropologique et traite de l'acception que les habitants de la vallée du Zanskar dans l'Himalaya indien ont du terme *Autre* en miroir avec la manière dont les touristes, alpinistes, qu'ils soient occidentaux ou indiens des plaines, désignent les habitants en termes d'autochtones, ou de locaux. En quoi Zanskarpas et alpinistes se croisent sans jamais se rencontrer ? Suite à l'analyse de différents témoignages de Zanskarpas et d'Occidentaux ou d'Indiens des plaines, l'article aborde la manière dont chacun, avant de percevoir l'altérité, reconnaît chez cet autre le même.

When the Others don't meet.
Crossed views of tourists and Zanskarpas on these Others

At the heart of the winter 2004 in the Indian Himalayas, two of my informants asked me: "How is it up there?" This question opens the door to a myriad of other questions: what is the representation of the speakers' world? What is the representation of the difference? How they consider tourists? What does that mean being from a different world? And then on the same time, what is the representation of the natives for tourists? How is Himalayas about in the tourists' fantasy? What is representation of the Others from the point of view of tourists? This paper addresses from an anthropological point of view the meaning that the inhabitants of the Zanskar valley in the Indian Himalayas have of the term Other, on one hand, and on the other hand, the way in which tourists, mountaineers, whether they are Westerners or Plains Indians, refer to the inhabitants in terms of natives, or locals. How do Zanskarpas and mountaineers cross paths without ever meeting? Following the analysis of different narratives from Zanskarpas and Westerners or Indians of the plains, the article addresses the way in which each, before perceiving otherness, recognizes in this other the same.

David Morin Ulmann, *Le goût du détail.*
Petite théorie critique des Sherlock Holmes

Dans la *pop culture*, avant de devenir un mythe dupliqué dans d'autres fictions populaires, Sherlock Holmes est un des modèles-types de *l'enquêteur* et personnifie l'esprit de déduction scientifique dans le contexte de la société anglo-saxonne du XIXe siècle. Comme le savant, grâce à sa capacité de raisonnement, le *gentleman* prétend à l'universel ; mais, en même temps, il est profondément immergé dans le contexte bourgeois de son époque et de son milieu. Dans la *pop culture*, ce personnage récurrent permet alors, à la fois, une glorification et une critique de la pratique scientifique occidentale.

A taste for detail. Sherlock Holmes' Little Critical Theory

In pop culture, before becoming a myth metamorphosed in other popular fictions, Sherlock Holmes is one of the paragons of the investigator and personifies the spirit of scientific deduction in the context of Anglo-Saxon society of the nineteenth century. Like the savant, thanks to his capacity for reasoning, the "gentleman" pretends to be universal; but, at the same time, it is deeply immersed in the bourgeois context of its time and its environment as a social self-produced. In pop culture, this recurring character then allows both a glorification and a critique of Western scientific practice.

Les auteurs

Paula Almeida Mendes est docteure en littérature portugaise de l'université de Porto (2013). Elle est chercheuse au CITCEM (Centro de Investigação Transdisciplinar « Cultura, Espaço e Memória ») et étudie l'histoire et la littérature de spiritualité et l'histoire du livre et de la lecture. Parmi ses publications, citons : *Paradigmas de Papel: a edição de « Vidas » de santos e de « Vidas » devotas em Portugal (séculos XVI-XVIII)*, Porto, CITCEM, 2017 ; « Galeries de papier : les catalogues et les recueils d'hommes et de femmes illustres au Portugal (XVIe-XVIIIe siècles) », *Les grandes figures historiques dans les lettres et les arts*, n° 7, 2018.

Jean-Luc Arnaud est directeur de recherches au CNRS. Affecté au laboratoire Telemme (Temps, espaces, langages, Europe méridionale, Méditerranée) à Aix-en-Provence, il travaille en histoire contemporaine. Après avoir consacré une part importante de sa carrière aux grandes villes du monde arabe (Le Caire, Beyrouth, Damas...), il s'intéresse depuis une dizaine d'années aux usages et à l'histoire de la cartographie. Par ailleurs, il est le fondateur de *CartoMundi*, programme de valorisation en ligne du patrimoine cartographique, pour le compte de la Maison méditerranéenne de sciences de l'homme, au sein de l'université d'Aix-Marseille.

Alexandre Audard est doctorant en histoire de l'Afrique à l'université de Paris Cité et rattaché au CESSMA (Centre d'études en sciences sociales sur les mondes africains, américains et asiatiques), UMR 245. Ses recherches portent sur la ville portuaire de Diego-Suarez (actuelle Antsiranana) à Madagascar ainsi que sur les circulations de gens de mer indianocéaniques durant la période coloniale. Parmi ses publications, citons : *Libertalia : une république des pirates à Madagascar. Interprétations d'un mythe (XVIIe-XXIe siècle)*, Paris, Maisonneuve & Larose/Hémisphères, 2020.

Julien Champigny est docteur en géographie et professeur agrégé. Il enseigne en classes préparatoires littéraires au lycée Joliot-Curie de Nanterre. Ses recherches portent sur les espaces imaginaires, leurs constitutions et leurs fonctionnements, notamment ceux formulés par la bande dessinée. Sa thèse, soutenue à l'université Paris 7 Denis Diderot en 2010 sous la direction de Christian Grataloup, a pour titre *L'espace dans la bande dessinée*.

Salomé Deboos est depuis 2022 professeure d'anthropologie des religions, migrations et mondes urbains à l'université Louis Lumière Lyon 2, où elle enseigne l'anthropologie sociale et culturelle. Depuis une vingtaine d'années, elle poursuit ses recherches dans l'Himalaya indien, et notamment dans la vallée du Zanskar. Ses travaux portent essentiellement sur la construction de l'identité communautaire et les changements dus notamment à l'arrivée de l'économie monétaire, l'installation permanente d'une administration indienne, et les politiques de développement local (infrastructures, éducation, politiques sanitaires et sociales, tourisme).

Benjamin Furst est docteur en histoire et cartographe à l'université de Haute-Alsace, affilié au CRESAT (Centre de recherches sur les économies, les sociétés, les arts et les techniques). Ses recherches portent sur l'histoire environnementale à l'époque moderne et sur les liens multiples entre histoire et cartographie, des cartes du Moyen Âge aux SIG.

Odile Goerg est professeure émérite d'histoire de l'Afrique contemporaine à l'université de Paris Cité et membre du CESSMA (Centre d'études en sciences sociales sur les mondes africains, américains et asiatiques), UMR 245. Ses recherches concernent l'histoire économique, culturelle et sociale en contexte urbain, avec une attention actuelle sur les fêtes et les loisirs, notamment le cinéma comme pratique sociale en situation coloniale et postcoloniale. Elle intègre dans son approche la perspective de genre. Son champ géographique de recherche est centré sur la Guinée et la Sierra Leone, mais ses analyses sont élargies de manière comparative à l'Afrique occidentale. Principales publications : *Un cinéma ambulant en Afrique. Jean-Paul Sivadier, entrepreneur dans les années 1950* (L'Harmattan, 2020) ; *Tropical Dream Palaces. Cinema in Colonial West Africa* (HURST-OUP, 2019) ; *Fantômas sous les tropiques. Aller au cinéma en Afrique coloniale* (Vendémiaire, 2015) ; *La ville coloniale (xve-xxe). Histoire de l'Europe urbaine* (avec X. Huetz de Lemps, Éditions du Seuil, coll. « Points », édition remise à jour 2012) ; *Pouvoir colonial, municipalités et espaces urbains. Conakry et Freetown, des années 1880 à 1914* (L'Harmattan, 1997).

Philippe Hamman est professeur de sociologie à l'Institut d'urbanisme et d'aménagement régional (IUAR) de l'université de Strasbourg et porteur du parcours de master Ville, environnement et sociétés. Il est également coresponsable de l'axe Dynamiques territoriales, villes et mobilités du laboratoire SAGE (Sociétés, acteurs, gouvernement en Europe) [UMR 7363, CNRS-Unistra]. Ses recherches, reconnues par une chaire Jean Monnet (« Governance of Integrated Urban Sustainability in Europe », 2020-2023), interrogent les interactions entre ville et environnement et entre ville et frontière, suivant des comparaisons nationales, franco-allemandes et européennes. Parmi ses ouvrages récents, citons : *Mémoire d'Europe – mémoire de paix. Témoignages de la région frontalière d'Alsace* (avec Birte Wassenberg, Franz Steiner Verlag, 2020) ; *Gouvernance et développement durable. Une mise en perspective sociologique* (De Boeck Supérieur, 2019). Il a également dirigé *Cross-Border Renewable Energy Transitions. Lessons from Europe's Upper Rhine Region* (Routledge, 2022) ; *Sustainability Governance and Hierarchy*

(Routledge, 2019) ; ainsi que le dossier « Les humanités environnementales : circulations et renouvellement des savoirs en France et en Allemagne » (avec Aurélie Choné, Tim Freytag et Evi Zemanek, *Revue d'Allemagne et des pays de langue allemande*, vol. 51, n° 2, 2019).

Brice Martin est maître de conférences en géographie à l'université de Haute-Alsace affilié au CRESAT (Centre de recherches sur les économies, les sociétés, les arts et les techniques). Spécialiste de géohistoire des risques, il s'intéresse plus largement aux questions environnementales à travers une approche sur le temps long.

David Morin Ulmann a eu différentes expériences de « communiquant » après avoir enseigné de 1999 à 2013 en sciences humaines et sociales dans les universités de Nantes, Avignon et Angers. Aujourd'hui, il propose une « anthropologie de la modernité » dans trois grandes écoles des industries de la culture. Dans cette « anthropologie », qui se réfère à Elias et Godelier, interviennent les méthodes et les résultats tant des sciences sociales et des marxismes que ceux de l'histoire de l'art et de la psychanalyse.

Sarah Maria Noske est depuis 2020 doctorante en histoire à l'université Justus Liebig de Giessen (Allemagne) au sein du Centre international d'études avancées pour l'analyse de la culture (International Graduate Centre for the Study of Culture et à l'université de Clermont Auvergne [France]). Dans son projet de thèse *Colonial Microcosms. Places of Commercial Intimacy in the Pacific (ca. 1860-1920)*, elle étudie les relations sociales et sexuelles entre personnes d'origine différente, autochtones ou non, dans le cadre de formes d'intimité tarifée, dans la seconde moitié du XIXe siècle en Océanie. Dans son mémoire de master, elle avait abordé l'histoire pénale coloniale française en Nouvelle-Calédonie à travers ce qu'on appelait le « Dépôt des femmes ». Parmi ses publications récentes, citons : « "Doing Journeys". Un concept prometteur ? » (compte rendu de Riettiens Lilli, *Doing Journeys. Transatlantische Reisen von Lateinamerika nach Europa schreiben, 1839-1910), KULT_Online*, n° 64, 2021) ; « Convicts as Agents of Civilisation ? Deportation to the Penal Colony New Caledonia », *in* Severin-Barboutie Bettina (dir.), *Guerre et déplacements de populations. Regards croisés sur l'Europe aux XIXe et XXe siècles* (à paraître).

Pierre-François Peirano est maître de conférences en civilisation américaine à l'université de Toulon et membre du laboratoire Babel (Langages, littératures, civilisations et sociétés) [EA 2649]. Sa thèse de doctorat, soutenue en 2010, a été consacrée aux représentations inspirées par l'expédition Lewis et Clark. Ses recherches portent principalement sur les XVIIIe et XIXe siècles. Il a dirigé l'ouvrage *La construction de l'Ouest américain dans le cinéma hollywoodien* (Ellipses, 2017).

Jean-Luc Piermay est professeur honoraire de géographie, ancien professeur à l'université de Strasbourg et membre du laboratoire SAGE (Sociétés, acteurs, gouvernement en Europe) [UMR 7363, Unistra/CNRS]. Il a travaillé sur les villes d'Afrique, surtout sud-sahariennes (Afrique centrale, Namibie, Sénégal), mais aussi marocaines, sur les questions de production de l'espace, de gestion urbaine, de territorialisation industrielle, de justice spatiale. Il a également participé aux réflexions du Groupe Frontières de l'université de Strasbourg sur les mutations actuelles du concept de frontière. Il s'est pris de passion tardivement pour les cartes anciennes et a participé à l'organisation de l'exposition « Hors du monde : la carte et l'imaginaire » et du colloque « Faire connaître les mondes en découverte » (BNU Strasbourg).

Sébastien Preuil, titulaire d'un master d'économie et d'un doctorat en géographie, est spécialisé sur les questions du tourisme, du patrimoine et du développement. Son terrain de prédilection est l'Asie du Sud-Est. Depuis quinze ans, ses travaux, toujours en rapport avec des problématiques touristiques, ont porté sur des sujets aussi divers que l'aide à la lutte contre la pauvreté dans les pays en développement ou la folklorisation et le simulacre. Il travaille actuellement sur le tourisme en Chine, plus particulièrement sur les reproductions de villes et villages européens qui tendent à se multiplier sur le territoire chinois. Il est membre associé du Centre d'études sur la Chine moderne et contemporaine.

Catherine Sélimanovski a enseigné la géographie dans le Cantal et à Strasbourg. Elle a été maître de conférences de géographie à l'université de Montpellier jusqu'en septembre 2017. Elle a longtemps préparé des étudiants aux épreuves de géographie des concours d'enseignement. Ses recherches portent sur l'inscription spatiale des migrations et de la pauvreté, sur les frontières sociales (la frontière de la pauvreté) et interétatiques, sur la territorialisation des politiques publiques de lutte contre la pauvreté, sur les usages de l'espace public entre convivialité et surveillance. Son parcours doit beaucoup aux regards croisés en sciences humaines et sociales et à la pensée systémique en géographie.

Alexandre Simon-Ekeland est docteur en histoire de l'université d'Oslo (Norvège). Spécialiste de l'histoire de l'exploration, en particulier de l'exploration polaire, ses recherches portent sur l'organisation et la réception d'expéditions et le rôle culturel de l'exploration en général. Il utilise et croise des approches développées pour l'histoire des sciences, l'histoire de la célébrité et l'histoire des émotions et est l'auteur de plusieurs articles sur ces thèmes, publiés ou à paraître, dans des revues françaises et internationales.

Martin Vailly est spécialiste des *Science and Technology Studies* (STS) et historien des sciences et des savoirs. Docteur de l'Institut universitaire européen de Florence, il est l'auteur d'une thèse consacrée aux cultures géographiques à la cour de Louis XIV, à partir de l'étude de cas du grand globe terrestre de Vincenzo Coronelli et de sa réception parmi les Français curieux de géographie. Il a enseigné à Paris 3 Sorbonne Nouvelle, Sciences Po Paris et au département d'histoire de la vie et de la santé de l'université de Strasbourg. Il est chercheur associé au laboratoire SAGE (UMR 7363).

Françoise Willmann est maîtresse de conférences émérite en études germaniques à l'université de Lorraine. Elle est membre du CEGIL (Centre d'études germaniques interculturelles de Lorraine) [EA 3944] et des AHP-PReST (Archives Henri-Poincaré – Philosophie et recherches sur les sciences et les technologies) [CNRS-UL-US-UMR 7117]. Ses thèmes de recherche sont : sciences et littérature, science-fiction, sciences et scientifiques au XIXe siècle, vulgarisation scientifique. Parmi ses publications, on peut noter la direction de *La science-fiction, entre Cassandre et Prométhée* (Presses universitaires de Nancy, 2010) ; la coordination du dossier « Tendances de la science-fiction allemande contemporaine » dans la revue *Recherches germaniques* (2014, n° 44) ; ainsi que *Science – philosophie – fiction : l'œuvre de Kurd Lasswitz (1848-1910)* [PUN-Éditions universitaires de Lorraine, 2017].

Patricia Zander est maître de conférences HDR en géographie-aménagement à la faculté de géographie de l'université de Strasbourg. Ses travaux sont centrés sur les mutations urbaines européennes. Ils interrogent la métropolisation et ses effets territoriaux ainsi que la frontière comme un outil méthodologique pour comprendre et révéler ces mutations. Elle a été notamment responsable d'un programme européen transfrontalier Interreg sur la consommation de l'espace dans la région transfrontalière du Rhin Supérieur (2010-2012) à l'origine d'une coproduction d'outils de développement territorial. Elle est insérée dans différents réseaux de recherche internationaux visant à comprendre et agir sur les réalités urbaines contemporaines (par exemple : International Conference on Canadian, Chinese and African Sustainable Urbanization). Elle a publié récemment « For a New Conception of the Metropolis. The "Danube" Eco-District in Strasbourg, as a New Model for Urban Governance and an Experiment in Local Democracy », *in* Hamman Philippe (dir.), *Sustainability Governance and Hierarchy* (Routledge, 2019).

Table des matières

Achevé d'imprimer
sur les presses du service reprographique
de l'université Rennes 2 en septembre 2023.

Imprimé en France